住房和城乡建设部“十四五”规划教材
高等学校建筑学专业指导委员会规划推荐教材

建筑设备
（第四版）

Building Equipments
(4th Edition)

西安建筑科技大学
吴小虎　闫增峰　李祥平　主编
刘加平　主审

中国建筑工业出版社

图书在版编目（CIP）数据

建筑设备 = Building Equipments（4th Edition）/ 吴小虎，闫增峰，李祥平主编. — 4 版. — 北京：中国建筑工业出版社，2023.12（2024.8 重印）

住房和城乡建设部“十四五”规划教材 高等学校建筑学专业指导委员会规划推荐教材

ISBN 978-7-112-29718-4

Ⅰ. ①建… Ⅱ. ①吴… ②闫… ③李… Ⅲ. ①房屋建筑设备—高等学校—教材 Ⅳ. ①TU8

中国国家版本馆 CIP 数据核字（2024）第 066160 号

为了更好地支持相应课程的教学，我们向采用本书作为教材的教师提供课件和相关教学资源，有需要者可与出版社联系。

建工书院：https：//edu. cabplink. com

邮箱：jckj@cabp. com. cn　电话：（010）58337285

责任编辑：王　惠　陈　桦
责任校对：姜小莲
校对整理：李辰馨

住房和城乡建设部“十四五”规划教材
高等学校建筑学专业指导委员会规划推荐教材
建筑设备（第四版）
Building Equipments（4th Edition）
西安建筑科技大学
吴小虎　闫增峰　李祥平　主编
刘加平　主审
*
中国建筑工业出版社出版、发行（北京海淀三里河路 9 号）
各地新华书店、建筑书店经销
北京红光制版公司制版
北京圣夫亚美印刷有限公司印刷
*
开本：787 毫米×1092 毫米　1/16　印张：17　字数：381 千字
2024 年 3 月第四版　2024 年 8 月第二次印刷
定价：**49.00** 元（赠教师课件）
ISBN 978-7-112-29718-4
（41998）

修订版前言

《建筑设备》（第四版）在本书第三版的基础上进行调整，对部分过时内容进行了删减，对最新版相关规范修订涉及的内容做了更新或修改，如建筑防火系统中给水、通风和电气的内容；补充介绍了近年来出现的新技术、新设备，如微电网、分布式负荷、汽车充电桩等；同时，为满足乡村建设需要，增加了乡村建筑设备的内容。

随着近年来建筑设备的不断发展，很多新技术、新设备对建筑设计工作产生了直接影响，本书继续努力跟踪各专业的前沿发展趋势，以满足建筑设计与时俱进的要求。

本书以建筑设备基本内容（水、暖、电）为主体，从建筑学专业的视角进行编写，主要适用于建筑学专业本科生和研究生的课程学习。为方便教师讲授和学生自学，本书配套了教学课件、试题库和设计实例，同时增加了每章思考题。根据各院校对本课程学时的不同要求，在纸质版教材 80 学时的基础上，安排 24 学时的选学内容，配套了电子版教材。

全书共分为 5 篇。第 1 篇从环境生态学角度对建筑环境进行审视和分析，简要介绍了建筑环境及其控制方法。第 2 篇～第 4 篇主要介绍建筑给水排水、暖通空调和建筑电气各系统的任务、组成、类型及与建筑设计的关系。第 5 篇以绿色建筑为主线，介绍与绿色建筑相关的节水节能内容，并补充了微电网与分布式电荷和乡村建筑设备章节。结合每篇课程内容，设计了思政教育结合点，供教学时参考。

本书根据内容涉及专业多、独立性强的特点，以系统的共性为主线，通过对具体建筑的专业设计实例的分析，以便于学生学习和掌握。

本书由吴小虎、闫增峰、李祥平主编，吴小虎统稿及整理，各篇的编写者为：

绪论　李祥平

第 1 篇　闫增峰（第 1 章）

第 2 篇　吴小虎（第 2、3 章）、李祥平（第 4 章）、蒋正（第 5 章）

第 3 篇　李祥平（第 6 章）、徐才亮（第 7、8 章）

第 4 篇　吴小虎（第 9、11 章）、闫增峰（第 10 章）、刘昊（第 12 章）

第 5 篇　吴小虎（第 13 章 13.1 节，第 14 章 14.1、14.4、14.5 节，第 15 章）、蒋正（第 13 章 13.2～13.5 节）、闫增峰（第 14 章 14.2、14.3 节）、王安平（第 16 章）

本书由刘加平院士主审。

在本书的编写过程中，得到了西安建筑科技大学有关专业的教师及相关设计研究院同事的大力支持，得到了全国建筑学专业教学指导委员会各位专家和中国建筑工业出版社陈桦和王惠两位老师的热情帮助，在此谨向各位表示衷心的感谢。

为方便使用本教材的各位老师和同事交流，王惠老师建立了 QQ 交流群，各兄弟院校同仁们在群里积极交流教学心得，提出教材修改意见，本书第四版均已采纳，在此也一并感谢。

由于编写人员水平有限，书中难免还存在不足之处，恳请使用本书的各位读者提出意见和建议，以利于教材不断充实和完善。

2023 年 6 月

第一版前言

本书在原《建筑设备与环境控制》的基础上进行调整，以建筑设备内容为主体，从建筑设计的角度进行编写，主要适用于建筑学专业及相关专业本科学生学习。

全书共分为5篇。第1篇从环境生态学角度对室内环境诸因子进行审视和分析，简要介绍了建筑声、光、热环境的控制方法。第2～4篇主要介绍建筑给排水、暖通空调和建筑电气诸系统的任务、组成、类型及与建筑设计的关系。第5篇以绿色建筑为主体，介绍与建筑设备知识相关的节水、节能及环境保护等各方面的内容。

现有建筑设备和环境控制技术方面的教材分别独立讲授，两部分之间缺乏连续性。而这些技术的发展表明，现代建筑设备和环境控制技术是综合利用“主动式”和“被动式”的手段，以达到建筑环境优化控制的目的。本书以延续和承启关系的方法，将两部分内容有机地联系起来，以便于学生了解。

本书编写中根据本课程涉及专业多，内容独立性强的特点，以系统的共性为主线，通过对具体建筑的实际设计成果介绍，使之形成一个整体，以便于学生学习和掌握。

建筑设备技术近年来发展很快，新技术、新材料不断出现，其中很多变化将直接影响到建筑设计工作。本书试图努力跟踪各专业的发展趋势，以满足现代建筑设计的要求。

可持续发展是21世纪的主题，本书将贯彻这一思想，使学生学会运用建筑设备的技术解决室内环境问题，并贯彻环境生态思想，在创造室内小环境的同时，充分关注我们周围的大环境。

本书由李祥平、闫增峰主编，吴小虎统稿及整理，各篇的编写者为：

第1篇　李祥平（第1章）、闫增峰（第2章）

第2篇　李祥平、蒋正

第3篇　李祥平、徐才亮、闫增峰（第8章第3节）

第4篇　吴小虎、闫增峰（第12章）

第5篇　蒋正（第15章）、闫增峰、孙立新（第16章）、张佳炜（第17章）

本书由刘加平、李志民主审，在本书的编写过程中，得到了西安建筑科技大学有关专业的教师及相关设计研究院同事的大力支持，得到了全国建筑学专业指导委员会各位委员和中国建筑工业出版社陈桦编辑的热情帮助，在此谨向各位表示衷心的感谢。

由于编写人员水平有限，书中难免还存在不少问题和不足之处，恳切希望使用本书的同仁提出意见和建议，以利于今后的充实和提高。

编　者

2008年3月

目 录

绪论

一、建筑设备包含的内容

为了满足人们对建筑的使用需要，提供安全、卫生而舒适的室内环境，建筑内必须设置完善的给水排水、通风、供热、空调、燃气、供电、照明、消防、电梯、通信、音视频等设备系统。建筑设备是现代建筑必要的组成部分，是为建筑物的使用者提供生活和工作服务的各种设施和设备系统的总称。按照专业习惯，我们把建筑设备分为建筑给水排水、暖通空调和建筑电气三大部分内容。

（一）建筑给水排水系统

1. 建筑给水系统。通常分为生产给水、生活给水和消防给水三类。

（1）生产给水系统。通常用于生产设备的冷却、原料和产品的洗涤、锅炉用水及某些工业的原料用水等，生产用水对水质、水量、水压以及安全等方面的要求随工艺不同有很大区别。

（2）生活给水系统。主要是供住宅、公共建筑和工业建筑内的饮用、烹调、盥洗、洗涤等生活用水，要求水质必须完全符合国家规定的饮用水卫生标准。

（3）消防给水系统。是供层数较高的民用建筑、大型公共建筑及某些车间的消防系统或消防设备用水。

2. 建筑排水系统。是指用来排除生活污水和屋面雨、雪水的设备系统。通常分为以下三类：

（1）生活污水系统。排除人们日常生活中的洗浴、洗涤污水和粪便污水。

（2）工业污、废水系统。排除工矿、企业生产过程中所排出的污、废水。

（3）室内雨水系统。接纳、排除屋面的雨雪水。

3. 热水供应系统。热水供应系统一般由加热设备、存储设备（主要指热水箱）和管道部分组成。

（二）暖通空调系统

1. 供热系统。主要包括热水供暖和蒸汽供暖两种。供热系统一般由下列三部分组成：

（1）热源部分。是指热量发生器，如锅炉。

（2）输热部分。是指热量输送管网，如室内外供暖管道。

（3）散热部分。是指热量散发的设备，如散热器、暖风机、辐射板等。

2. 通风系统。通常指房屋内部的通风设备，包括通风机、风道、排气口及一些净化除尘设备等。

3. 空调系统。大型商业大厦、办公写字楼常用中央空调系统，小型商店或居住公寓楼通常采用柜式或分体式空调机。

（三）建筑电气系统

1. 建筑供配电系统。由变配电室或配电箱、供电线路、用电设备三部分组成。

2. 电气照明系统。由电气系统、照明灯具等组成。

3. 弱电设备。指给房屋提供某种特定功能的弱电设备及装置。主要有：通信设备、广播设备、闭路电视系统、自动监控、报警系统以及电脑设备等。

4. 电梯。按用途可分为客梯、货梯、客货梯、消防梯及各种专用电梯。

5. 电气安全与建筑防雷。

6. 微电网和分布式负荷。

随着科学技术的发展和人民生活水平的提高，建筑设备的功能将会不断更新、完善和拓展。

二、建筑设备的基本作用

建筑设备在建筑中起的重要作用可以用一个比喻来形象说明。如果我们把建筑比作一个人，那么建筑结构就好比这个人的骨架，而建筑设备则是这个人的神经、血管和内脏。它们源源不断地给这个建筑提供所需的物质和能量，使之具有生命力，同时又在接受着各种信息并不断发出指令，使这个建筑具有一定的智力。

建筑设备的作用可以概括为以下几点：

1. 为建筑创造适当的室内环境，如创造温湿度环境和空气环境的暖通空调设备、创造声光环境的电气设备等；

2. 为建筑的使用者提供工作和生活的方便条件，如电梯、给水排水系统、通信系统、广播系统等；

3. 能增强建筑自身以及人员、设备的安全性，如防排烟系统、消防系统、保护接地和防雷系统、报警监控系统、事故照明等；

4. 能提高建筑的综合控制性能，如自动空调系统、消火栓消防泵自动灭火系统等。

三、建筑设备的课程类型

建筑设备课程是建筑学专业的一门专业基础课。在五年学制的本科阶段中，建筑学专业学生所学的专业课程大致可以分为三类。第一类课程如建筑设计、建筑理论等，其内容是由建筑学专业人员去研究和实现的，深入掌握这类课程是建筑学专业的最基本的要求。第二类是由另外一些专业人员去研究，但他们的成果是由建筑学专业人员在设计工作中得以体现，如建筑材料、建筑物理等。建筑学专业人员可以不必深究原理，但需要知道这些领域有哪些内容以及如何应用于建筑设计。建筑结构、建筑设备等课程则属于第三类。建筑设备涉及的水、暖、电等内容，都由各专业人员进行研究并体现在各系统的设计当中。建筑学专业人员并不直接参与建筑设备各系统的设计，但需要了解这些系统的基本组成、设计原则、设计特点和难点以及对建筑本体的要求和影响，从而具备综合考虑和合理处理各建筑设备系统与建筑本体之间的关系的能力。

四、学习建筑设备课程的目的

1. 设计配合与专业协调的需要

一个完整的建筑设计，包括建筑、结构、水、暖、电等多个专业。大家都在一个建筑中做“文章”，就存在配合的问题。好比一支球队，各个位置上最好的球员组成的球队不一定是最好的球队，只有相互了解、配合默契的球队才是一支好球队。在建筑设计中，要想解决好各专业之间的配合问题，就应该对其他专业有一些了解，要知道他们在做什么、能做什么，更主要的是我们要为他们做些什么。只有把这个问题解决了，在设计工作中才会更容易做好，减少不必要的返工。这就是我们学习建筑设备这门课程的第一个目的，也是对建筑学专业人员最基本的要求。

2. 知识拓展要求和学科交叉的趋势

随着社会经济、科学技术的发展，随着人们对建筑设备认识的变化，建筑设备得以快速发展。新技术、新材料、新设备不断出现，一方面使得以前非常复杂的东西变得相对简单，另一方面又出现很多新的内容和新的系统。比如照明设计，一般的电气照明设计主要由电气专业人员去做，但对于要求比较高的室内外环境设计，由于电气专业人员没有经过系统的美学方面的训练，无法实现特殊的光环境要求。这时的照明设计就只能由建筑学等专业人员来完成。而要顺利完成电气照明设计，就应当对电气系统和照明设计中的技术要求有一定的了解。

3. 新技术、新观念、新趋势在建筑中的体现

可持续、绿色建筑、生态、环境、能源、资源……这些词汇已经越来越被人们所熟悉，而如何在所从事的工作中得以体现，更是我们应关注的问题。通过对建筑设备的学习，我们应当知道水是如何使用的，怎样才能在不影响正常用水的情况下尽可能节约用水；应当知道能源在建筑中是怎样消耗的，怎样才能尽可能节约能源；应当知道我们在创造室内小环境的同时可能会对周围的大环境造成什么危害，怎样才能尽量减少对环境、对生态的影响。只有掌握了这些知识，我们才能够在实际工作中和其他专业人员一起，做出真正的绿色建筑。

五、课程学习方法

建筑设备涉及的专业很多，不论是基本理论还是专业内容都差别很大。如何学习掌握建筑设备的内容，也是需要关注的一个重要问题。建筑设备虽然内容众多，但仍然可以找出一些共性。

（一）系统的概念

在水、暖、电设计成果中主要包括平面图和系统图两大部分。平面图表现了管道及设备在各层中的位置，而系统图则表现的是该系统的来龙去脉。

在建筑设备中，我们可以看到很多的系统，如给水系统、供暖系统、电气系统等。在这些系统中，又呈现出两个特点：

1. 完整性。每个系统都是一个完整的、有头有尾的体系，各环节缺一不可。

2. 独立性。每个系统又是相对独立的，和其他系统几乎没有关联。

可以设想，如果抓住一根管线，把它从这个建筑中拿出来，那么所取出的是

一个完整的系统，而同时这个建筑中的其他系统则纹丝不动。

（二）系统的组成

每个系统大致由源、管线、设备三部分组成。

1. 源。如水泵房、锅炉房、空调机房、变配电室等。

产品在这里经过加工、处理，为我们提供所需要的资源或能源。这部分内容比较复杂，专业性较强，因此应当由各相关专业人员去完成，而建筑学专业人员至少应了解：

（1）源的类型及特点。如供暖系统，应当知道除了锅炉房可以作为热源外，还有热电厂、地热、工业余热废热、太阳能等；而锅炉房除了燃煤锅炉外，还有燃气、燃油和电锅炉，在区域供热范围内，各建筑的热源可能只是一个换热站。这些热源有些可以做在建筑内，有些则必须做在主体建筑外。同时，不同的热源对环境、噪声、安全等各方面的要求也不同。也就是说，对于一个具体的建筑，由于气候条件、建筑类型、环保、能源政策等各种因素，可能会选用不同的热源，而不同的热源又对建筑设计有不同的要求。

（2）位置。这些站房应该放在什么地方，室内还是室外，地下还是地上。如果放在地下层又有什么要求（如接入接出管线、出入口、采光、通风、设备出入等）。

（3）面积。每个站房需要多大面积，而这里所提到的面积应当是有效面积。如配电室，每一个低压配电柜都有一个尺寸，而配电柜距侧墙、后墙和柜前都有一定的尺寸要求。

（4）层高。各站房内设备较大，管线很多，层高既要满足设备安装、操作的净高要求，又要满足管道的布置要求。

2. 管线。如给水管、通风管、电力线、电话线等。

管线将所制备出的东西输送到各用户。可以说各种管线都会深入到建筑中的各个房间。管线虽然很多，但相对比较单一。通过课程学习，应当了解：

（1）管线的布置形式。如给水管有枝状、环状布置；电气线有放射式、树干式、混合式等等。不同的布置形式，保障程度不同，当然投资也不同。

（2）管线的敷设方式。包括明敷、暗敷两种。前者经济，便于安装、维修，后者比较美观。不同的建筑标准，应该有不同的敷设方式。而不同的敷设方式，对建筑设计的影响也不同。需要强调的是，不应一味追求暗敷，在满足要求，不影响美观的前提下，做到管线明敷才是最合理的。

（3）管径估算。不一定需要掌握准确计算管径的方法，但应该对管径的估算有一些了解。应当知道，有些管道的横断面是比较大的（如通风、空调管道），可能对建筑的平面、层高产生影响。

3. 设备。如卫生器具、散热器、灯具等。

这些设备布置在房间内，必然对室内布置产生影响。通过课程学习，应当了解：

（1）类型。在满足同一功能的前提下都有哪些类型，如供暖有不同类型的散热器，还有辐射板等。类型不同，关注点也不同。

（2）标准。不同建筑标准，选用设备也应有不同。如照明系统，简单的灯具和高档灯具价格差别很多。选择什么标准的设备才能与建筑标准相适应，也是我们应当关注的。

（3）布置。不同的设备有不同的布置要求，而这些要求又会对建筑设计产生影响。如散热器要求布置在外墙窗下，我们应当知道为什么要布置在那里，如果不放在那里又有什么影响。更重要的是我们要知道散热器放在外墙窗下会对室内布置产生什么影响。再比如卫生间设计，为什么希望卫生器具集中在一面侧墙布置，为什么希望各层布置最好能做到上下对应，如果不这样布置又会出现什么问题，都要了解。只有在了解了这些之后，才能在建筑设计中较好地解决各种问题，在为其他专业创造便利的同时，为建筑设计提供方便。

综上所述，虽然建筑设备涉及水暖电专业内容繁杂，但只要把握住方法，首先建立起一个完整、独立的由“源、管线、设备”组成的抽象框架，之后在每个专项子系统的学习中，根据各子系统的特点，在框架中填充具体内容，这样就比较容易掌握建筑设备的知识。

思考题：

1. 建筑设备对建筑有哪些影响？
2. 建筑设计中，如何处理建筑专业与水暖电各专业的关系？

第 1 篇 建筑环境概论

人类从原始的穴居模式发展到现代城市，从传统民居到现代高层住宅，从单体建筑到建筑群，无不体现对建筑环境的创造与控制。

在聚落环境中重要的组成部分就是建筑，建筑内外人工因素形成的物理环境称为建筑环境（Built Environment）。建筑环境研究应包括室内外的温度、湿度、气流、空气品质、采光与照明性能、噪声和室内音质等内容，以及这些因素间相互作用后产生的效果，并对此作出科学的评价，为营造一个舒适、健康的室内外环境提供理论依据。

良好的建筑环境，不仅能让建筑具有其各种使用功能，而且使人们在使用过程中感到舒适和健康。创造舒适和健康的建筑环境是人对建筑的基本要求。利用适宜的手段和方法，来创造良好的建筑环境，不仅关系到人的舒适性要求，还直接影响建筑能源、资源的消耗，进而影响建筑与环境的关系和人类社会的可持续发展。

本篇思政内容：

1. 思政元素

建筑师的科学精神和创新实践。

2. 思政结合内容

围绕国家“碳达峰碳中和”战略，结合建筑专业实际，探讨建筑实现“双碳”目标的路径和方案。

3. 思政融入方式

课堂讨论。

第 1 章　建筑环境

1.1　环境概述

1.1.1　环境的基本概念

环境的本义是指周围的境况。环境必须相对于某一中心或主体才有意义，不同的主体相应有不同的环境范畴。环境科学所研究的环境主体是人类，环境的范畴包括大气、水、土壤、岩石等以及整个生物圈。除了这些自然因素，还有社会因素和经济因素。因此，环境的涵义可以概括为：围绕人类生存的各种外部条件或因素的总体，包括非生物要素和人类以外的所有生物体。《中华人民共和国环境保护法》中定义“环境”为“指影响人类生存和发展的各种天然的和经过人工改造的自然因素的总体，包括大气、水、海洋、土地、矿藏、森林、草原、野生生物、自然遗迹、人文遗迹、自然保护区、风景名胜区、城市和乡村等”。

环境包括自然环境和人工环境两大类。自然环境是人类出现之前就存在的，是人类目前赖以生存、生活和生产所必需的自然条件和自然资源的总称，是直接或间接影响到人类的一切自然形成的物质、能量和自然现象的总体，它对人类的影响是根本性的。自然环境的构成如图 1-1 所示。人工环境从狭义上是指人类根据生产、生活、科研、文化、医疗、娱乐等需要而创建的环境空间，如人工气候室、无尘车间、温室、密封舱、各种建筑以及人工园林等。从广义上说，人工环境是指由于人类活动而形成的环境要素，它包括由人工形成的物质、能量和精神产品以及人类活动过程中形成的人与人之间的关系。人工环境的构成如图 1-2 所示。

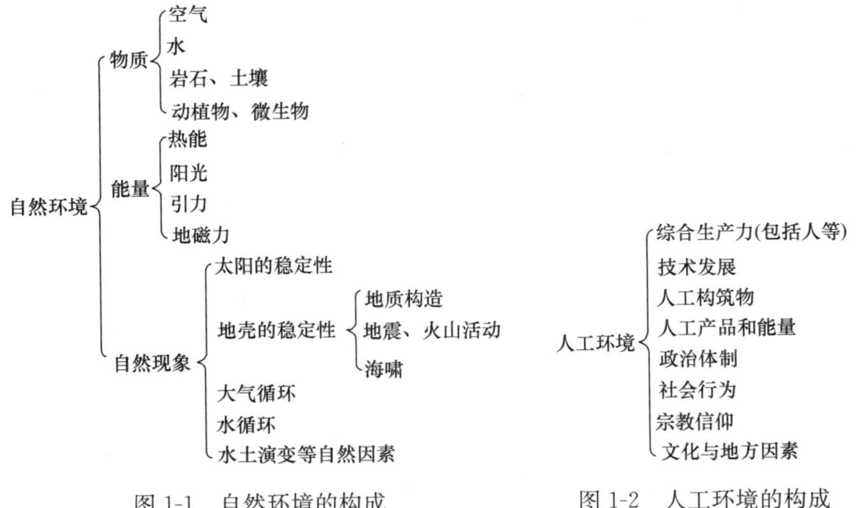

图 1-1　自然环境的构成　　图 1-2　人工环境的构成

人类环境是由若干个规模大小不同、复杂程度有别、等级高低有序、彼此交错重叠、相互转化变换的子系统所组成，是一个具有程序性和层次结构的网络。按照人类环境的组成和结构关系，可以将它划分为一系列层次，每一个层次就是一个等级的环境系统。从人类和环境相互作用的角度，由近及远、由小到大可分为聚落环境、地理环境、地质环境和星际环境。

聚落是人类聚居的地方，也是与人类的生产和生活关系最密切、最直接的环境，它们是人工环境占优势的生存环境。可分为院落环境、村落环境和城市环境。院落环境是由一些功能不同的构筑物和与它联系在一起的场院组成的基本环境单元，如中国西南地区的竹楼、草原上的蒙古包、陕北的窑洞、北京的四合院、机关大院、居民大杂院、现在的居民小区等。由于自然环境的不同和经济文化发展的差异，不同院落环境具有各自鲜明的地区和时代特征。村落环境是农业人口聚居的地方，由于自然条件的不同，以及从事农、林、牧、渔业的种类不同，有所谓农村、渔村、山村、水乡等的划分。城市环境则是非农业人口聚居的地方，城市是人类社会发展到一定阶段的产物。建筑是以上聚落环境的重要组成部分。

从建筑环境角度来看，人类住区与环境的相互作用方式复杂，也涉及不同的尺度。根据人类住区与环境的相互作用尺度的不同，建筑环境可以划分为单体建筑内部环境、住区环境和城市环境等。由于长期以来建筑环境主要研究建筑内部物理环境，更习惯于以建筑内部和外部划分建筑环境，因此，目前一般认为，建筑环境由建筑外环境和建筑内环境构成。建筑内环境包括建筑热环境、建筑光环境、建筑声环境和室内空气品质等。建筑外环境涉及住区与城市尺度，其具体研究内容根据环境因素的不同，在城市和住区之间也有所调整。例如，建筑外部热湿环境主要研究城市与住区热岛效应，建筑外光环境主要研究如住区夜景照明等，建筑外声环境主要研究住区环境噪声，建筑风环境主要研究住区建筑群间的风场分布特征等。

1.1.2 环境要素与环境的功能

1）环境要素及其属性

环境要素又称环境基质，是指构成人类生存环境整体和各个独立的、性质不同而又服从整体演化规律的基本物质组分。环境要素可分为自然环境要素和人工环境要素。其中自然环境要素通常指水、大气、生物、岩石、土壤等。

环境要素组成环境结构单元，环境结构单元又组成环境整体或环境系统。例如，由水组成水体，全部水体总称为水圈；由大气组成大气层，整个大气层总称为大气圈；由生物体组成生物群落，全部生物群落构成生物圈等。

环境要素具有一些十分重要的特点和属性，它们是认识环境、评价环境、改造环境的基本依据。环境要素的属性可概括如下：

（1）环境质量符合最差因子限制规律。该规律由德国化学家 L. V. 李比希于1804年首先提出，20世纪初英国科学家布莱克曼将其进一步发展完善。该规律指出：“整体环境的质量，不能由环境诸要素的平均状态决定，而是受环境诸要素中那个与最优状态差距最大的要素所控制”。这就是说，环境质量的好坏取决于诸要素中处于“最低状态”的那个要素，而不能用其余的处于优良状态的环境要素去代替和弥补。因此，在改造自然和改进环境质量时，必须对环境诸要素的优劣状态进行数值分类，遵循由差到优的顺序、依次改造每个要素，使之均衡地达到最佳状态。

（2）等值性。指各个环境要素，无论它们本身在规模或数量上如何不相同，但只要是一个独立的要素，那么对于环境质量的限制作用并无质的差异。换言之，即各个环境要素对环境质量的限制，只有它们处于最差状态时，才具有等值性。

（3）整体性大于各个体之和，或者说环境的整体性大于环境各要素之和。即某一环境的性质，不等于组成该环境各个要素性质简单的和，而是比这种“和”丰富得多，复杂得多。环境诸要素互相联系、互相作用产生的整体效应，是个体效应基础上质的飞跃。

（4）互相联系及互相依赖。环境诸要素在地球演化史上的出现，具有先后之别，但它们又是相互联系、相互依赖的。即从演化的意义上看，某些要素孕育着其他要素。岩石圈的形成为大气的出现提供了条件；岩石圈和大气圈的存在，又为水圈的产生提供了条件；岩石圈、大气圈和水圈又孕育了生物圈。

2）环境的功能

环境的功能指以相对稳定的有序结构构成的环境系统为人类和其他生命体的生存发展所提供的有益用途和相应价值。对人类和其他生物来说，环境最基本的功能包括三个方面：

（1）空间功能，指环境提供的人类和其他生物栖息、生长、繁衍的场所，且这种场所是适合生存发展要求的。

（2）营养功能，这是广义上的营养，包含环境提供的人类和其他生物生长、繁衍所必需的各类的营养物质及各类资源、能源（后者主要针对人类而言）。

（3）调节功能，如水体和森林都有调节气候的功能，各类环境要素包括大气、河流、海洋、土壤、森林、草原等皆具有吸收、净化污染物，使受到污染的环境得到调节、恢复的能力。自净作用是环境的调节机能，但任何环境的自净能力都具有一定的限度，不同环境的自净能力也不同。风大的地区，其空气自净能力比风小的地区大。长江的自净能力比黄河大，因为长江流量大、水流急、稀释能力强。在同一条河流中，各个河段的自净能力也不同。在同一城市中，建筑密度大的区域风速小，空气自净能力就比郊区的自净能力小。

环境对异物的可容纳量称为“环境容量”或“环境负荷能力”。如果污染异物不超过环境容量，那么就能通过自净作用而恢复到原有的环境状况。反之，如异物超过环境容量，虽然各种自净作用总会使污染有所减轻，但也不能使环境恢复到原有正常状况，从而使环境恶化。

对于人类来说，当其开发利用自然环境系统的功能时，应遵循环境系统形成、发展、变迁的内在机制，尽力保护利用环境功能，科学合理地扩大它们的功能，进而实现人与自然的和谐，否则，环境功能就会逐渐衰退直至消失，并造成人类与环境的对抗。

1.2　环境问题

1.2.1　环境问题的概念

人类社会发展到今天，创造了前所未有的文明，但同时又带来一系列的环境问题。随着人口的激增、工业与经济的发展，特别是发展中国家急切改变本国贫穷落后状态的愿望与行动，使其生态破坏和环境污染更为严重和突出。1985年英国科学家在南极上空发现了臭氧空洞，它与“温室效应”和酸雨问题构成全球性大气环境问题，明显地危及全人类的生存和繁衍，引起了国际社会的广泛关注。1992年6月联合国在巴西召开了有103位国家元首或政府首脑及180多个国家的代表参加的“世界环境与发展”大会，讨论和签署了《地球宪章》《21世纪行动议程》《气候变化框架公约》和《保护生物多样性公约》四个文件，成为环境问题时代特征的集中表现。

环境问题就其范围大小而论，可以从广义上和狭义两个方面理解。从广义上理解就是由自然力或人力引起生态平衡被破坏，最后直接或间接影响人类的生存和发展的一切客观存在的问题。只是由于人类的生产和生活活动，使自然生态系统失去平衡，反过来影响人类生存和发展的一切问题，就是狭义上理解的环境问题。

1.2.2　环境问题的分类

如果从引起环境问题的根源考虑，可将环境问题分为两类。

（1）第一类环境问题：也称原生环境问题，是由于自然界固有的不平衡性所造成的对人类环境的破坏。例如，地震、火山爆发、台风、海啸等，这类环境问题随着科学技术的发展，人们会逐步控制，减小其危害。

（2）第二类环境问题：也称次生环境问题，是由于人们社会经济活动所造成的对环境的破坏，这类环境问题是人们在创造高速发展经济时的副产物。第二类环境问题又可分为环境污染和生态环境破坏两类。

1.2.3　全球性环境问题

从人类影响而改变自然生态过程的角度来说，环境问题与人类的出现几乎是同时存在的。不过，环境问题真正引起全人类的关注以致成为一种“公害”，主要是在第二次世界大战以后，由于工业化、人口膨胀和城市化加速发展，人类的社会经济活动对地球环境的干扰越来越强烈，由地壳释放或人工合成的各种物质大量进入人类环境，从而出现了严重的环境污染与生态环境破坏。20世纪是人类历史上的一个大发展时期，随着现代科学技术的发展，人类创造了世界经济奇迹。在过去的一百多年中，人类创造的财富超过了以往财富的总和。但是随着生产的发展，地球的资源和环境也遭受了前所未有的破坏。20世纪70年代以后，人们利用宇航技术、遥感技术、环境监测技术以及计算机模拟技术所得到的气候变化、臭氧层破坏、生物多样性消失、环境污染等信息，足以证明人类正以惊人的速度破坏着地球几十亿年来形成的生态平衡。目前，全球化的十大环境问题是：

1）温室效应及全球变暖

大气中的二氧化碳和其他微量气体如甲烷、一氧化二氮、臭氧、氯氟碳（CFCs）、水蒸气等可以使太阳辐射中的短波几乎无衰减地通过，但却可以吸收长波辐射，因此，这些气体有类似温室的作用，被称为“温室气体”（green-house gases），由此产生的效应称为“温室效应”（green-house effect）。

联合国组织的政府间气候变化专业委员会（IPCC）在1990年气候变化第一次评估报告中指出，过去一百多年中，全球平均地面温度上升了0.3～0.6℃。英国采用全球2000多个陆地观测站的大约1亿个数据以及6000万个海洋观测数据，并对城市热岛效应等做了校正后的结果分析表明，1981～1990年全球平均气温比1861～1880年上升了0.48℃。一百年来，地球上的冰川大部分后退，海平面上升了14～25cm。从近6亿年的地质发展史来看，全球性的气候冷暖变化具有周期性，目前地球正处于冰期向间冰期的过渡时期，按照这种地质发展的规律，全球性气候变暖是必然的，人类活动所造成的“温室效应”加快了全球变暖（global warming）的趋势。

温室效应是一个自然过程，如果没有它，地球表面的平均温度将不是现在的15℃，而是－18℃。现在的问题是大气中温室气体增加了，温室效应加强了，因而导致全球气候变暖。大气中能产生温室效应的气体已经发现近30种，在产生温室效应的原因分析中，二氧化碳大约起66%的作用，其次，甲烷和氯氟碳各起16%和12%的作用。可见，二氧化碳是造成温室效应最主要的气体。

20世纪以来，大气中二氧化碳含量增加的主要原因是人类大量燃烧矿物质燃料。据预测，世界能源消费的总格局未来几十年不会发生根本性变化，人类将继续以矿物燃料作为主要能源，而且人类对能源的需求还将增加。据IPCC预测，如不采取措施，全球气温将以每10年增加0.3℃的速度上升，全球平均海平面每10年会升高6cm，以致危及全人类。全球变暖将影响动植物的分布，还会产生频繁而严重的气象灾难事件。

为了减少二氧化碳的排放量，减弱温室效应，延缓全球变暖的趋势，1998年在日本京都签署了《京都议定书》。该议定书对发达国家提出了具体的二氧化碳减量排放指标。

2015年12月12日，在巴黎气候变化大会上通过了《巴黎协定》，2016年4月22日在纽约签署，该协定为2020年后全球应对气候变化行动作出安排。我国人大常委会于2016年9月3日批准中国加入《巴黎气候变化协定》，成为第23个完成批准协定的缔约方。

2）臭氧层耗损

大气中的臭氧含量仅占一亿分之一。在离地面20～30km的平流层里，存在着臭氧层，其中臭氧的含量占这一高度上的空气总量的十万分之一。臭氧含量虽然极少，却具有非常强的吸收紫外线的功能，它能把波长为 200～300nm 的紫外线吸收掉。而紫外线，尤其是波长 260～340nm 的紫外线，对生物具有极强的杀伤力。正由于臭氧层能够有效地挡住来自太阳的紫外线的侵袭，才保护了地球上各种生命的存在、繁衍和发展。1985 年，英国科学家证实南极上空的臭氧层出现“空洞”（即臭氧层被破坏，浓度极为稀薄）。到 1994 年，南极上空的臭氧层破坏面积已经达 2400 万 km^2。南极上空的臭氧层是在 20 亿年的时间里形成的，可是在一个世纪里就被破坏了 60%，北半球上空的臭氧层也比以往任何时候都薄。欧洲和北美上空的臭氧层平均减少了 10%～15%，西伯利亚上空甚至减少了 35%。因此，科学家警告说，地球上空臭氧层被破坏的程度远比一般人想象的要严重得多。

氟氯碳（氟利昂）的存在是臭氧层遭到破坏的主要原因。氟利昂被广泛用作制冷剂、发泡剂和清洗剂。火箭使用的推进器也是平流层中氟利昂的一大来源。臭氧层破坏的后果是很严重的：首先，臭氧的减少使皮肤癌和角膜炎患者增加，也会损害人的免疫能力，使传染病的发病率猛增。“绿色和平组织”的代表指出：臭氧层如果损耗 10%意味着将会增加 30 万例皮肤癌患者。离南极臭氧洞最近的火地岛发病率上升了 20%。同时，还会破坏地球上的生态系统。过量的紫外线影响植物的光合作用，使农作物减产。紫外线还可能导致某些生物物种的突变。另外，还可能引起新的环境问题，过量的紫外线能使塑料等高分子材料更加容易老化和分解，结果又带来新的环境污染——光化学污染。1985 年在联合国环境规划署推动下，形成了保护臭氧层的《维也纳公约》，1987 年在加拿大的蒙特利尔又签署了该公约的议定书，1991 年该议定书又作了修改，中国于 1992 年加入了《蒙特利尔议定书》。

3）酸雨

酸雨是指酸性降水，包括酸性雨水、酸性雪、酸性雹等。若降水的 pH 值低于 5.6 就定义为酸雨。酸雨主要源于大气中的二氧化硫和氮氧化物。这两种物质在复杂的化学反应之下形成硫酸和硝酸，再通过成雨过程降落地面，形成酸雨。近几十年来，由于能源（特别是矿物质能源）利用量的增大，酸雨出现的地区在日益扩大。在欧洲现已遍及西欧、北欧和东欧，在北美洲已波及美国和加拿大的大片土地。在我国的重庆、上海等许多城市及其附近郊区，均发现过酸雨，降水的酸度且有不断增强的趋势。在许多国家，如瑞典、挪威、美国、加拿大等，酸雨已造成了严重的危害，成为 20 世纪 80 年代以来人类面临的重大环境问题之一。

酸雨对植物的影响很大，能引起叶片坏死性损伤，从叶片等处冲淋掉养分等，使森林生长速率减慢，使农作物减产，严重时甚至引起森林资源的破坏和农作物的死亡；酸雨能刺激人的咽喉和眼睛，对人体健康十分不利；酸雨对许多建筑物和露天设备又有腐蚀作用。在酸雨强度大和频率大的地区，其造成各方面的危害是相当严重的。工业革命以来，大气中的硫和氮的氧化物浓度显著增加。这些氧化物主要从燃煤和燃油中排出。

4）森林锐减

森林是地球生物圈的重要组成部分，是陆地上最大的生态系统。森林不仅提供木材和林业副产品，更重要的是它具有涵养水分、保持水土、防风固沙、调节气候、保障农业牧业生产、保存森林生物物种、维持生态平衡和净化环境等生态功能。地球上曾有 76 亿 hm^2 的森林，到 19 世纪降为 55 亿 hm^2，进入 20 世纪以后，森林资源受到严重破坏，目前全世界仅有 28 亿 hm^2，覆盖率已由过去的 2/3 下降到 1/3（据世界粮农组织估算），并在迅速减少。历史上森林植被变化最大的是温带地区，如中国的黄河流域和西亚的两河流域，但在近几十年中，世界上大的毁林主要发生在热带地区。全球每年砍伐和焚烧森林 2000 多万 hm^2，其中热带雨林的消失速度由 1980 年的 1210 万 hm^2 增加到 1990 年的 1700 万 hm^2。世界热带雨林目前仍以每分钟 20hm^2 的速度消失。照此速度发展下去，到 2030 年世界雨林可能会丧失殆尽。砍伐森林的主要目的是把林地改作耕地，或获取燃料和木材。森林减少的结果是土地裸露、土壤流失、局地气候变化、河水流量减少、湖面下降、农业生产力降低、物种减少等，并进一步造成全球性生态环境恶化。科学家对保护热带森林的呼声越来越高，但有关国家响应的实际步骤非常缓慢。如何保护热带森林已是各国生态环境学家极为重视的问题。

5）水土流失、荒漠化

土地资源损失，尤其是可耕地资源损失、土壤退化与沙漠化已成为全球性的问题，发展中国家尤为严重。目前，人类开发利用的耕地和牧场，正在不断减少或退化，沙漠化、盐渍化问题比较严重。而全球可供开发利用的备用资源已很少，许多地区已经枯竭。随着人口的快速增长，使得许多国家粮食不能自给，人均占有的土地资源在迅速下降，加之缺乏适当的环境管理，于是把森林和草原改为耕地，从而加快了土壤退化与水土流失、土地盐渍化等问题。

土壤退化导致土地资源减少和质量恶化。土壤退化是指土壤在物理、化学和生物学方面的性能变劣而导致其生产力降低的变化过程。沙漠化和土壤浸蚀是导致土壤退化的重要原因。目前，全球沙漠面积相当于全球土地面积的 1/4。全世界每年约有 600 万 hm^2 的土地继续出现沙漠化或有沙漠化危险。纯经济效益为零或负值的土地面积，每年以 2100 万 hm^2 的速度持续增加。约八成放牧的农田、约六成依赖降雨的农田和三成灌溉农田的土地因沙漠化已超过中等受害程度。现在世界上有 8.5 亿人口生活在不毛之地或贫瘠的土地上。沙漠化影响着世界 1/6 人口的生活。

土壤浸蚀是指土壤表层因风雨而损失的现象。全世界每年因土壤浸蚀损失土地 700 万 hm^2，每年经河流冲入海洋的表土达 240 亿 t，其中世界主要产粮国美国年流失土壤 15.3 亿 t、苏联 23 亿 t、印度 47 亿 t、中国 50 亿 t。同时土壤风蚀、盐渍化、水涝和土壤肥力丧失等现象都在日趋增加。农药和化肥的不适当的使用，导致土壤污染。随着全球人口的不断增加，土地资源却迅速减少和退化，生产力下降、农作物减产等一系列问题对人类的生存构成了严重威胁。

6）物种减少、生态系统简化

生物多样性（biodiversity）是指一定空间范围内多种多样活的有机体（动物、植物、微生物）有规律地结合在一起的总称，包括物种多样性、基因多样性以及生态系统多样性。基因是物种的组成部分，物种是生态系统的组成部分。物种是生物多样性概念的中心，既体现了生物之间以及生物与其生存环境之间复杂的相互关系，也展示了生物资源丰富多彩。随着对生物多样性相互关系研究的不断深入，人们越来越注意到生态系统中生物多样性问题的重要，而生物多样性的保护正集中在这个关键环节上。自林奈（Linne）开始将地球上的生命群分类后二百多年的今天，我们仍然不知道地球上究竟存在多少物种，可能连1/10都尚未掌握。在地球上大约1000万～3000万的物种中，只有140万已经被命名或被简单地描述过。生物资源提供了地球生命的基础，包括人类生存的基础。这些资源基本的社会、伦理、文化和经济价值，从有记载的历史的最早时期起，就已经在宗教、艺术和文学的方面得到认识。我们大多数的食物都来自野生物种的驯化。世界上许多在经济上最具有重要经济价值的物种分布在物种多样性并不特别丰富的地区。人类已经利用了大约5000种植物作为粮食作物，其中不到20种提供了世界绝大部分的粮食。现存和早期灭绝的物种支持了工业的过程。我们大多数医药起先都来自野外。在中国，对5000多种药用植物已经有记载。世界上很多药物都含有从植物、动物或微生物中提取的或者利用天然化合物合成的有效成分。植物和动物是主要的工业原料。从全球来看，物种丰富的生态系统无疑将为整个人类社会的未来提供更多的产品。

7）淡水资源危机

淡水是维持生命的基本要素。全球淡水储量约$3.5\times10^{16}m^3$，占全球水储量的2.53%。与人类生活密切的河流、湖泊和浅层地下水只有$1.05\times10^{14}m^3$，占全部水储量的0.3%。大约70%～80%的淡水资源用于灌溉，不足20%的用于工业，6%用于家庭。由于淡水资源分布不均，随着人口激增和工农业生产的发展，缺水已成为世界性问题。据统计，全世界有100多个国家缺水，严重缺水的达40多个，占全球陆地面积60%，约有20亿人用水紧张。发展中国家至少有3/4的农村人口和1/5的城市人口得不到安全卫生的饮用水；有80%的疾病和1/3的死亡与受到污染的水有关。水污染加重了水资源危机。水污染不仅影响人类对淡水的使用，而且还会严重影响自然生态系统并对生物造成危害。全世界每年向江河湖泊排放各类污水4260亿t，造成55000亿m^3的水体被污染，占全球径流总量的14%以上；全世界河流稳定流量的40%受到污染，并呈日益增长趋势。估计今后30年内，全世界污水量将增加14倍。特别是发展中国家，污水、废水基本不经处理即排入水体的现象更为严重，造成有水而又缺水的现象。淡水资源短缺已成为许多国家经济发展的障碍，成为全世界普遍关注的问题。当前，水资源正面临着资源短缺和用水量持续增长的双重矛盾。

8）海洋环境污染

地球上海洋面积为3.62亿km^2，占地球表面的70.9%；海水体积为13.7亿km^3，占地球表面总水量的97%以上。世界上60%的人生活在60km宽的沿岸线上。海洋拥有地球上最丰富的生物资源、矿物资源、化学资源和动力资源。海洋给人类提供食物的能力约为陆地上所能种植的全部农产品的1000倍，而现在人类对海洋的利用不足1%。海洋是人类未来希望之所在。海洋是地球上一个稳定的生态系统。但是，在有些人看来，浩瀚的大海似乎是永远也装不满的“垃圾桶”，可以无限制地承受各种污染物质。近些年来，人类的活动给海洋环境和海洋生物带来一次又一次的灾难，特别是沿岸海域的污染，已直接影响到海洋生态和人类生活。海洋污染已到了不容忽视的地步。海洋的污染主要来自陆地，污染物通过江河流入海洋。此外，对海洋资源的过度开采也对海洋环境造成危害。

9）固体废弃物污染

固体废弃物包括工业固体废料和生活垃圾等。全世界每年产生各种固废约100亿t。具有毒性、易燃性、腐蚀性、反应性和放射性的废弃物，称为危险废料，全世界每年约产生4亿t。最危险的废料是放射性废料和剧毒化学品废料。全世界各地核电站每年产生的核废料约1亿t。固体废料，尤其是危险废料通过各种途径污染水域、土壤和空气环境，直接或间接影响人类健康和地球生态系统。固体废料的堆放还要占用大量宝贵的土地。

10）有毒化学品污染

当前，世界上大约有500万种化学品和700万种化学物质，其中许多对人体健康生态环境有明显危害，具有致癌、致畸、致突变的有500余种。同时，每年要有几万种新的化学物质和化学品问世，其中约有1/6投入市场。化学品一经生产出来，在没有自然和人为消解的情况下，最终必然进入环境，并在全球迁移，分别进入各生物介质，给全球带来危害。现在，化学品已对全球的大气、水体、土壤和生物系统造成污染和毒害，地球上几乎找不到一处地方是没有受到污染的“清洁区”，连南极的企鹅和北极苔藓地的驯鹿，也受到DDT的污染。自20世纪50年代以来，涉及有毒化学品的污染事故日益增多，造成严重后果。化学污染源除工业外，还有汽车尾气、农药化肥、香烟烟雾的和天然源的化学物质等。

1.3　生态足迹和可持续发展

1.3.1　生态足迹

20世纪90年代初，加拿大大不列颠哥伦比亚大学里斯教授（William E. Rees）提出“生态足迹”这一概念。人类的衣、食、住、行等生活和生产活动都需要消耗地球上的资源，并且产生大量的废物，生态足迹就是用土地和水域的面积来估算人类为了维持自身生存而利用自然的量，从而评估人类对地球生态系统和环境的影响，即在现有的技术条件下，某一人口单位（一个人、一个城市、一个国家或全人类）需要多少具备生产力能力的土地和水域，来生产所需资源和吸纳所产生的废物。比如，一个人的粮食消费量可以转换为生产这些粮食的所需要的耕地面积，所排放的二氧化碳总量可以转换成吸收这些二氧化碳所需要的森林、草地或农田的面积。在生态足迹计算中，各种资源和能源消费项目被折算为耕地、草场、林地、建筑用地、化石能源土地和海洋（水域）6种生物生产面积类型。生态足迹的值越高，代表人类所需的资源越多，对生态和环境的影响就越严重。

生态足迹的意义不在强调人类对自然的破坏有多严重，而是探讨人类持续依赖自然以及要怎么做才能保障地球的承受力，不仅可以用来评估目前人类活动的永续性，在建立共识及协助决策上也有积极的意义。

1.3.2　可持续发展的定义

面对愈演愈烈的环境问题，人类开始深深地反思了几千年以来，特别是工业革命以来走过的发展道路。从《寂静的春天》（1962年，蕾切尔·卡逊）、《只有一个地球》（1972年，芭芭拉·沃德与勒内·杜博斯）、《增长的极限》（1972年，罗马俱乐部）到《我们共同的未来》（1987年，世界环境与发展委员会）等著作的出版，人类终于对未来的发展模式达成了共识，提出了可持续发展（Sustainable development）的理念。由传统的发展转变为可持续发展战略是人类经过认真反思后所做出的正确选择，是历史发展的必然趋势。

可持续发展的定义有多种，《我们共同的未来》中提出可持续发展应是“既满足当代人的需求，又不对后代人满足其需求的能力构成危害的发展（……meeting the needs of people today without destroying the resources that will be needed by persons in the future)”。这一定义得到人们的广泛接受和认可，并在1992年联合国环境与发展大会上达成了共识。这个定义所包含的可持续发展的基本点是：

（1）人类应坚持以与自然相和谐的方式追求健康而富有生产成果的生活，这是人类的基本权利，但是不应以耗竭资源、污染环境、破坏生态的方式求得发展。

（2）当代人在创造和追求今世的发展与消费时，应同时承认和努力做到使自己的机会和后代人的机会相平等，绝不能剥夺或破坏后代人合理享有同等发展与消费的权利。

1.3.3　可持续发展理论概要

（1）发展是可持续发展的前提。可持续发展的内涵是调控“自然—社会—经济”这个复合系统，使人类在不超越环境承载力的条件下发展经济，只有经济发展了，才能采用先进的生产设备和工艺、降低能耗、降低成本、提高经济效益，才能提高科学技术水平，并为防治环境污染提供必要的资金和设备。只有在强大的物质基础和先进的科学技术的前提下，才能使环境保护和经济能够持续协调地发展，在发展中实现持续。

（2）全人类共同努力是实现可持续发展的关键。人类共同生活在一个地球上，全人类是一个相互联系、相互依存的整体。在经济和资源上，没有哪个国家能完全脱离开世界市场，达到全部自给自足。而当今环境问题已经超越国界和地区界限，成为一个全球性问题。要实现全球的可持续发展，需要全人类的共同努力，必须建立起巩固的国际秩序和合作关系。对于全球的公物，如大气、海洋和其他生态系统要在统一的目标下进行管理。

1.3.4　可持续发展的基本原则

1）公平性

公平性是可持续发展的尺度，可持续发展主张人与人、国家与国家之间的关系应该互相尊重、互相平等。可持续发展的公平原则包含以下三点：

（1）当代人之间的公平。历史告诉我们，两极化的世界是不可能实现可持续发展的。过大的收入差别和地区差别都会带来不稳定。应该有一个公平的分配制度和发展机会。要把消除贫困作为可持续发展过程中特别优先考虑的问题。

（2）代际之间的公平。资源是有限的，要给后代人以公平利用自然资源的权利。当代人的发展，不能以耗竭资源的方式，不能以牺牲后代人公平发展的权利为代价。

（3）公平分配有限资源。各国拥有开发本国自然资源的主权，但同时负有不滥用资源和不因自身的活动而危害其他地区环境的义务。

2）持续性

持续性原则是指人类的经济建设和社会发展不能超越环境的承载能力。资源与环境是人类生存与发展的基础，可持续发展主张建立在保护地球自然系统基础上的发展，发展必须有一定的限制因素。人类需要根据持续性原则调整自己的生活方式，确定自己的消耗标准，而不是过度生产和消费。发展一旦破坏了人类生存的物质基础，发展本身就衰退了。

3）共同性

全社会广泛参与是可持续发展实现的保证。可持续发展作为一种世界各国达成共识的思想、观念，一个指导全球发展的行动纲领，需要世界各国共同参与。要不断地向民众传达可持续发展的思想并组织实施，要使管理者和民众自觉地把可持续发展思想与环境、发展紧密结合起来，广泛参与是可持续发展实现的保证。

1.4　生态文明建设和建筑碳达峰碳中和

1.4.1　我国生态文明建设战略决策

党的十八大把生态文明建设纳入“五位一体”的中国特色社会主义总体布局，对如何做好生态文明建设首次进行深入探讨，首次提出“推进绿色发展、循环发展、低碳发展”“建设美丽中国”，从此生态文明建设成为执政理念，并上升到国家战略高度。

党的二十大报告对于大力推进生态文明建设提出了更加明确的路径规划，主要内容包括以下几个方面：

（1）加快发展方式绿色转型。

（2）深入推进环境污染防治。

（3）提升生态系统多样性、稳定性、持续性。

（4）积极稳妥推进碳达峰碳中和。

1.4.2　建筑碳达峰、碳中和

1）建筑碳达峰、碳中和的背景

温室气体排放带来全球气候变化问题，并给人类的生产生活带来严重威胁。政府间气候变化专门委员会（IPCC）研究表明，目前全球的平均温度较1850年的工业革命初期上升了近1℃，其中陆地升温（1.59℃）高于海洋（0.88℃）。据预测，在未来20年内，全球变暖将超过1.5℃，气温升高，将使两极地区冰川融化，海平面升高，许多沿海城市、岛屿将面临海水上涨的威胁，甚至被海水吞没。极端天气事件将在各地变得更加频繁和明显。

为了避免极端危害，联合国组织召开了一系列全球气候变化会议，世界各国纷纷响应，签署了许多相关文件。其中较为重要的有《联合国气候变化框架公约》《京都议定书》和《巴黎协定》。目前已有60个国家承诺到2050年甚至更早实现零碳排放。中国作为发展中大国，实施积极应对气候变化国家战略，明确提出“二氧化碳排放力争于2030年前达到峰值，努力争取2060年前实现碳中和”的目标，主动承担碳减排国际义务。

2）建筑碳达峰、碳中和的概念

碳达峰（Carbon Peaking）：指在某一个时点，二氧化碳的排放不再增长达到峰值，之后逐步回落。碳达峰是二氧化碳排放量由增转降的历史拐点，标志着碳排放与经济发展实现脱钩，达峰目标包括达峰年份和峰值。

碳中和（Carbon Neutrality）：指国家、企业、产品、活动或个人在一定时间内直接或间接产生的二氧化碳或温室气体排放总量，通过植树造林、节能减排等形式，抵消自身产生的二氧化碳或温室气体排放量，达到相对“零排放”。

3）建筑碳达峰、碳中和路径

根据我国建设领域碳达峰实施方案，建筑碳达峰、碳中和策略主要包括以下几方面：

（1）提升建筑能效水平

为尽快实现建筑领域碳中和目标，提升建筑能效是首要任务。一方面应利用自然通风、自然采光和围护结构保温隔热性能提升等被动式技术来降低建筑对物理环境的需求；另一方面，采用节能电气设备、高效节能的暖通空调、给水排水系统以及智能化管理手段，提高能源使用效率，促进节能减排。此外，不断提高建筑节能标准，完善新建建筑节能技术体系，以结果为导向推动超低能耗建筑、近零能耗建筑发展。

（2）建筑材料低碳化

大力发展钢结构等装配式建筑，提高装配式建筑构配件标准化水平。推动装配式装修，提升建造水平。推广低碳结构，基于钢材、纤维复材、水泥基材料、竹木材料等复合应用的高性能结构体系，形成低碳为目标导向的建筑设计新美学。加快推进绿色建材评价认证和新型环保建材的推广应用，研究开发低碳胶凝材料替代水泥，同时减少钢筋、玻璃等高碳建材使用。

（3）提高可再生能源利用率

可再生能源应用是建筑领域实现碳中和的重要技术手段，特别是太阳能和地热能在建筑中的应用。其中，太阳能光伏发电技术因其电能品质高、清洁无污染且可就地消纳等优点，成为实现建筑能耗平衡和替代的常用技术。建筑光伏一体化（BIPV）技术已经成熟，寿命一般在25年以上，这些优势为建筑领域光伏的应用提供了动力。

（4）全面建筑电气化

建筑行业用能全面电气化是降低直接碳排放的关键。依托国家能源总体结构转型，未来电力碳排放因子将大幅下降，建筑电气化可大大降低建筑运行过程的碳排放量。“光储直柔”建筑将成为发展零碳能源的重要支柱，其核心技术包括分布式光伏、分布式蓄电、建筑直流配电、柔性建筑能量管理、能源互联网等，这些技术将快速发展。

（5）提高固碳、碳汇能力

因地制宜地增加城市园林绿化面积，提高固碳、碳汇能力是实现碳中和的必要路径之一。除了场地景观绿化外，还可考虑建筑屋面绿化、垂直绿化、阳台绿化以及室内绿化等措施，增加城市总体绿量。立体空间绿化可以降低建筑能耗强度，提高城市空间绿视率和绿化覆盖率，缓解热岛效应，增强碳汇水平。

本章思考题：

1. 目前地球环境问题集中在哪几个方面?
2. 建筑“碳达峰、碳中和”实施的路径有哪些?

第 2 篇
建筑给水排水

给水排水系统是建筑中最重要最基本的建筑设备。

建筑给水排水专业发展迅速，建筑给水排水已由原来简单的房屋卫生设备设计演变为一个相对完整的专业体系。从建筑物内部来说，水的系统有生活给水系统、直饮水系统、中水给水系统、热水系统、生活污水系统、生活废水系统、雨水排水系统、雨水利用系统、冷却循环水系统、游泳池循环水系统、水景与水上游乐设施水循环系统、消防系统、人防工程特殊给水排水系统等。这些系统中包括了水质处理，水质、水温、水压保证及供水、配水、排水等众多技术内涵。

随着时间的推移，建筑给水排水也在不断派生出各种新的子系统，新技术、新材料日新月异地涌现。建筑给水排水将更突出以人为本的原则，并将重点调整到民用建筑与工业建筑并重，公共建筑与居住建筑并重，冷水供应与热水供应并重，供水的水量、水压与水质并重等方向上来，走上全面、均衡、务实、安全的发展之路。

我国是水资源相对匮乏的国家之一，人均拥有淡水资源 2160m^3，仅为世界平均水平的四分之一。我国水资源 81%在南方，北方地区的很多城市都属于绝对缺水的资源型缺水城市（一般认为人均水资源量小于 1000m^3 为严重缺水，小于 500m^3 为绝对缺水，目前国际公认的维持发展所需要的人均淡水资源的临界值为 500～1000m^3），如北京为 357m^3，西安为 384m^3。缺水不仅会影响城市正常的发展，而且可能会对生态环境造成严重的破坏。

因此，节约用水将是一个长期而艰巨的工作。我们在设计工作中，应选择节水型卫生器具和设备；合理确定卫生器具设置标准；充分利用中水技术；合理布局工业企业，为循环循序给水提供便利条件；保护水源和水源涵养地；减少对水体的污染。以上都是我们应当关注的问题。

本篇思政内容：

1. 思政元素

建筑师的职业素养和工匠精神。

2. 思政结合内容

结合本篇学习的内容，从建筑给水排水和消防的角度，说说为什么要摒弃“奇奇怪怪”的建筑？为什么要严格限制超高层建筑？

3. 思政融入方式

组织课堂讨论或完成课程论文。

第2章　管材、卫生器具

2.1　管材及附件

建筑设备各系统中，管道及其附件占有很大比重。目前，常用管材主要有塑料管、金属管和复合管三种。

2.1.1　塑料管

塑料管是以合成树脂为原料，添加增塑剂、稳定剂、润滑剂、紫外线吸收剂、改性剂等，经熔融成型加工而成。常用塑料管有：硬聚氯乙烯（PVC-U）管、高密度聚乙烯（HDPE）管、交联聚乙烯（PE-X）管、无规共聚聚丙烯（PP-R）管、聚丁烯（PB）管、丙烯腈-丁二烯-苯乙烯共聚物（ABS）管等。

塑料管的原料组成决定了塑料管的特性。塑料管的主要优点有：

（1）化学稳定性好，不受环境因素和管道内介质组分的影响，耐腐蚀性好。

（2）导热系数小，热传导率低，绝热保温，节能效果好。

（3）水力性能好，管道内壁光滑，阻力系数小，不易积垢，管内流通面积不随时间发生变化，管道阻塞机率小。

（4）相对于金属管材，密度小，材质轻，运输和安装方便、灵活、简单，维修容易。

（5）可自然弯曲或具有冷弯性能，可采用盘管供货方式，减少管接头数量。

其主要缺点是：

（1）力学性能差，抗冲击性不佳，刚性差，平直性也差，因而管卡及吊架设置密度高。

（2）阻燃性差，大多数塑料制品可燃，且燃烧时热分解，会释放出有毒气体和烟雾。

（3）热膨胀系数大，必须强调伸缩补偿。

塑料管广泛用于室内给水系统的配水管（PPR管）、中高层以下建筑的污水管道、雨水落水管（PVC-U）、地辐采暖盘管（PE-RT）等。此外，塑料管也用于强弱电线路保护套管（PVC）、燃气管道（PE）等。

塑料管道可采用热熔或电熔连接，快捷方便。

塑料管的物理性能和铝塑复合管、钢管、铜管比较见表2-1。

塑料管和其他材质管材物理性能的比较　　**表2-1**

物理性能	单位	PVC-U	PE	PE-X	PP	PB	ABS	钢	铜
密度	g/cm^3	1.50	0.95	0.95	0.90	0.93	1.02	7.85	8.89

续表

导热系数	W/(m·K)	0.16	0.48	0.40	0.24	0.22	0.26	50	400
热膨胀系数	mm/(m·℃)	0.07	0.22	0.15	0.16	0.13	0.11	0.012	0.018
弹性模量	MPa	3000	600	600	900	350	2500	210000	110000
拉伸强度	MPa	40	25	>25	28	17	40	700	150
硬度	R	120	70	—	100	60	—	230HB	—
使用温度	℃	0～60	−60～60	−60～95	−20～95	−20～95	−20～80	—	—

2.1.2　钢管

焊接钢管有耐压、抗震性能好，单管长，接头少，且重量比铸铁管轻等优点，有镀锌钢管（白铁管）和非镀锌钢管（黑铁管）之分，前者防腐、防锈性能较后者好；镀锌钢管由于价格低廉、性能优越，防火性能好，使用寿命长等优点，在消防给水系统，尤其是自动喷水灭火系统中应用。而塑料管（承压小）则不应在消防给水系统和“生活—消防或生产—消防”共有系统中应用。

无缝钢管较少采用，只有当焊接钢管不能满足压力要求时才采用。

钢管连接方法有螺纹连接、焊接和法兰连接三种。为避免焊接造成镀锌层破坏，镀锌钢管必须用螺纹连接。

2.1.3　铸铁管

给水铸铁管与钢管相比有不易腐蚀、造价低、耐久性好等优点，适合于埋地敷设，因此多用于室外管道。缺点是质地脆、重量大等。连接方式一般采用承插连接。

建筑排水铸铁管由于承压较小，故管壁较薄，重量轻，管径在 50～200mm 之间。排水铸铁管采用承插连接，承插口直管有单承口及双承口两种。

目前，传统的镀锌钢管和普通排水铸铁管由于易锈蚀、自重大、运输施工不便等原因而被其他新型管材取代。

2.1.4　铜管

铜管的优点是强度高、能经受高压，坚固耐用，可用于高层建筑供水管、消防管，适合输送热水，在标准高的公共建筑、高层建筑中也可用作输送冷水。铜管性能稳定，抗锈能力强，抗老化，防腐蚀，热胀冷缩系数小，防火，耐高温和严寒环境，管配件易于连接，使用寿命长。缺点是价格较贵，软水可引起铜管内部锈蚀，出现“铜绿水”。

铜管常用的连接方法有两种，即管配件丝扣连接和焊接。

2.1.5　给水附件

给水附件分为配水附件和控制附件两大类。配水附件是指装在卫生器具和用水点的各式水龙头，用以调节和分配流量，如图 2-1 所示。控制附件用来调节水量、控制水流方向以及关断水流，如截止阀、闸阀、蝶阀、止回阀、浮球阀等，见图 2-2。

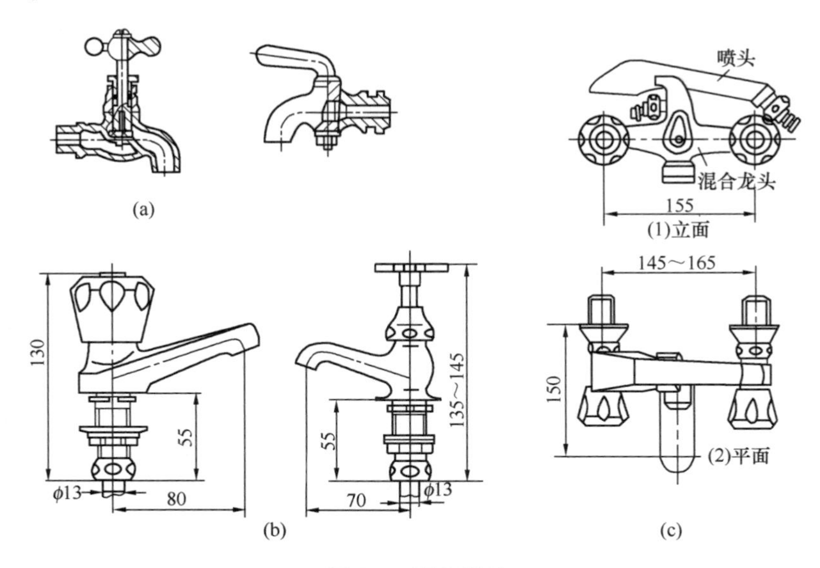

图 2-1　配水附件

（a）普通水龙头；（b）洗脸盆龙头；（c）带喷头的浴盆龙头

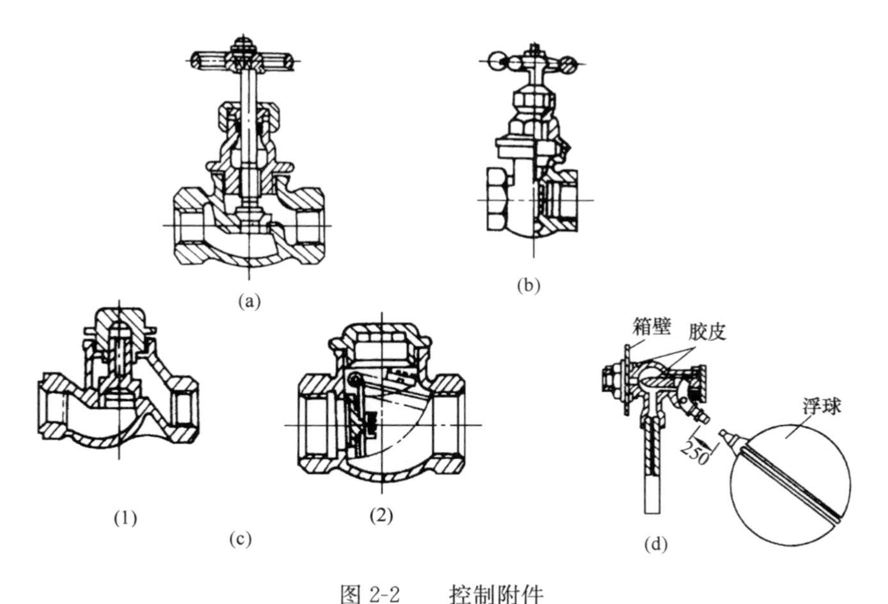

图 2-2　控制附件

（a）截止阀；（b）闸阀；（c）止回阀（（1）为升降式，（2）为旋启式）；（d）浮球阀

2.1.6　水表

水表用于计量建筑物用水量。目前常用的是流速式水表，其工作原理为：水流通过水表推动水表盒内叶轮转动，其转速与水的流速成正比，叶轮轴传动一组联动齿轮，然后传递到记录装置，指示针即在标度盘上指出流量的累积值。

流速式水表按翼轮构造不同分为旋翼式和螺翼式。旋翼式的翼轮转轴与水流方向垂直，水流阻力较大，多为小口径水表，宜用于测量小流量；螺翼式的翼轮转轴与水流方向平行，阻力较小，适用大流量的大口径水表。

流速式水表按其计数机件所处状态又分干式和湿式两种。干式水表的计数件用金属圆盘与水隔开；湿式水表的计数机件浸在水中，在计数度盘上装一块厚玻璃（或钢化玻璃）用以承受水压。湿式水表机件简单、计量准确、密封性能好，但只能用在水中不含杂质的管道上，否则会影响其精确度。

住宅建筑的水表一般设置在户外，以便计量并减少打扰。现行标准《建筑给水排水设计标准》GB 50015—2019 中规定："住宅的分户水表宜相对集中读数，且宜设置于户外；对设在户内的水表宜采用远传水表或 IC 卡水表等智能水表。"

在实际工程中，水表有以下几种设置方式：

（1）设置在室外的水表箱内

此种方式在南方地区的多层单元式住宅中较为常见，分户水管沿室内管井或建筑外墙引入户内，水表集中在外墙的水表箱内，水表的位置根据供水方式可在底层也可在顶层。

（2）设置在楼梯间处的水表间内

此种方式常用于高层及超高层住宅，给水立管及水表间均设在楼梯间或走道外，由水表间至各户的给水横干管敷设在楼板下。此种方式的缺点是管道数量较多，给施工和管理都增加了难度。

（3）采用 IC 卡（或 TM 卡）智能型水表，水表设置在厨房或卫生间内

居民用户可持卡至售水处充值预存，然后将卡插入智能型水表中即可打开阀门供水，实现"先买后用"。IC 卡（或 TM 卡）还具有记忆、累积、报警、断水等功能。

（4）采用智能抄表系统（即电子远传水表）

某些高标准住宅小区，物业一般采用自动计量系统，对水、电、气三表实现全自动化收费管理。通过在水表上加装辅助装置，将用水量信息传输至户外的信号收集器，实现智能远传抄表。

2.2 卫生器具

卫生器具是建筑内部给水系统的末端设备，也是排水系统的起点，是收集和排除污废水的设备。卫生器具的结构、形式和材料各不相同，应根据其用途、设置地点、安装和维护条件选用。

卫生器具要求不透水，耐腐蚀，耐磨损，表面光滑，便于清扫。常用材料有陶瓷、搪瓷生铁、塑料、水磨石、不锈钢以及复合材料等。

2.2.1 便溺器具

1）大便器

常用的大便器有坐式大便器和蹲式大便器等。

（1）坐式大便器

坐式大便器按冲洗的水力原理分为冲洗式和虹吸式两种，坐式大便器本身构造包括存水弯，冲洗设备一般多用低水箱，如图2-3所示。

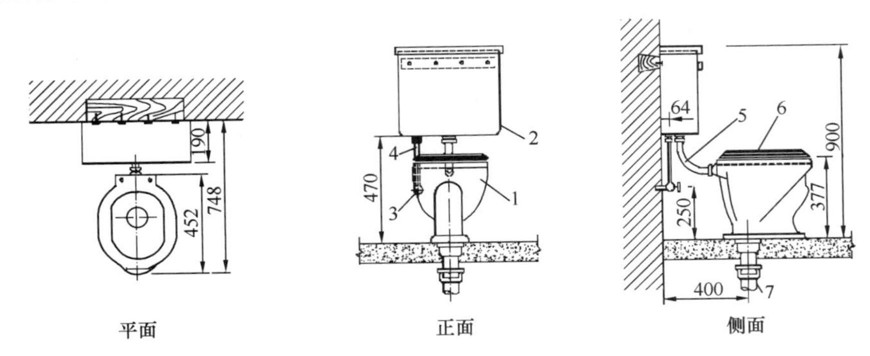

图2-3　低水箱坐式大便器

1—坐式大便器；2—低水箱；3—角型阀；4—给水管；5—冲水管；6—盖板；7—排水管

坐式大便器多设在家庭、宾馆、饭店等建筑物内。

（2）蹲式大便器

蹲式大便器一般用于集体宿舍和公共建筑物的公共厕所及防止接触传染的医院，采用高位水箱或延时自闭式冲洗阀冲洗，如图2-4所示。

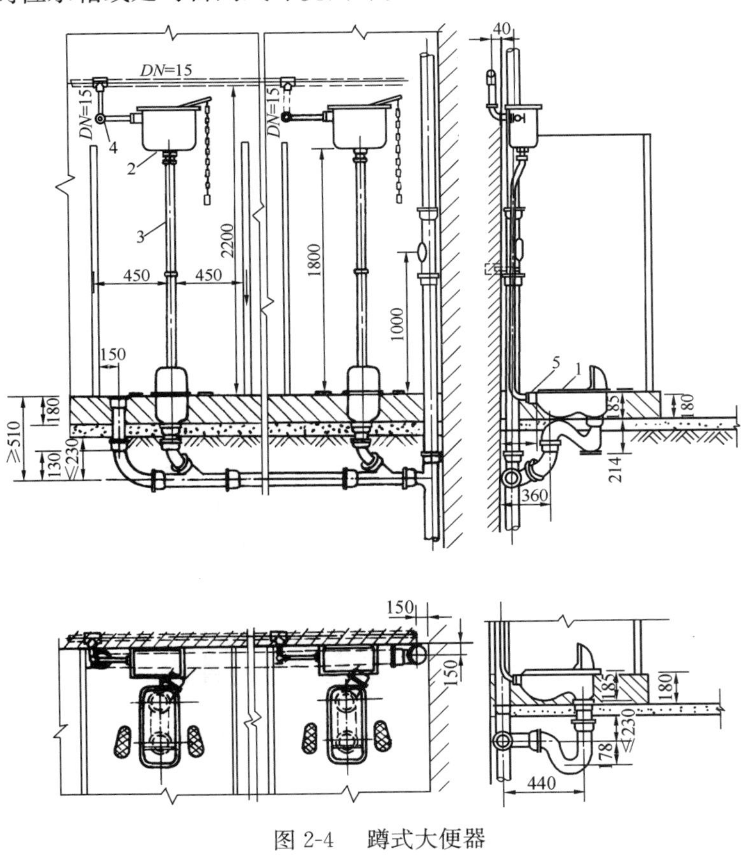

图2-4　蹲式大便器

1—蹲式大便器；2—高水箱；3—冲水管；4—角阀；5—橡胶碗

2）小便器

小便器设于公共建筑男厕内，有挂式、立式和小便槽三类。其中立式小便器用于标准高的建筑，小便槽用于工业企业、公共建筑和集体宿舍等建筑。图 2-5 和图 2-6 分别为立式小便器和挂式小便器。

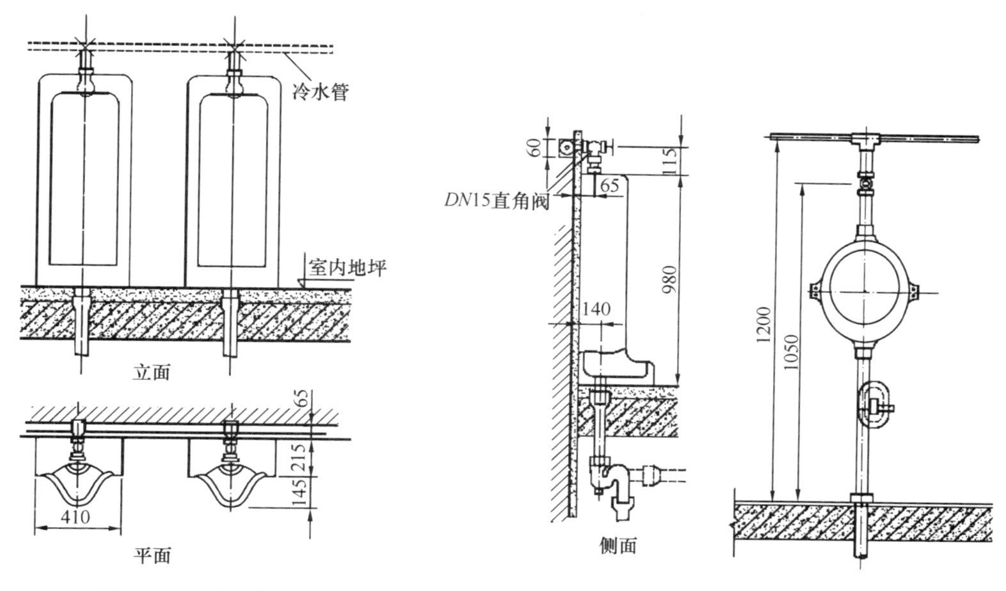

图 2-5　立式小便器

图 2-6　挂式小便器

2.2.2　盥洗、沐浴器具

1）洗脸盆

洗脸盆一般用于洗脸、洗手，设置在盥洗室、浴室、卫生间等场所。洗脸盆的高度及深度要适宜，盥洗不用弯腰较省力，使用不溅水，可用流动水盥洗比较卫生。洗脸盆有长方形、椭圆形和三角形，安装方式有墙架式、柱脚式和台式，图 2-7 为墙架式洗脸盆。

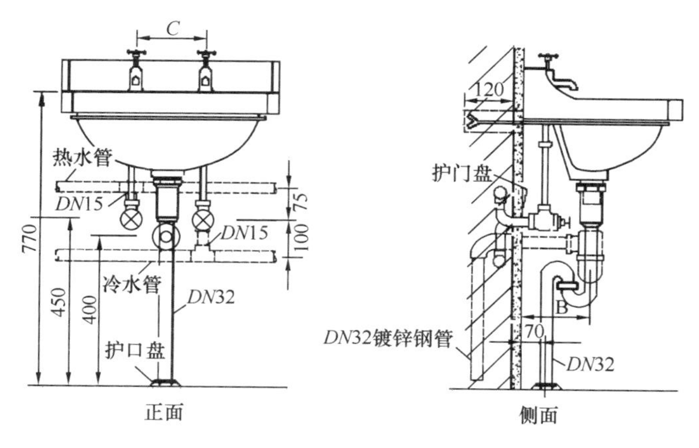

图 2-7　墙架式洗脸盆

2）盥洗槽

用瓷砖、水磨石等材料现场建造的卫生设备，设置在同时有多人使用的地方，如集体宿舍、车站、工厂生活间等。

3）浴盆

浴盆设在住宅、宾馆、医院等卫生间或公共浴室。浴盆配有冷热水管或混合龙头，有的还配有沐浴设备，见图 2-8。

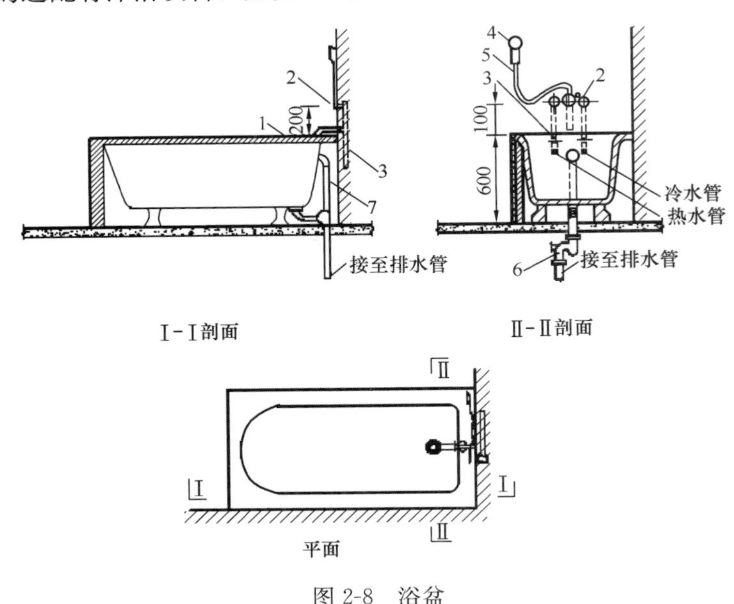

图 2-8　浴盆

1—浴盆；2—混合阀门；3—给水管；4—莲蓬头；5—蛇皮管；6—存水弯；7—排水管

4）淋浴器

淋浴器多用于工厂、学校、机关、部队公共浴室和集体宿舍、体育馆内。与浴盆相比，淋浴器具有占地面积小、设备费用低、耗水量小、清洁卫生、避免疾病传染的优点。淋浴器有成品的，也有现场安装的，图 2-9 为现场安装的淋浴器。

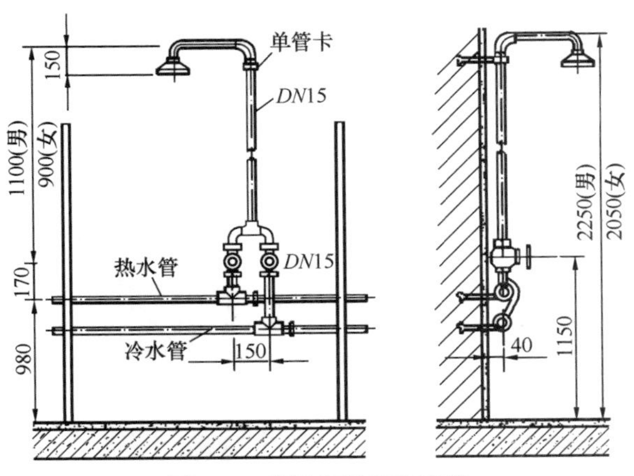

图 2-9　现场安装的淋浴器

5）净身盆

净身盆与大便器配套安装，供便溺后洗下身用，适合妇女和痔疮患者使用。一般用于宾馆的高级客房的卫生间内，也用于医院、工厂的妇女卫生室内。

2.2.3　洗涤器具

1）洗涤盆

装设在厨房或公共食堂内，用来洗涤碗碟、蔬菜等。洗涤盆有单格和双格之分，双格洗涤盆一格洗涤，另一格泄水。图 2-10 为双格洗涤盆。

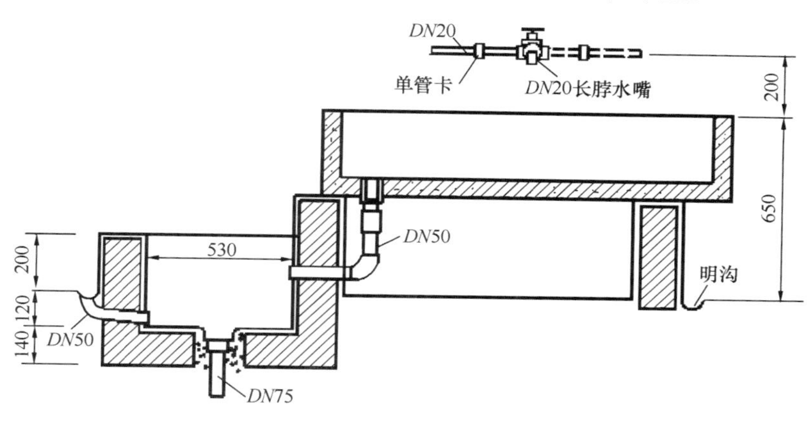

图 2-10　双格洗涤盆

2）化验盆

设置在工厂、科研机关和学校的化验室或实验室内，盆内已带水封，根据需要可安装单联、双联、三联鹅颈龙头。

3）污水盆

污水盆设置在公共建筑的厕所、盥洗室内，供洗涤拖把、打扫厕所或倾倒污水用，如图 2-11 所示。

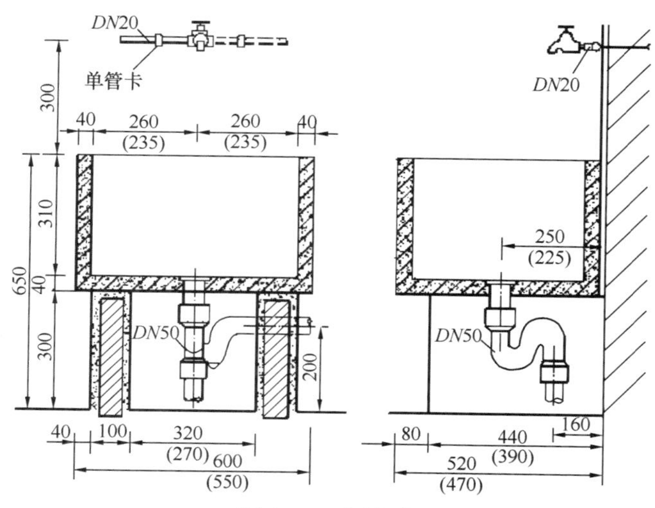

图 2-11　污水盆

2.2.4　地漏

地漏是排水系统中的一种特殊装置，装在地面经常清洗（如食堂、餐厅）或地面有水需排泄处（如淋浴间、水泵房、盥洗室、卫生间等）。家庭中还可用作洗衣机排水口。地漏有扣碗式、多通道式、双篦杯式、防回流式、密闭式、无水式、防冻式、侧墙式等多种类型。地漏的规格有 50mm、75mm 和 100mm 三种。卫生间一般设一个直径为 50mm 的地漏；有两个以上淋浴龙头的浴室应设一个直径 100mm 的地漏；当采用地沟排水时，8 个淋浴器可设一个 100mm 的地漏。地漏一般设在地面最低处，地面应设置 0.5%～1%的坡度，坡向地漏。

2.2.5　卫生间布置

在一般的民用建筑中，卫生间是卫生器具布置最为集中的区域。

卫生间一般尽可能设置在建筑物北面，各楼层卫生间位置宜上下对齐，以利于排水立管的设置和排水的通畅。食品加工车间、厨房、餐厅、贵重物品仓库、配电间和重要设备房的上层不宜设置卫生间。

卫生间的布置形式应根据卫生间器具的规格尺寸和数量合理布置，但必须考虑排水立管的位置。对于室内粪便污水与生活废水分流的排水系统，排出生活废水的器具或设备和浴盆、洗脸盆、洗衣机、地漏应尽量靠近，有利于管道布置和敷设。

卫生器具的设置应根据建筑标准而定，住宅的卫生间内除设有大便器外，还应设有洗脸盆、浴盆（或淋浴）等设备，或预留沐浴设备的位置，同时还宜考虑预留安装洗衣机的位置。普通旅馆的卫生间内一般设有坐便器、浴盆和洗脸盆；高级宾馆的一般客房的卫生间也设有坐便器、浴盆和洗脸盆三大件卫生间器具，只是所选用器具的质量、外形、色彩和防噪有较高的要求；高级宾馆的部分高级客房内还应设置净身盆。

住宅、公寓、旅馆的卫生间面积，根据当地气候条件、生活习惯和卫生器具设置的数量确定。配置三件卫生器具的卫生间，其面积不得小于 $3m^2$。

住宅卫生间中，把浴盆（淋浴）、洗脸池、便器等洁具集中在一个空间中，称为集中式布置（图 2-12）。也可根据户型情况采用分离式布置（图 2-13），如干湿分离、洁污分离等。

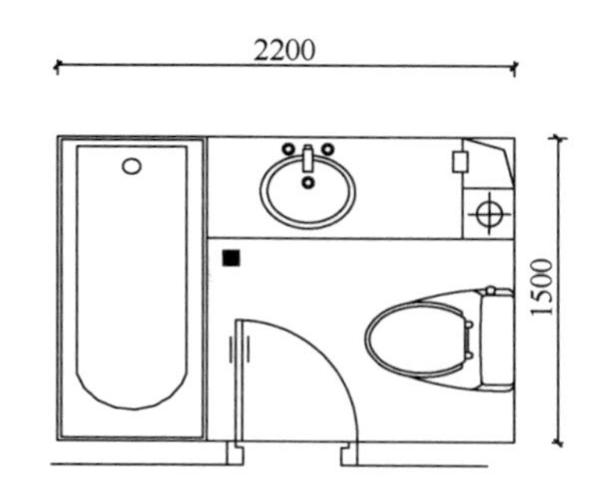

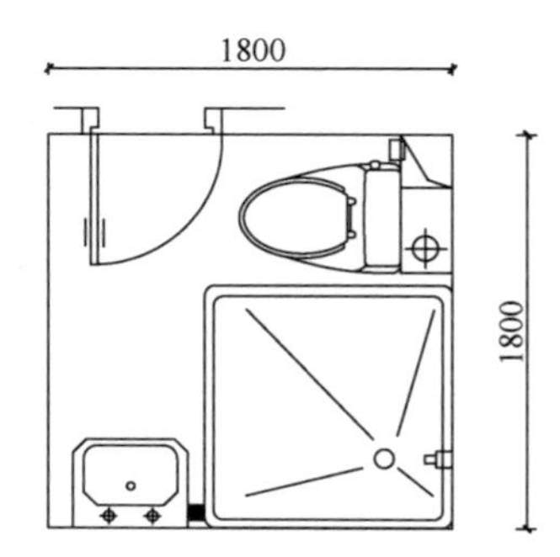

图 2-12　卫生间洁具集中式布置示意图（一）

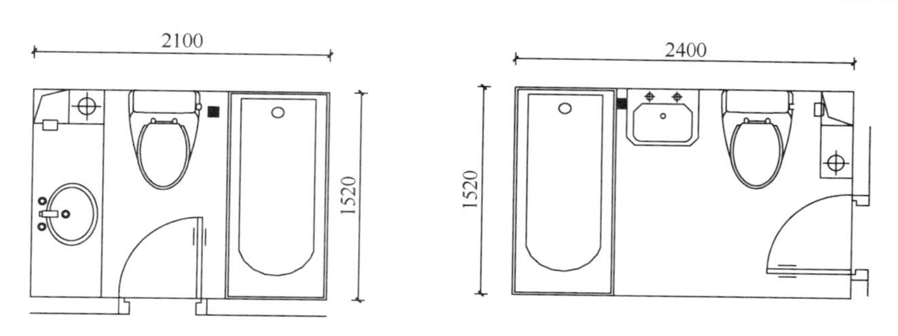

图 2-12　卫生间洁具集中式布置示意图（二）

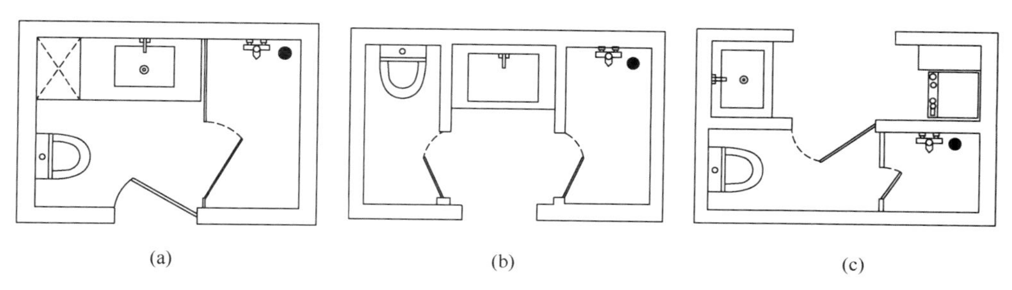

图 2-13　卫生间洁具分离式布置示意图
（a）二分离式；（b）三分离式；（c）四分离式

本章思考题：

1. 常用的管道材质有哪些？消防给水管道应选用何种管道，为什么？
2. 住宅生活给水系统设计中，应如何设置水表？
3. 卫生间的布置有哪些原则？

第 3 章　建筑给水

3.1　建筑给水系统

建筑给水系统的任务是将室外给水引入室内，把水送到各个配水点，满足用户对水质、水量、水压等要求。

3.1.1　给水系统的分类

给水系统按用途可分为三类：

1）生活给水系统

供给人们烹饪、饮用、盥洗、洗涤、沐浴等生活用水。供水水质必须符合《生活饮用水卫生标准》GB 5749—2022。

2）生产给水系统

供给生产设备冷却、原料和产品的洗涤以及各类产品制造过程中所需的生产用水。生产用水应根据工艺要求，提供所需的水质、水量和水压。

3）消防给水系统

供给各类消防设备灭火用水。消防用水对水质要求不高，但必须按照建筑防火要求保证供给足够的水量和水压。

3.1.2　给水系统的组成

建筑内给水系统的组成如图 3-1 所示，由下列几部分组成：

（1）引入管：是指从室外给水管穿越建筑物承重墙或基础将水引入室内的管段，也称进户管。

（2）水表节点：是安装在引入管上的水表及其前后设置的阀门和泄水装置的总称。

（3）给水管道：包括水平干管、立管和支管。

（4）配水装置和用水设备。

（5）给水附件：是指给水管道上的阀门、止回阀等。

（6）增压和储水设备：当室外给水管网压力不足或要求供水压力稳定、确保供水安全可靠时，设置水泵、气压给水装置和水池、水箱等增压储水设备。

3.1.3　给水压力

给水管网应具有一定的压力，才能保证各配水点所需的水量，并保证最高最远的配水点（最不利配水点）具有一定的流出水头。

建筑内给水管网所需压力可按下式确定（图 3-2）。

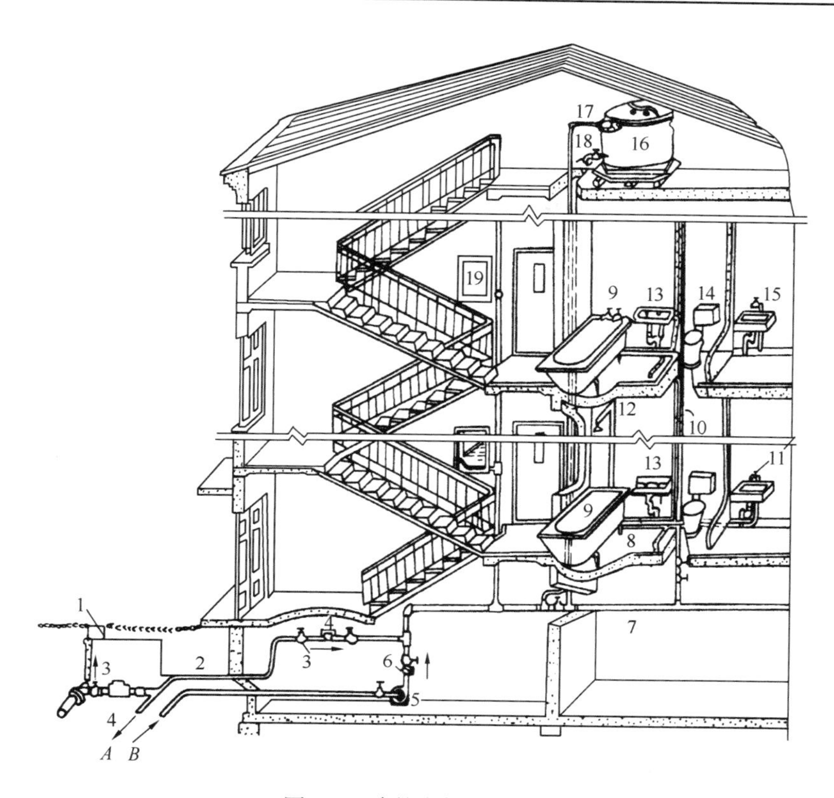

图 3-1　建筑内部给水系统

1—阀门井；2—引入管；3—闸阀；4—水表；5—水泵；6—止回阀；7—干管；8—支管；9—浴盆；10—立管；11—水龙头；12—淋浴器；13—洗脸盆；14—大便器；15—洗涤盆；16—水箱；17—进水管；18—出水管；19—消火栓

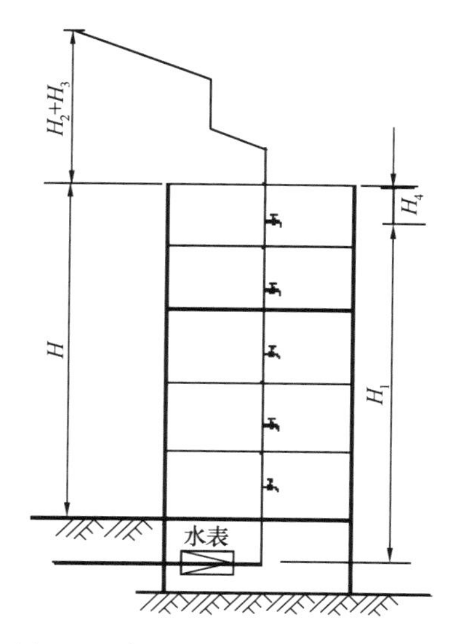

图 3-2　建筑内部给水系统所需压力

$$H = H_1 + H_2 + H_3 + H_4 \tag{3-1}$$

式中　H——建筑内给水系统所需的水压（mH_2O）；

H_1——引入管起点至配水最不利点的高差（mH_2O）；

H_2——计算管路的沿程水头损失和局部水头损失之和（mH_2O）；

H_3——水流通过水表时的水头损失（mH_2O）；

H_4——配水最不利点所需的流出水头（mH_2O）。

对于居住建筑，在初步设计阶段，可按建筑物层数估算管网所需最小压力值。从地面算起，一层为 $10mH_2O$，二层为 $12mH_2O$，三层及三层以上建筑物每增加一层，则增加 $4mH_2O$。

3.1.4　给水方式

室内给水方式应根据建筑物的性质、高度、配水点的布置情况以及室内所需水压、室外管网水压和水量等因素综合确定。

1）直接给水方式

由室外给水管网直接供水，为最简单、经济的给水方式。适用于室外给水管网的水量、水压在一天内均能满足用水要求的建筑，如图 3-3 所示。

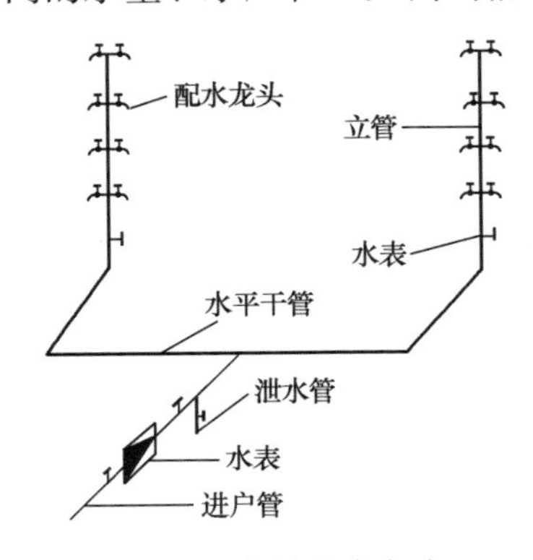

图 3-3　直接给水方式

2）单设水箱的给水方式

在室外给水管网供水压力周期性不足时采用。室外管网压力正常时，可利用室外给水管网水压直接供水并向水箱进水，水箱贮存水量。高峰用水时，室外管网水压不足，则由水箱向建筑内给水系统供水。当室外给水管网水压偏高或不稳定时，为保证建筑内给水系统的良好工况或满足稳压供水的要求，也可采用设水箱的给水方式，室外管网直接将水输入水箱，由水箱向建筑内给水系统供水。由于水箱内容易造成给水二次污染，因此不宜用于生活给水系统。

3）单设水泵的给水方式

在室外给水管网的水压经常不足时宜采用设水泵的给水方式。当建筑内用水量大且较均匀时，可用恒速水泵供水；当建筑内用水不均匀时，应采用一台或多台水泵变速运行供水。为充分利用室外管网压力，当水泵与室外管网直接连接时，应设旁通管。当室外管网压力足够大时，可自动开启旁通管的止回阀供水。因水泵直接从室外管网抽水，会使管网压力降低，影响附近用水，严重时可能产生负压，在管道接口不严密时，其周围土壤中的渗漏水会吸入，污染水质。为避免上述问题，可在系统中增设储水池，采用水泵和室外管网间接连接方式。

4）设水泵和水箱的给水方式

设水泵和水箱的给水系统宜在室外给水管网压力低于或经常低于建筑内给水管所需压力，且室内用水不均匀时采用。该给水方式的优点是水泵能及时向水箱供水，可缩小水箱的容积，又因水箱的调节作用，水泵出水量稳定，如图 3-4

所示。

5）气压给水方式

气压给水方式即在给水系统中设置气压给水设备，利用该设备的气压水罐内气体的可压缩性，升压供水。气压水罐的作用相当于高位水箱，但其位置可根据需要设置在高处或低处。该给水方式宜在室外给水管网压力低于或经常不能满足建筑内给水管网所需水压，室内用水不均匀，且不宜设置高位水箱时采用，如图3-5所示。

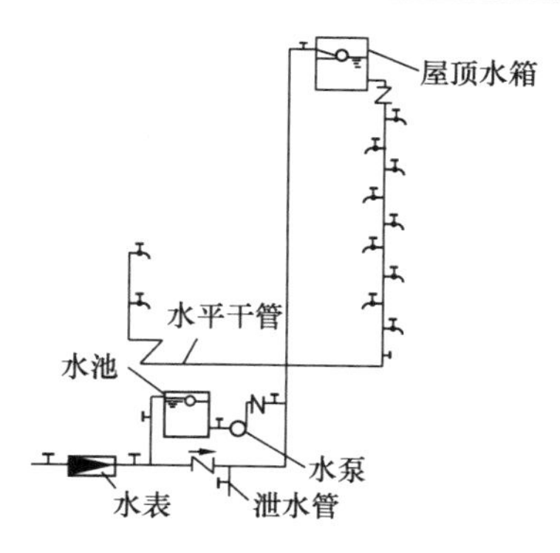

图3-4　设水泵、水箱的给水方式

6）分区给水方式

当室外给水管网的压力只能满足建筑下层供水要求时，可采用分区给水方式。如图3-6所示，室外给水管网水压线以下楼层为低区，由外网直接供水，以上为高区，由升压储水设备供水。可将两区的一根或几根立管相连，在分区处设阀门，以备低区进水管发生故障或外网压力不足时，打开阀门由高区水箱向低区供水。

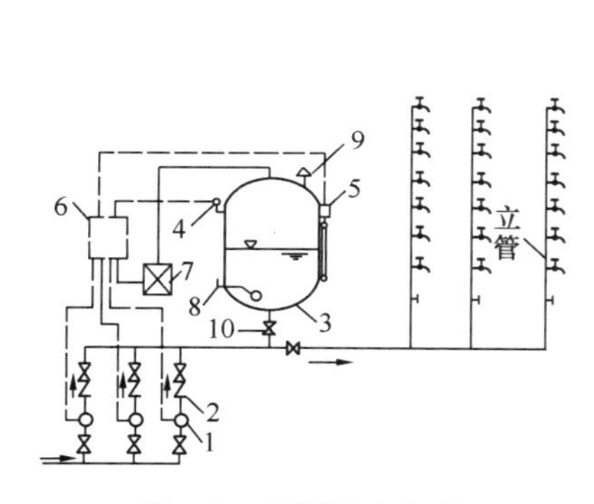

图3-5　气压给水方式

1—水泵；2—止回阀；3—气压水罐；4—压力信号器；5—液位信号器；6—控制器；7—补气装置；8—排气阀；9—安全阀；10—阀门

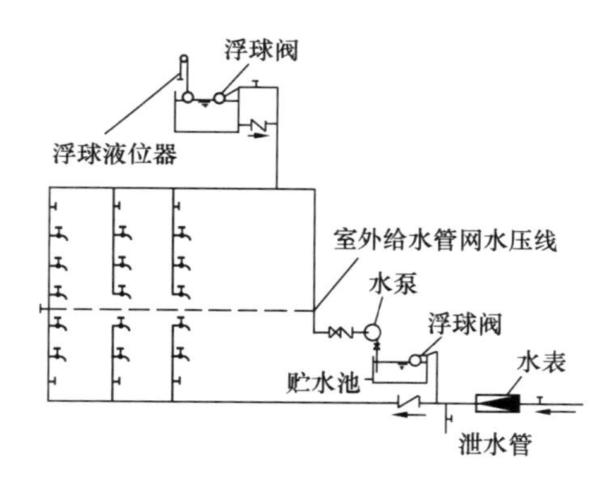

图3-6　分区给水方式

7）分质给水方式

分质给水方式即根据不同用途所需的不同水质，分别设置独立的给水系统。生活给水系统供烹饪、盥洗等生活用水（即常规自来水），水质应符合《生活饮用水卫生标准》GB 5749—2022；生活杂用水给水系统水质较差，仅符合《城市杂用水水质标准》GB/T 18920—2020，只能用于建筑内冲洗便器、扫除等。近年来，为确保水质，有些国家还采用了饮用水与盥洗、沐浴等生活用水分设两个独立管网的分质给水方式。生活用水均先入屋顶水箱（空气隔断）后，再经管网供给各用水点，以防回流污染。饮用水则应根据需要，深度处理达到直接饮用要求，再行输配。

8）管网叠压（无负压）给水方式

管网叠压（或称为无负压）给水方式，在一些大、中城市的高层住宅、公共建筑中得到了广泛应用。

管网叠压（无负压）供水设备直接与市政供水管网连接，是在市政管网剩余压力基础上串联叠压供水而确保市政管网压力不小于设定保护压力（设定压力必须高于小区直供区压力需求）的二次加压供水设备。这种设备的核心是在二次加压供水系统运行过程中如何防止负压产生，消除机组运行对市政管网的影响，在保证不影响附近用户用水的前提下实现安全、可靠、平稳、供水。

整套设备由稳流罐、真空抑制器、变频调速水泵机组、压力传感器、变频控制柜、倒流防止器（可选）、消毒装置（可选）、小流量保压罐（可选）等组成。从市政管网引来的进水管直接连接到稳流罐的进水口，稳流罐的出水口通过消毒装置后连接到加压泵组的进水管，加压机组的出水管与用户用水管连接，直接向用户管网供水，如图 3-7 所示。

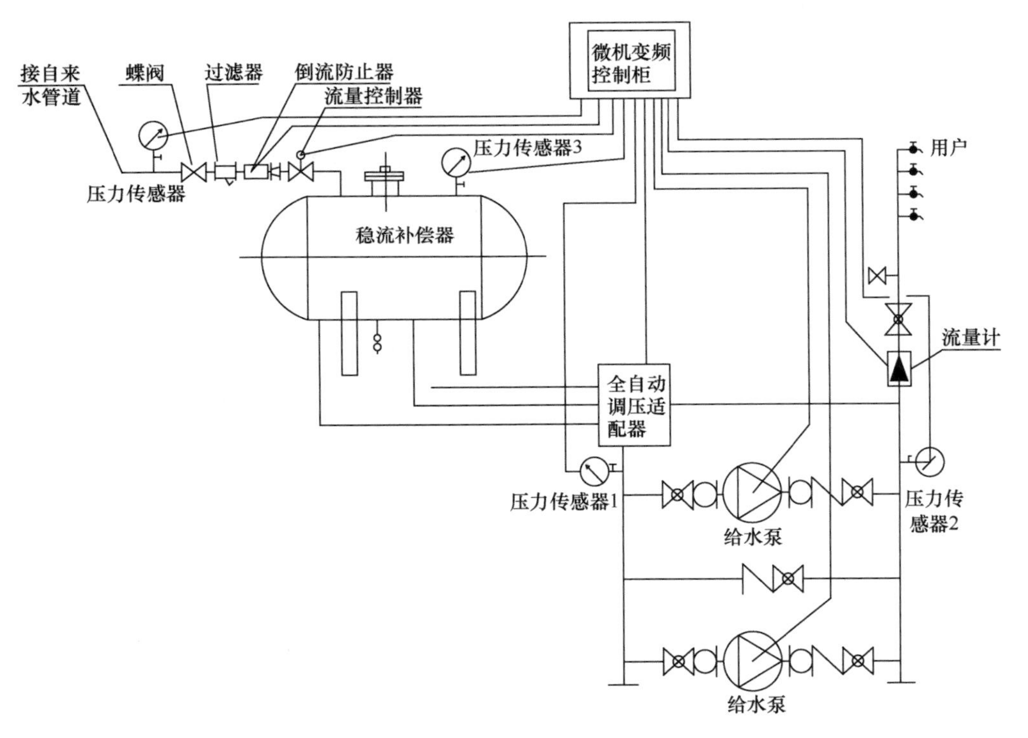

图 3-7　叠压给水方式

当市政管网供水量大于用户用水量时，稳流罐式无负压供水设备变频恒压供水，此时稳流罐中存储一定量的承压水。

当用户用水量增加导致市政管网与稳流罐连接处压力下降，当压力降低到相对压力 0 以下时，在稳流罐中形成负压，真空抑制器的进气阀门打开，大气进入稳流罐。此时，稳流罐相当于一个具有自由液面的开口水箱，压力与大气相同，负压被消除。水位下降到设定值时，液位控制器将控制信号传递给变频控制柜中的控制系统，控制加压机组停止工作，用户停水；当用户用水量减小时，稳流罐中水位上升，气体从真空抑制器排气阀门排出，压力恢复正常后，加压机组重新自动启动，恢复供水。

当市政管网停水时，加压机组在液位控制器控制下自动停止运行，市政管网供水恢复后，自动启动重新恢复正常供水。用户不用水或用水量很小时设备自动进入休眠状态（停机）并保持供水压力，用户恢复用水时系统自动唤醒，恢复正常供水。

目前主要有罐式无负压供水设备与箱式无负压供水设备。罐式无负压供水设备在水泵前装设压力密封罐，罐内部或外部加设稳流补偿器（又称真空消除器），水泵通过稳流罐吸水，加压后供至用户，靠稳流补偿器的调节作用，降低对公共供水管网的影响。此方式无储备水量，城市公共供水管网停水时，易出现断水现象。

箱式无负压供水设备设有不承压的调节水箱，内部加设有稳流补偿器，通过电控装置，使调节水箱内的水每天至少循环两次，确保水质不变。当市政管网的水量、水压条件能满足无负压供水要求时，直接从市政管网取水；否则，从调节水箱取水。此方式具备一定的储备水量，可用于供水管网不稳定的区域，但是由于存在水箱和检修人孔，仍要按规定定期进行清洗消毒。

3.1.5 给水系统的计算

建筑内给水系统的计算，是确定给水管网各管段的管径和给水系统所需压力。

1）用水量标准

住宅生活用水定额及小时变化系数见表3-1。

住宅生活用水定额及小时变化系数 **表3-1**

住宅类别	卫生器具设置标准	最高日用水定额[L/(人·d)]	平均日用水定额[L/(人·d)]	最高小时变化系数 K_h
普通住宅	有大便器、洗脸盆、洗涤盆、洗衣机、热水器和沐浴设备	130～300	50～200	2.8～2.3
	有大便器、洗脸盆、洗涤盆、洗衣机、集中热水供应（或家用热水机组）和沐浴设备	180～320	60～230	2.5～2.0
别墅	有大便器、洗脸盆、洗涤盆、洗衣机、洒水栓，家用热水机组和沐浴设备	200～350	70～250	2.3～1.8

注：1. 当地主管部门对住宅生活用水定额有具体的规定时，应按当地规定执行；
2. 别墅生活用水定额中含庭院绿化用水和汽车抹车用水；不含游泳池补充水；
3. 本表摘自《建筑给水排水设计标准》GB 50015—2019。

集体宿舍、旅馆和公共建筑生活用水定额及小时变化系数参见《建筑给水排水设计标准》GB 50015—2019。

工业企业建筑，管理人员的生活用水定额可取30～50L/(人·班)；车间工人的生活用水定额应根据车间性质确定，一般宜采用30～50L/(人·班)；用水时间为8h，小时变化系数为1.5～2.5。

工业企业建筑淋浴用水定额，应根据《工业企业设计卫生标准》GBZ1—2010中的车间的卫生特征分级确定，一般可采用40～60L/(人·次)，延续供水时间为1h。

2）设计秒流量计算

建筑内的生活用水量是不均匀的，为保证用水，生活给水管道的设计流量应为建筑内卫生器具按配水最不利情况组合出流时的最大瞬时流量，即设计秒流量。

(1) 住宅建筑的生活给水管道的设计秒流量，应按下列步骤和方法计算：

a. 根据住宅配置的卫生器具给水当量、使用人数、用水定额、使用时数及小时变化系数，按下式计算出最大用水时卫生器具给水当量平均出流概率：

$$U_0 = \frac{q_0 m K_h}{0.2 \cdot N_g \cdot T \cdot 3600}(\%) \tag{3-2}$$

式中 U_0——生活给水管道的最大用水时卫生器具给水当量平均出流概率（%）；

q_0——最高用水日的用水定额，按表3-1取用；

m——每户用水人数；

K_h——小时变化系数，按表3-1取用；

N_g——每户设置的卫生器具给水当量数，按表3-2确定；

T——用水时数（h）；

0.2——一个卫生器具给水当量的额定流量（L/s）。

卫生器具的给水额定流量、当量、连接管公称管径和最低工作压力　表3-2

序号	给水配件名称	额定流量（L/s）	当量	连接管公称管径（mm）	最低工作压力（MPa）
1	洗涤盆、拖布盆、盥洗槽				0.100
	单阀水嘴	0.15～0.20	0.75～1.00	15	
	双阀水嘴	0.30～0.40	1.50～2.00	20	
	混合水嘴	0.15～0.20（0.14）	0.75～1.00（0.70）	15	
2	洗脸盆				0.100
	单阀水嘴	0.15	0.75	15	
	混合水嘴	0.15（0.10）	0.75（0.50）	15	
3	洗手盆				0.100
	感应水嘴	0.10	0.75	15	
	混合水嘴	0.15（0.10）	0.75（0.50）	15	
4	浴盆				
	感应水嘴	0.20	1.00	15	
	混合水嘴（含带淋浴转换器）	0.24（0.20）	1.20（1.00）	15	0.100

续表

序号	给水配件名称	额定流量（L/s）	当量	连接管公称管径（mm）	最低工作压力（MPa）
5	淋浴器 混合阀	0.15（0.10）	0.75（0.50）	15	0.100～0.200
6	大便器 冲洗水箱浮球阀 延时自闭式冲洗阀	0.10 1.20	0.50 6.00	15 25	0.050 0.100～0.150
7	小便器 手动或自动自闭式冲洗阀 自动冲洗水箱进水阀	0.10 0.10	0.50 0.50	15 15	0.050 0.020
8	小便槽穿孔冲洗管（每米长）	0.05	0.25	15～20	0.015
9	净身盆冲洗水嘴	0.10（0.07）	0.50（0.35）	15	0.100
10	医院倒便器	0.20	1.00	15	0.100
11	实验室化验水嘴（鹅颈） 单联 双联 三联	0.07 0.15 0.20	0.35 0.75 1.00	15 15 15	0.020
12	饮水器喷嘴	0.05	0.25	15	0.050
13	洒水栓	0.40 0.70	2.00 3.50	20 25	0.050～0.100
14	室内地面冲洗水嘴	0.20	1.00	15	0.100
15	家用洗衣机水嘴	0.20	1.00	15	0.100

注：表中括弧内的数值系在有热水供应时，单独计算冷水或热水时使用。

b. 根据计算管段上的卫生器具给水当量总数，按下式计算得出该管段的卫生器具给水当量的同时出流概率：

$$U=\frac{1+\alpha_c(N_g-1)^{0.49}}{\sqrt{N_g}}(\%) \tag{3-3}$$

式中 U——计算管段的卫生器具给水当量同时出流概率（%）；

α_c——对应于不同U_0的系数，查表3-3；

N_g——计算管段的卫生器具给水当量总数，按表3-2确定。

U_0～α_c值对应表 **表3-3**

U_0（%）	α_c	U_0（%）	α_c
1.0	0.00323	4.0	0.02816
1.5	0.00697	4.5	0.03263
2.0	0.01097	5.0	0.03715
2.5	0.01512	6.0	0.04629
3.0	0.01939	7.0	0.05555
3.5	0.02374	8.0	0.06189

c. 根据计算管段上的卫生器具给水当量同时出流概率，按下式计算得计算管段的设计秒流量：

$$q_g = 0.2 \cdot U \cdot N_g (L/s) \tag{3-4}$$

式中 q_g——计算管段的设计秒流量（L/s）；

U、N_g——同式（3-3）。

d. 有两条或两条以上具有不同最大用水量卫生器具给水当量平均出流概率的给水支管的给水干管，该管段的最大时卫生器具给水当量平均出流概率按下式计算：

$$\bar{U}_0 = \frac{\sum \bar{U}_{oi} N_{gi}}{\sum N_{gi}} \tag{3-5}$$

式中 $\bar{U}_0$——给水干管的卫生器具给水当量平均出流概率；

$\bar{U}_{oi}$——支管的最大用水时卫生器具给水当量平均出流概率；

N_{gi}——相应支管的卫生器具给水当量总数。

（2）集体宿舍、旅馆、宾馆、医院、疗养院、幼儿园、养老院、办公楼、商场、客运站、会展中心、中小学教学楼、公共厕所等建筑的生活给水设计秒流量，应按下式计算：

$$q_g = 0.2\alpha\sqrt{N_g} \tag{3-6}$$

式中 q_g——计算管段的给水设计秒流量（L/s）；

N_g——计算管段的卫生器具给水当量总数，按表3-2确定；

α——根据建筑物用途而定的系数，应按表3-4采用。

根据建筑物用途而定的系数 α 值 **表3-4**

建筑物名称	α 值	建筑物名称	α 值
幼儿园、托儿所、养老院	1.2	医院、疗养院、休养所	2.0
门诊部、诊疗所	1.4	集体宿舍、旅馆、招待所、宾馆	2.5
办公楼、商场	1.5	客运站、会展中心、公共厕所	3.0
学校	1.8		

当计算值小于该管段上一个最大卫生器具给水额定流量时，应采用一个最大的卫生器具给水额定流量作为设计秒流量。计算值大于该管段上按卫生器具给额定流量累加所得流量值时，应按卫生器具给水额定流量累加所得流量值采用。

（3）用水时间集中，用水设备使用集中，同时给水百分数高的建筑，如工业企业生活间、公共浴室、洗衣房、公共食堂、影剧院、体育场等，可按下式计算：

$$q_g = \sum q_0 n_0 b \tag{3-7}$$

式中 q_g——同式（3-6）；

q_0——同类型的一个卫生器具给水额定流量（L/s）；

n_0——同类型卫生器具数；

b——卫生器具的同时给水百分数。

3）给水管网的水力计算

（1）确定管径

各管段的设计秒流量确定后，按下式求管径：

$$q_g = \frac{\pi d^2}{4} v，可得：d = \sqrt{\frac{4q_g}{\pi v}} \tag{3-8}$$

式中 q_g——计算管段的设计秒流量（m^3/s）；

d——计算管段的管径（m）；

v——管段中的流速（m/s）。

当管段的设计秒流量确定后，只要确定流速，即可求出管径。生活或生产给水管道流速不宜大于2.0m/s；消火栓系统的消防给水管道流速不宜大于2.5m/s；自动喷水灭火系统给水管道流速不宜大于5.0m/s。

对于一般建筑，可根据管道所负担的卫生器具当量数，按表3-5粗略确定管径。

按卫生器具当量数确定管径 **表3-5**

管径（mm）	15	20	25	32	40	50	75
卫生器具当量数	3	6	12	20	30	50	75

（2）估算水头损失

管网的水头损失包括沿程水头损失和局部水头损失两部分。管段的沿程水头损失为：

$$h_y = iL \tag{3-9}$$

式中 h_y——管段的沿程水头损失（mH_2O）；

i——单位长度的沿程水头损失（mH_2O/m）；

L——管段长度（m）。

管段的局部水头损失为：

$$h_j = \Sigma \xi \frac{v^2}{2g} \tag{3-10}$$

式中 h_j——管段的局部水头损失之和（mH_2O）；

$\Sigma \xi$——管段的局部阻力系数之和；

v——沿水流方向局部配件后的流速（m/s）。

实际工程中，给水管网的局部水头损失可按管段沿程水头损失的百分数估计：生活给水管网为25%～30%、生产给水管网、生活—消防共用给水管网、生活—生产—消防共用给水管网为20%；消火栓系统消防给水管网为10%；自动喷水灭火系统消防给水管网为20%；生产—消防共用给水管网为15%。

3.1.6 给水管网的布置和敷设

1）引入管和水表节点

（1）引入管

引入管从室外管网将水引入室内，引入管力求简短，铺设时常与外墙垂直。引入管的位置，要结合室外给水管网的具体情况，由建筑物用水量最大处接入；在居住建筑中，如卫生器具分布比较均匀，则从房屋中央接入。在选择引入管的位置时，应考虑便于水表安装与维修，同时要注意与其他地下管线保持一定的距离。

一般建筑物设一根引入管，单向供水。对不允许间断供水、用水量大、设有消防给水系统的大型或多层建筑，应设两条或两条以上引入管，在室内连成环状或贯通枝状供水。

引入管的埋设深度主要根据城市给水管网及当地的气候、水文地质条件和地面的荷载而定。在寒冷地区，引入管应埋在冰冻线 0.2m 以下。

引入管穿越承重墙或基础时，应注意管道保护。

（2）水表节点

水表节点是安装在引入管上的水表及其前后设置的阀门和泄水装置的总称。为检修水表方便，水表前应设阀门，水表后可设止回阀和放水阀。放水阀主要用于检修室内管路时，将系统内的水放空和检验水表灵敏度。阀门的作用是关闭管段，以便修理或拆换水表。

水表节点在温暖地区可设在室外水表井中，水表井距建筑物外墙 2m 以上；在寒冷地区常设于室内的供暖房间内。

2）管网布置和敷设

（1）管网布置

设计室内给水管网系统时，应根据建筑物性质、标准、结构、用水要求、用户位置等情况，合理布置。各种给水系统，按照水平配水干管的敷设位置，可以布置成下行上给式、上行下给式和环状式三种方式。

a. 下行上给式

其水平配水干管敷设在底层（明装、埋设或沟设）或地下室天花板下，居住建筑、公共建筑和工业建筑利用室外管网水压直接供水时多采用这种方式。这种布置方式简单，明装时便于安装维修，而埋地管道检修不方便。

b. 上行下给式

其水平配水干管敷设在顶层天花板下或吊顶内，对于非冰冻地区，也有敷设在屋顶上的，对于高层建筑也可设在技术夹层内。设有高位水箱的居住、公共建筑，机械设备或地下管线较多的工业厂房多采用这种方式。它的特点是最高层配水点流出水头稍高，安装在吊顶内的配水干管可能因漏水、结露而损坏吊顶和墙面。

c. 环状式

这种方式的水平配水干管或配水立管互相连成环，组成水平干管环状或立管环状。在有两根引入管时，也可将两根引入管通过配水立管和水平配水干管相连通，组成贯穿环状。高层建筑、大型公共建筑和工艺要求不间断供水的工业建筑常采用这种方式，消火栓管网往往要求环状。该方式的优点是在任何管段发生故障时，可用阀门切断事故管段而不中断供水，使水流通畅、水头损失小、水质不易滞流变质，但管网造价较高。

给水管道不宜穿过伸缩缝、沉降缝和抗震缝，如必须穿过时应采取相应的技术措施。

给水管道不应穿越变配电室、通信机房、大、中型计算机房、计算机网络中心、音像库房等遇水会损坏设备和引发事故的房间。

给水管道不允许敷设在烟道、风道、排水沟内，不允许穿过生产设备的基础、大小便槽、橱窗、壁柜、木装修等。

厂房、车间内管道架空布置时，应注意不妨碍生产操作、交通运输和建筑物的使用；不得布置在遇水能引起爆炸、燃烧或损坏原料的产品和设备的上方。

（2）管道敷设

室内给水管道的敷设根据建筑物的性质及要求，可以分为明装和暗装两种。

明装：管道尽量沿墙、梁、柱、顶棚、地板或桁架敷设。它的特点是便于安装、维修管理方便、造价低，但管道表面易积灰、结露，影响美观和整洁。该方式适用于一般民用建筑和生产车间。

暗装：管道应尽量暗设在地下室、顶棚室、吊顶、公共管廊、管道层或公共管沟内，立管和支管宜设在公共管道井和管槽内。管道井应每层设检修门。暗设在顶棚、吊顶或管槽内的管道，在阀门处应留有检修门。在砌筑基础、安装楼板、砌筑内墙时，管道工程应根据设计图纸及时配合土建施工，预埋好各种管道、管件或预留孔、槽等。

为了固定管道，不使管道因受自重、温度或外力影响而变形或位移，水平管道和垂直管道都应每隔一定距离装设支、吊架，常用的支、吊架有钩钉、管卡、吊环、托架等。

当管道穿越墙壁和楼板时，应设置金属或塑料套管。

3.1.7 高层建筑给水特点

1）技术要求

整幢高层建筑若采用同一给水系统供水，则垂直方向管线过长，下层管道中的静水压力很大，必然带来以下弊病：需要采用耐高压的管材、附件和配水器材，费用高；启闭龙头、阀门易产生水锤，不但会引起噪声，还可能损坏管道、附件，造成漏水；开启龙头水流喷溅，既浪费水量，又影响使用，同时由于配水龙头前压力过大，水流速度加快，出流量增大，水头损失增加，使设计工况与实际工况不符，不但会产生水流噪声，还将直接影响高层供水的安全可靠性。

因此，高层建筑给水系统必须解决低层管道中静水压过大问题。

2）技术措施

高层建筑给水系统应采取竖向分区供水，即在建筑物的垂直方向按层分段，各段为一区，分别组成各自的给水系统。每区的高度应根据每区最低层处用水设备允许的静水压力而定，一般住宅、旅馆、医院宜为0.30～0.35MPa。办公楼因卫生器具较以上建筑少，且使用不频繁，故卫生器具配水装置处的静水压力可略高些，宜为0.35～0.45MPa。

高层建筑给水系统竖向分区的基本形式有以下几种：

（1）串联式。如图3-8（a），各区分设水箱和水泵，低区的水箱兼用作上区的水池。其优点是：无需设置高压水泵和高压管线；水泵可保持在高效区工作，能耗较少；管道布置简洁，较省管材。缺点是：供水不够安全，下区设备故障，将直接影响上层供水，各区水箱、水泵分散设置，维修、管理不便，且要占用一定的建筑面积；水箱容积较大，将增加结构的负荷和造价。

（2）减压式。建筑用水由设在底层的水泵一次提升至屋顶水箱，再通过各区减压装置如减压水箱、减压阀等，依次向下供水，图3-8（b）为采用减压水箱的供水方式，图3-8（c）为采用减压阀的供水方式。其共同的优点是：水泵数量少，占地少，且集中设置便于维修、管理；管线布置简单，省投资。共同的缺点是：各区用水均需提升至屋顶水箱，不但水箱容积大，而且对建筑结构和抗震不利，同时也增加了电耗；供水不够安全，水泵或屋顶水箱输水管、出水管的局部故障将影响各区供水。

（3）并列式。各区升压设备集中设在底层或地下设备层，分别向各区供水。如图3-8（d），为采用水泵、水箱并列的供水方式。其优点是：各区供水自成系统，互不影响，供水较为安全可靠；升压设备集中设置，便于维修、管理。水泵、水箱并列供水系统中，各区水箱容积小，占地少。气压给水设备和变频调速泵并列供水系统中，无需水箱，节省了占地面积。并列式分区的缺点是：上区供水水泵扬程较大，高压管线长。由气压给水设备升压供水时，调节容积小，耗电量较大；分区多时，高区气压罐承受压力大，使用钢材较多，费用高。由变频调速泵升压供水时，设备费用较高，维修较复杂。

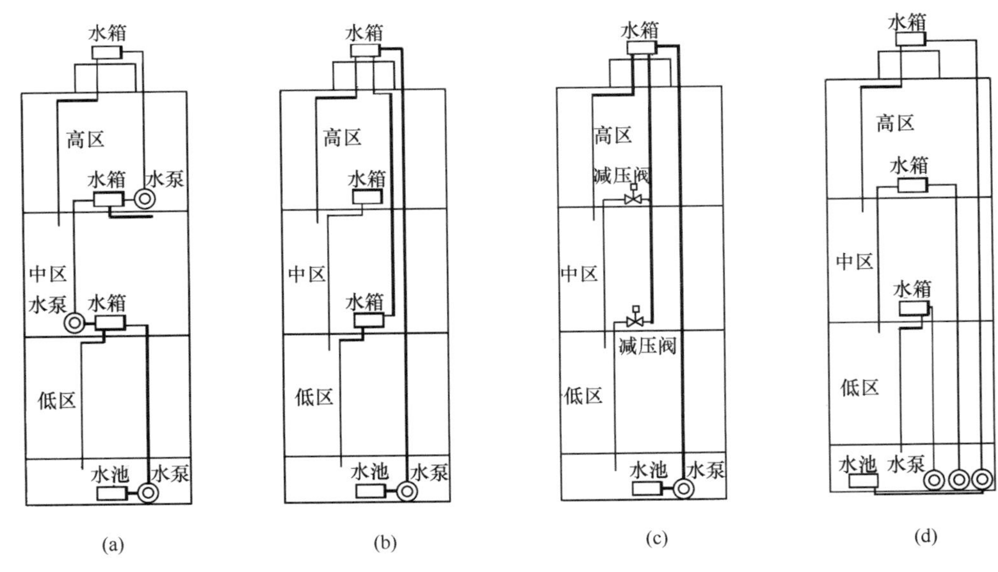

图3-8　高层建筑供水方式

3.2　消防给水

建筑消防系统根据使用灭火剂的种类和灭火方式可分为以下三种灭火系统：

消火栓系统；自动灭火系统（包括自动喷水灭火系统、水幕系统、水喷雾系统、雨淋自喷系统、固定消防炮灭火系统等）；其他使用非水灭火剂的固定灭火系统。

3.2.1 消火栓给水系统

1）室内消火栓给水系统的设置范围

《建筑设计防火规范》GB 50016—2014（2018年版）规定，下列建筑或场所应设置室内消火栓给水系统：

（1）建筑占地面积大于300m³的厂房和仓库；

（2）高层公共建筑和建筑高度大于21m的住宅建筑；

（3）体积大于5000m³的车站、码头、机场的候车（船、机）建筑、展览建筑、商店建筑、旅馆建筑、医疗建筑和图书馆建筑等单、多层建筑；

（4）特等、甲等剧场，超过800个座位的其他等级的剧场和电影院等以及超过1200个座位的礼堂、体育馆等单、多层建筑；

（5）建筑高度大于15m或体积大于10000m³的办公建筑、教学建筑和其他单、多层民用建筑。

此外，步行街两侧建筑的商铺处应每隔30m设置*DN*65消火栓，并应配备消防软管转盘或消防水龙；停机坪的适当位置、避难层应设置消火栓和消防软管卷盘。

2）消火栓给水系统的供水方式

一般情况下，室内生活给水系统和消防给水系统宜分开设置。室内消火栓给水系统的给水方式，根据室外给水管网是否能直接满足室内消防流量和水压等要求，可分为两种：

（1）无加压水泵和水箱的室内消火栓给水系统

这种给水系统如图3-9所示，常在建筑物高度不大，室外给水管网的压力和流量完全能满足最不利点消火栓的设计水压和流量时采用，如建筑物距离水厂较近或城市自来水厂二级泵房的水压较高。

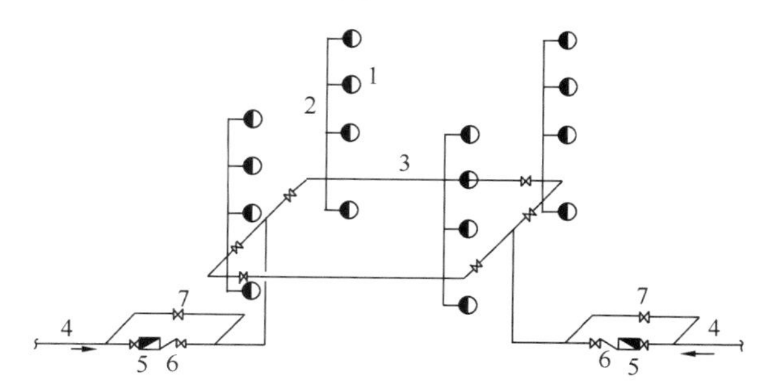

图3-9 无水泵和水箱的室内消火栓给水系统

1—室内消火栓；2—室内消防竖管；3—干管；4—进户管；
5—水表；6—止回阀；7—旁通管及阀门

（2）设置消防水泵和屋顶水箱的室内消火栓给水系统

如图3-10所示，室外管网不能满足室内消火栓给水系统的水量水压要求时，宜设置消防水泵和屋顶水箱。消火栓给水系统的水泵和生活用水水泵宜分开设置。当室外管网水量和水压满足规范要求时，消防水泵可直接从室外管网抽水，反之，需要按照规范要求设置消防水池。消防用水宜与生活用水合用一个屋顶水

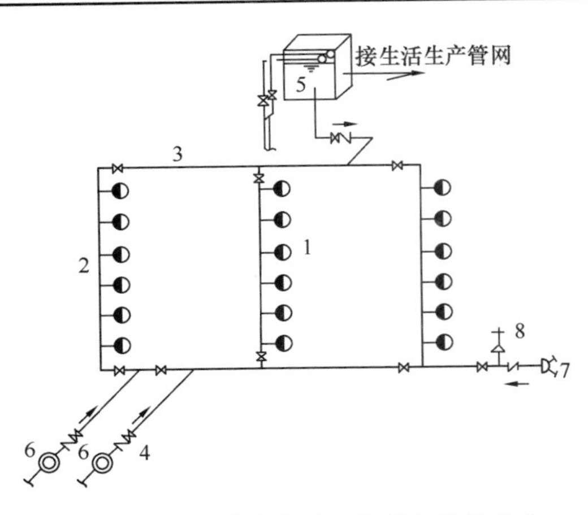

图 3-10　设置消防水泵和屋顶水箱的室内消火栓给水系统

1—室内消火栓；2—消防竖管；3—干管；4—止回阀；5—水箱；6—水泵；7—水泵接合器；8—安全阀

箱，以防水质变坏。屋顶水箱应储存 10 分钟的消防用水量，必须有消防用水不被他用的技术措施，以保证消防储水量。屋顶水箱的消火栓出水管上应设置止回阀，当发生火灾后，使消防水泵供给的消防用水，不会进入屋顶水箱。

当采用消防用水与生活、生产用水合并的室内消火栓给水系统时，消防泵应保证供应生活、生产、消防用水的最大流量，并应满足室内管网最不利点消火栓的水压，且在消火栓处设置远距离启动消防泵的按钮。

3）消火栓给水系统的组成

建筑消火栓给水系统一般由水枪、水龙带、消火栓、消防管道、消防水池、消防水箱水泵接合器及增压水泵等组成。

（1）水枪

水枪是灭火的主要工具之一，其作用在于收缩水流，产生击灭火焰的充实水柱。水枪喷口直径有 13mm、16mm、19mm 三种，另一端设有水龙带相连接的接口，其口径有 50mm、65mm 两种。水枪常用铜、铝或塑料制成。

（2）水龙带

常用的水龙带用帆布、麻布或橡胶输水软管制成，直径分 50mm、65mm 两种，长度一般为 15m、20m、25m 三种，水龙带的两端分别与水枪和消火栓连接。

（3）消火栓

室内消火栓有单出口和双出口之分，均为内扣式接口。单出口消火栓直径有 50mm 和 65mm 两种，双出口消火栓直径均为 65mm。

（4）消防箱

水枪、水龙带、消火栓和消防卷盘一般共同设于带有玻璃门的消防箱内（图 3-11），消防箱安装高度以消火栓栓口中心距地面 1.1m 为基准。

（5）消防水池

消防水池用于无室外消防水源时，储存火灾持续时间内的室内消防用水量。消防水池可设于室外地下或地面上，也可设在室内地下室，或与室内游泳池、水景水池兼用。根据各种用水系统的水质要求，也可将消防

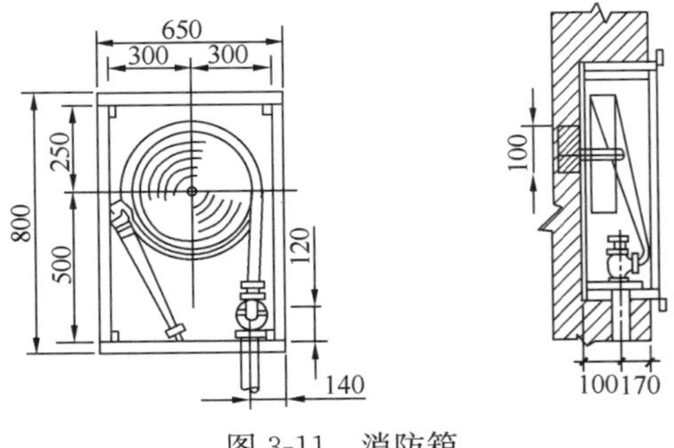

图 3-11　消防箱

水池与生活或生产蓄水池合用。

（6）消防水箱

消防水箱对扑救初期火灾起着重要作用，为保证自动供水，应采用重力自流供水方式；消防水箱宜与生活、生产高位水箱合用，以保持箱内储水流动，防止水质变坏。水箱的高度应满足室内最不利消火栓的水压要求，且储存有室内10分钟的消防用水量。

（7）水泵接合器

水泵接合器是连接消防车向室内消防给水系统加压供水的装置，一端由消防给水管网水平干管引出，另一端设于消防车易于接近的地方。水泵接合器有地上、地下和墙壁式三种。

4）消火栓给水系统的布置

（1）水枪的充实水柱

扑救火灾时，火场温度很高，要使水柱喷到着火点，又要防止火焰灼伤消防人员，使消防人员距着火点有适当的距离。为此要求水枪的充实水柱有一定长度，一般建筑要求不小于7m，6层以上民用建筑和4层的厂房和库房应不小于10m。

（2）消火栓的布置

设置消火栓给水系统的建筑内，包括设备层在内的各层均应设消火栓。消火栓的间距布置应满足下列要求：

a. 建筑高度不超过24m，体积不超过5000m³的库房，应保证有一支水枪的充实水柱到达同层内任何部位，其布置间距按下式计算：

$$S_1 \leqslant 2\sqrt{R^2 - b^2} \tag{3-11}$$

$$R = C \cdot L_b + h \tag{3-12}$$

式中　S_1——消火栓间距（m）；

R——消火栓保护半径（m）；

C——水带展开时的弯曲折减系数，一般取0.8～0.9；

L_b——水带长度（m）；

h——水枪充实水柱倾斜45°时的水平投影距离，对一般建筑（层高3～3.5m）由于两楼板之间的限制，一般取3.0m；对工业厂房和层高大于3.5m的民用建筑按$h = H_m \sin 45°$计算，H_m为水枪的充实水柱长度（m）；

b——消火栓的最大保护宽度，应为一个房间长度加走廊的宽度（m）。

b. 其他民用建筑应保证有2支水枪的充实水柱到达同层内的任何部位，其布置间距按下式计算：

$$S_2 \leqslant \sqrt{R^2 - b^2} \tag{3-13}$$

式中　S_2——消火栓间距（m）；

R、b——同式（3-11）。

c. 消火栓口距地面安装高度为1.1m。栓口宜向下或与墙面垂直安装。同一建筑内应选用同一规格的消火栓、水带和水枪。为保证及时灭火，每个消火栓处应设直接启动消防水泵按钮或报警信号装置。消火栓应设在使用方便的走道内，宜靠近疏散方便的通道口处、楼梯间内。建筑物设有消防电梯时，其前室应设消火栓。建筑物屋顶应设一个消火栓，在寒冷地区，可设在顶层出口处，水箱间或采取防冻措施。

(3) 消防给水管道布置

室内消火栓超过10个且室外消防流量大于15L/s时，室内消防给水管道至少应有两条进水管，并应将室内管道连成环状。

超过六层的塔式（采用双出口消火栓者除外）和通廊式住宅、超过五层或体积超过10000m^{3}的其他民用建筑、超过四层的厂房和库房，如室内消防竖管为两条或两条以上时，应至少每两根竖管组成环状管道。

室内消防给水管道应用阀门分成若干独立段，如某段损坏时，停止使用的消火栓在一层中不应超过5个。

7～9层的单元住宅，其室内消防管道可为枝状，进水管可采用一条。

室内消火栓给水管网与自动喷火系统的管网宜分开设置，如有困难，应在报警阀前分开设置。

5）消防给水系统的水力计算

(1) 室内消防用水量

室内消火栓用水量应根据同时使用的消火栓数量和充实水柱长度由计算确定。

建筑物中，除消火栓外还同时设有自动喷水灭火系统时，其室内消防用水量，应按需同时开启的消防设备用水量之和计算。自动喷水灭火系统的水量，应按《自动喷水灭火系统设计规范》GB 50084—2017规定的数据采用。增设的消防卷盘，可不计入消防用水量。

消防用水与生活、生产合并的给水管网，当其他用水达到最大秒流量时，应仍能供给全部消防用水量，但淋浴用水量可按计算用水量的15%计算，洗涤用水可不计。

(2) 管网的水力计算

消防管网水力计算的主要目的在于确定消防给水管网的管径，计算或校核消防水箱的设置高度，选择消防水泵。

管道的计算先选定消火栓最不利点，然后用消火栓的出水量沿管道进行沿程水头损失计算，并增加10%的局部水头损失，其方法和建筑给水管计算相同。计算出管网所需供水压力H_1，再和配水管网压力H_0相比较，如果$H_1<H_0$，管网可以使用。

当有消防水箱时，应以水箱的最低水位作为起点选择计算管路，计算管径和水头损失，确定水箱的设置高度或补压设备。当设有消防水泵时，应以消防水池最低水位作起点选择计算管路，计算管径和水头损失，确定消防水泵的扬程。

(3) 消防水池、水箱的储存容积

消防储水池的消防储存水量应按下式确定：

$$V_f = 3.6(Q_f - Q_L) \cdot T_x \tag{3-14}$$

式中　V_f——消防水池储存消防水量（m^3）；

Q_f——室内消防用水量与室外给水管网不能保证的室外消防用水量之和（L/s）；

Q_L——市政管网可连续补充的水量（L/s）；

T_x——火灾延续时间（h）。

消防水箱供扑救初期火灾之用，计算公式如下：

$$V_x = 0.6Q_x \tag{3-15}$$

式中　V_x——消防水箱储存消防水量（m^3）；

Q_x——室内消防用水总量（L/s）；

0.6——单位换算系数。

高层建筑消防水箱的容积按以下确定：一类公建不小于 $18m^3$；二类公建和一类居住建筑不小于 $12m^3$；二类居住建筑不小于 $6m^3$。

3.2.2　自动喷水灭火系统

自动喷水灭火系统是一种在发生火灾时，能自动打开喷头喷水灭火并同时发出火警信号的消防灭火设施。

1）自动喷水灭火系统的设置范围

自动喷水灭火系统扑救初起火灾效率很高，有极好的灭火能力。一般要求火灾频率高、火灾危险等级高的建筑物或其中某些部位设置自动喷水灭火系统，可参考《建筑设计防火规范》GB 50016—2014（2018 年版）。

2）自动喷水灭火系统的分类

根据自动喷水灭火设备中使用喷头的不同，可分为两大类：闭式自动喷水灭火系统和开式自动喷水灭火系统。

开式自喷系统包括雨淋系统和水幕系统：

(1) 雨淋系统采用开式洒水喷头和雨淋报警阀组，并由火灾报警系统或传动管联动雨淋阀和水泵使与雨淋阀连接的开式喷头同时喷水。适用火灾火势迅猛、蔓延迅速、危险性大的建筑或部位。

(2) 水幕系统可以采用开式洒水喷头或水幕喷头。喷头沿线状布置，与自动或手动的控制阀门、雨淋报警组构成水幕系统。水幕分为两种，一种利用密集喷洒的水墙或水帘阻火挡烟，起防火分隔作用，如舞台与观众之间的隔离水帘；另一种利用水的冷却作用，配合防火卷帘等分隔物进行防火分隔。

闭式自动喷水灭火系统又可分为如下系统：

(1) 湿式系统

该系统由湿式报警阀组、水流指示器、闭式喷头、管道和水泵等组成，管道内始终充满有压水，当喷头开启时，就能立刻喷水灭火。适用于室内温度不低于4℃且不高于70℃的建筑物、构筑物。其特点是喷头动作后立即喷水，灭火成功率高于干式系统。

湿式喷水灭火系统的喷头在易被碰撞或损坏的场所（如停车场等）应向上布置。

（2）干式系统

该系统由干式报警阀组、闭式喷头、管道和充气设备以及供水设施等组成。该系统报警阀后的管道内充以压缩空气，在报警阀前的管道中经常充满压力水。当发生火灾喷头开启时，先排出管路内的压缩空气，随之水进入管网，经喷头喷出。其缺点是发生火灾时，须先排除管道内气体并充水，推迟了开始喷水的时间，特别不适合火势蔓延速度快的场所采用。

干式喷水灭火系统的喷头应向上布置（干式悬吊型除外）。管网容积不宜超过1500L，当设有排气装置时，不宜超过3000L。

（3）预作用系统

预作用自动喷水灭火系采用预作用报警阀组，并由火灾自动报警系统启动。由火灾探测系统、闭式喷头、预作用阀、充气设备和充以有压或无压气体的管道和水泵组成。预作用阀后的管道系统内平时无水，充满有压或无压的气体。由比闭式喷头更灵敏的火灾报警系统联动。火灾发生初期，火灾探测系统控制自动开启或手动开启预作用阀，使消防水进入阀后管道，系统转换为湿式，当闭式喷头开启后，即可出水灭火。

该系统弥补了上两种系统的缺点，适用于对建筑装饰要求高、灭火要求及时的建筑物。

3）自动喷水灭火系统的组成

自动喷水灭火系统主要由喷头、报警阀组、水流指示器、压力开关、末端试水装置和火灾探测等构件组成。

（1）喷头

闭式喷头的喷口用热敏元件组成的释放机构封闭，当达到一定温度时能自动开启。其构造按溅水盘的形式和安装位置有直立型、下垂型、边墙型、普通型、吊顶型和干式下垂型之分。开式喷头根据用途又分开启式、水幕、喷雾三种类型，适用场所见表3-6。

各种类型喷头适用场所 **表3-6**

喷头类别		适用场所
闭式喷头	玻璃球洒水喷头	因具有外形美观、体积小、重量轻、耐腐蚀，适用于要求美观（如宾馆）和具有腐蚀性的场所
	易熔合金洒水喷头	适用于外观要求不高，腐蚀性不大的工厂、仓库和民用建筑
	直立型洒水喷头	适用于安装在管路下经常有移动物体场所和在尘埃较多的场所
	下垂型洒水喷头	适用于各种需设置自喷来保护的场所
	边墙型洒水喷头	安装空间狭窄、通道状建筑适用此种喷头
	吊顶型喷头	属装饰型喷头，可安装于旅馆、客厅、餐厅、办公室等建筑
	普通型洒水喷头	可直立、下垂安装、适用于有可燃吊顶的房间
	干式下垂型洒水喷头	专用于干式喷水灭火系统的下垂型喷头
开式喷头	开式洒水喷头	适用于雨淋喷水灭火和其他开式系统
	水幕喷头	凡需保护的门、窗、洞、檐口、舞台口等应安装这类喷头
	喷雾喷头	用于保护石油化工装置、电力设备等

续表

喷头类别		适用场所
特殊喷头	自动启闭洒水喷头	这种喷头具有自动启闭功能，凡需降低水渍损失场所均适用
	快速反应洒水喷头	这种喷头具有短时启动效果，凡要求启动时间短场所均适用
	大水滴洒水喷头	适用于高架库房等火灾危险等级高的场所
	扩大覆盖面洒水喷头	喷水保护面积可达30～36m^2，可降低系统造价

（2）报警阀

报警阀的作用是开启和关闭管网的水流，传递控制信号至控制系统并启动水力警铃直接报警，有湿式、干式、干湿式和雨淋式4种类型。湿式报警阀用于湿式自动喷水灭火系统；干式报警阀用于干式自动喷水灭火系统；干湿式报警阀是由湿式、干式报警阀依次连接而成，温暖时用湿式装置，寒冷时用干式装置；雨淋阀用于雨淋、水幕、水喷雾自动喷水灭火系统。报警阀的规格根据进出口公称直径确定，常用的有 *DN*50、*DN*65、*DN*80、*DN*100、*DN*125、*DN*150、*DN*200、*DN*250 等。

报警阀宜设在明显易见的地点，且便于操作，距地面高度宜为1.2m。报警阀处的地面应有排水措施。

采用闭式喷头的湿式和预作用喷水灭火系统，一个报警阀控制喷头数不宜超过800个；有排气装置的干式喷水灭火系统为500个，无排气装置的干式喷水灭火系统为250个。

每个报警阀组供水的最高与最低位置喷头，其高程差不宜大于50m。

（3）水流指示器

一个自动喷水灭火系统控制的楼层数较多时，为了尽快识别火灾发生的地点，应在每一层楼的配水支管上装设水流指标器，以给出某一失火楼层支管水流流动的电信号，此信号可送到消防控制室，显示、报警或启动消防水泵等。

（4）末端试水装置

每个报警组控制的最不利点喷头处，应设末端试水装置。其他防火分区、楼层的最不利点喷头处，均应设置直径为25mm的试水阀。末端试水装置应由试水阀、压力表以及试水接头组成。试水接头出水口的流量系数，应等同楼层或防火分区内的最小流量喷头的流量系数一致。末端试水装置的出水，应采取孔口出流的方式排入排水管道。

（5）火灾探测器

感烟、感温、感光火灾探测器系统是自动喷水灭火系统的重要组成部分，其数量应根据探测器的保护探测区面积计算而定。火灾探测器详见第14章。

4）喷头和管网的布置

喷头的布置间距要求在所保护的区内任何部位发生火灾都能得到一定强度的水量。喷头的布置形式应根据天花板、吊顶的装修要求布置成正方形、长方形、菱形三种。

如图3-12所示，间距应按下列公式计算：

正方形布置时：

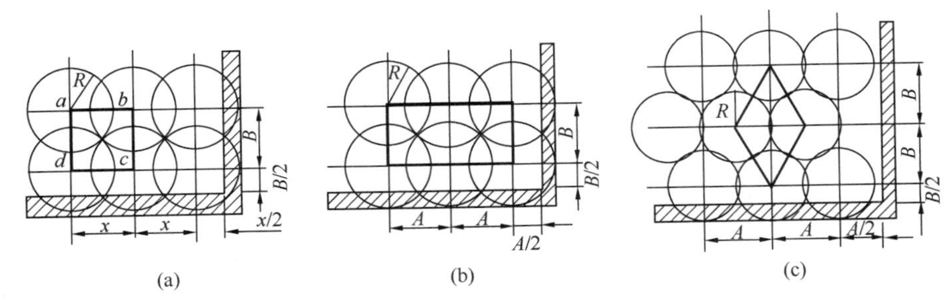

图 3-12　喷头布置几种形式

(a) 喷头正方形布置：x—喷头间距；R—喷头计算喷头半径；

(b) 喷头长方形布置：A—长边喷头间距；B—短边喷头间距；(c) 喷头菱形布置

$$x = B = 2R\cos 45^{\circ} \tag{3-16}$$

长方形布置时：

$$\sqrt{A_2 + B_2} \leqslant 2R \tag{3-17}$$

菱形布置时：

$$A = 4R \cdot \cos 30^{\circ} \cdot \sin 30^{\circ} \tag{3-18}$$

$$B = 2R \cdot \cos 30^{\circ} \cdot \sin 30^{\circ} \tag{3-19}$$

式中　R——喷头的最大保护半径（m）。

水幕喷头布置根据成帘状的要求应成线状布置，按强度要求可布置成单排、双排和防火带形式。

自动喷水灭火管网的布置根据建筑平面的具体情况有侧边式和中央式两种形式。一般每根支管上设置的喷头不宜多于 8 个。

3.2.3　水喷雾灭火系统

水喷雾系统可用于实现自动扑灭火灾、控制燃烧、暴露防护等不同防火目标。该系统是利用水雾喷头将水流分解为细小的水雾来灭火，使水的利用率得到最大的发挥。在灭火过程中，细小的水雾滴可完全汽化，从而获得最佳的冷却效果，同时产生的水蒸气可形成隔离氧气的环境条件。当用于扑救溶于水的可燃液体火灾时，可产生稀释冲淡效果。冷却、窒息、乳化和稀释四个过程在火灾扑救中单独或同时发生作用，均可获得良好的灭火效果。该系统通常用于可燃气体和闪点高于 60℃的可燃液体火灾、甲乙丙类液体生产储存装置的防护冷却、电气火灾及纸张木材等固体可燃物火灾。

3.2.4　消防炮灭火系统

消防炮是以射流形式喷射灭火剂的装置。按其喷射介质不同，可分为消防水炮、消防泡沫炮、消防干粉炮；按照安装形式不同，可分为固定式消防炮、移动式消防炮；按照控制方式不同，可分为手动消防炮、电控消防炮和液控消防炮等。消防炮因其流量大、射程远等优点，主要用于扑救石油化工企业、炼油厂、储油罐区、飞机库、海上钻井和储油平台等可燃易燃液体集中、火灾危险性大、消防人员不易接近火灾的场所。当工业与民用建筑某些高大空间、人员密集场所无法采用自动喷水灭火系统时，亦可设置固定消防炮灭火系统，参见《固定消防炮灭火系统设计规范》GB 50338—2003。

消防水炮灭火系统是以水作为灭火介质，以消防水炮作为喷射设备的系统。其工作介质可以为自来水、海水、江河水等，适用于一般固体可燃物火灾的扑救，广泛应用于石化企业、展馆、仓库、大型体育场馆、输油码头、机库等重点保护场所。

消防水炮灭火系统由消防水炮管路及支架消防泵组和控制装置等组成。

消防水炮有手控式、电控式、电—液控式、电—气控式等多种形式。

消防泵组有电动机或柴油机驱动的水平中开式、节段多级式、端吸式，立式管道式、立式长轴式等各种不同泵结构形式的消防泵组。

控制装置有立柜式，台式控制柜以及无线遥控装置等形式。

火灾发生时，消防泵组及管路阀门开启，消防水经消防泵加压获得静压能，在消防水泵喷嘴处水的静压能转换为动能，高速水流由喷嘴射向火源，隔绝空气并冷却燃烧物，起到迅速扑灭或抑制火灾的作用。消防水炮能够水平或俯仰回转，以调节喷射角度，从而提高灭火效果。带有直流/喷雾转换功能的消防水炮能够喷射雾化型射流，液滴细小、喷射面积大，对近距离火灾有更好的扑救效果，如图 3-13 所示。

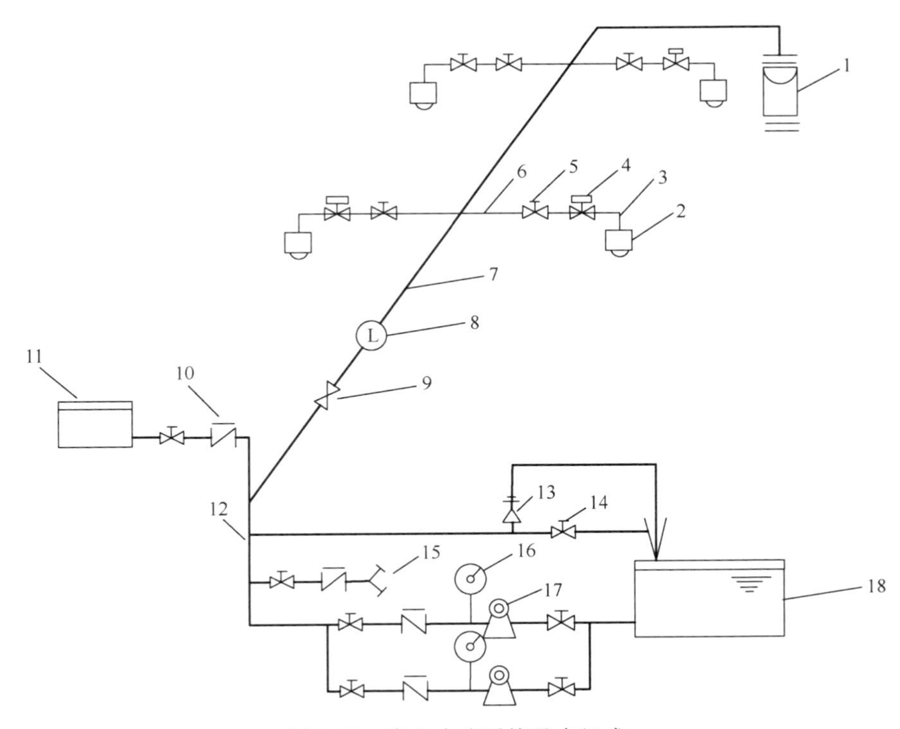

图 3-13 高空水炮系统基本组成

1—末端试水装置；2—水炮＋智能型探测组件；3—短立管；4—电磁阀；5—手动闸阀；6—配水支管；7—配水管；8—水流指示器；9—信号阀；10—止回阀；11—高位水箱；12—配水干管；13—安全泄压阀；14—试水放水阀；15—水泵接合器；16—压力表；17—加压水泵；18—消防水池

3.2.5 其他灭火系统

1）灭火器（瓶）

为有效地扑救工业与民用建筑初起火灾，除了9层及以下的普通住宅外，其他建筑应设置建筑灭火器，特别是诸如油漆间、配电间、仪表控制室、办公室、实验室、厂房、库房、观众厅、舞台、堆垛等。灭火器应设置在明显和便于取用的地点，且不得影响安全疏散。

2）气体灭火

（1）泡沫灭火系统

泡沫灭火系统的原理是通过泡沫层的冷却，隔绝氧气和抑制燃料蒸发等作用，达到扑灭火灾的目的。空气泡沫灭火是泡沫液与水通过特制的比例混合器混合而成泡沫混合液，经泡沫产生器与空气混合产生泡沫，通过不同的方式最后覆盖在燃烧物质的表面或者充满发生火灾的整个空间，致使火灾扑灭。泡沫灭火剂有化学泡沫灭火剂和空气泡沫灭火剂两大类。目前化学泡沫灭火剂主要是充装于100L以下的小型灭火器内，扑救小型初起火灾；大型的泡沫灭火系统主要采用空气泡沫灭火剂。

根据泡沫灭火剂的发泡性能不同，又可分为低倍数泡沫灭火系统、中倍数泡沫灭火系统和高倍数泡沫灭火系统三类。这三类根据喷射方式不同（液上、液下），设备和管道的安装不同（固定式、半固定式、移动式）以及灭火范围（全淹没式、局部应用式）组成各种形式的泡沫灭火系统。

泡沫灭火系统由泡沫消防泵、泡沫比例混合器、泡沫液压力储罐、泡沫产生器、阀门管道等组成。

（2）二氧化碳灭火系统

二氧化碳灭火系统是一种纯物理的气体灭火系统，能产生对燃烧物窒息和冷却的作用。它采用固定装置，类型较多，一般分为全淹没式灭火系统（扑救空间内的火灾）和局部应用灭火系统（扑救不封闭空间条件的具体保护对象的火灾）。其优点是不污损保护物、灭火快等。

二氧化碳灭火系统由储存装置、选择阀、喷头、管道及其附件组成。

常用的气体灭火系统还有卤代烷灭火系统、蒸汽灭火系统等。

3.2.6 室外消防

1）水源

消防给水必须有可靠的水源，保证消防用水量。水源可采用城市给水管网，一般城市给水管网是生活与消防或生活、消防及生产合用系统；在工厂中采用的是生产及消防合用系统，都考虑了消防水量，能够满足城市、工厂的消防用水要求。如果城市有天然水体，如河流、湖泊等，水量能满足消防用水要求，也可作为消防水源。若上述两种水源不能满足消防用水量的要求时，可以设置消防储水池供水，容量应满足在火灾延续时间内消防用水量要求。延续时间为：居住区、工厂及难燃仓库应按2h，易燃、可燃物品仓库应按3h，易燃 、可燃材料的露天、半露天堆场应按6h消防用水量计算。

2）消防给水系统类型

室外消防给水系统按水压要求可分为三种类型：

（1）低压制给水系统：即管网内保持一般建筑内生活用水压力，灭火时，由消防车水泵加压供水。管网的压力应保证灭火时不小于10m（地面算起）。

（2）高压制给水系统：是使给水管网内的压力应保证当消防用水量达到最大且水枪布置在任何建筑的最高处时，水枪充实水柱仍须不小于10m。此种系统水压高，需用耐高压材料设备，并增加维修管理费用，且耗电能，较少采用。

（3）临时高压制给水系统：是在泵站内加设消防水泵，平时以低压供水，在火灾发生时，启动消防泵，增大管网水压而达高压给水系统的供水要求。这种系统用于小范围内的消防给水系统中，如小区、工厂或高层建筑。

3）消防给水管网

（1）管网布置

除有特殊要求的独立消防给水管网外，一般都是与生活、生产给水管网结合设置，为保证供水安全可靠，应采用环状式管网，但在建设初期或室外消防用水量小于15L/s时，可以采用枝状管网。

环状管网的输水干管不宜少于两条，当其中一条发生事故时，其余干管仍应通过70%的消防用水总量。另外，消防给水管道的最小管径应不小于100mm。

（2）室外消火栓与水鹤

为了便于取用给水管消防水量，在管网沿线装备消火栓。消火栓应根据需要沿道路设置，并宜靠近十字路口，其间距不应大于120m。距路边不应大于2m。距建筑外墙不应小于5m。地上式消火栓距外墙有困难时，可减少到1.5m。消火栓的数量应按消防用水量计算决定：每个消火栓的用水量为10～15L/s。地上式消火栓应有一个直径为100mm和两个直径为65mm的栓口；地下式消火栓应有直径为100mm和65mm的栓口各一个，并应有明显标志，以便寻找。

在北方寒冷地区，为了防冻，市政消火栓往往采用地下式，因此可能被路面积雪埋压，带来难以查找、井盖难以撬开和井下操作不便等问题，极大影响火灾扑救。而采用消防水鹤取代地下式消火栓能够克服上述弊端。消防水鹤的布置间距约为1000m，连接的管道管径不小于200mm。水鹤的出水口距地面高度3.5m左右，且应具有一定的摆动和伸缩幅度，其加水速度不应低于0.6m^3/min。消防水鹤构造如图3-14所示。

（3）消防水池

前面已经叙述过消防蓄水池的容积，水池的消防保护半径不应大于150m。池内设取水口，与被保护建筑物的距离不小于5m，也不宜大于100m，以便消防车取水及消防人员操作，池中吸水高度不超过6m。如果是消防用水与其他用水的合用水池，应有确保消防用水不被他用的技术措施。

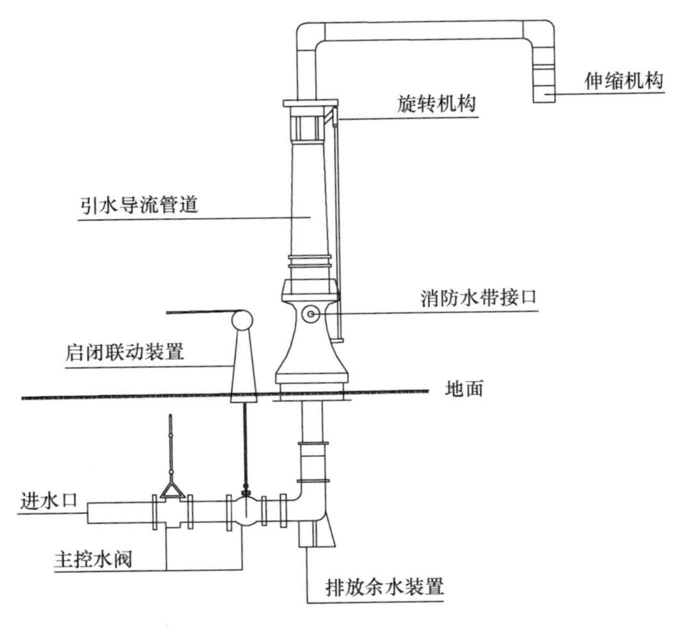

图 3-14　消防水鹤构造

3.3　热水和饮用水系统

本节可根据课时安排，列入选学内容，详见教材电子版附件（内含图 3-15～图 3-18）。

3.4　加压和储水设备

水泵、水箱和蓄水池是建筑给水系统中最常见的加压和储水设备。

3.4.1　水泵及水泵房

在室外给水管网压力经常或周期性不足的情况下，为了保证室内给水管网所需压力，常设置水泵和水箱。在消防给水系统中，为了供应消防时所需的压力，也常需设置消防水泵。

水泵的种类很多，有叶轮泵、容积泵、射流泵、气提泵等，其中叶轮泵使用最普遍。

叶轮泵按其工作的原理不同又可分为离心泵、轴流泵和混流泵三种。离心泵是靠高速旋转的叶轮带动叶轮中的水做圆周运动，产生离心力，水流在离心力的作用下获得压能，被输送出去。轴流泵是靠螺旋桨般的水泵叶片将水流推升的。混流泵的工作原理介于前两者之间。

离心泵的种类也十分繁多，有单吸泵、双吸泵、立式泵、液下泵等。

对于无水量调节设备的给水系统，在电源可靠的条件下，可选用装有自动调速装置的离心泵。目前调速装置主要采用变频调速器。调速水泵的转速可改变水泵的流量、扬程和功率，使水泵变流量供水时保持高效运行。

1）离心式水泵

离心泵有结构简单、体积小、效率高、运转平稳等优点，故在建筑中得到广泛应用。

（1）结构、工作原理及工作性能

在离心式水泵中，水靠离心力由径向甩出，从而得到很高的压力，将水输送到需要的地点。图3-19所示为离心水泵构造。

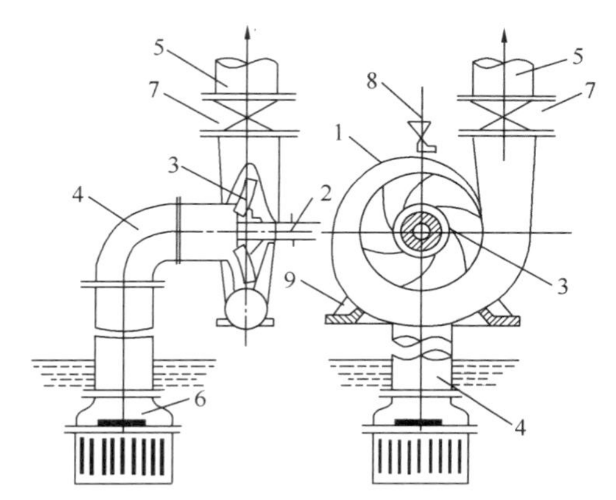

图3-19 离心式水泵的构造

1—泵壳；2—泵轴；3—叶轮；4—吸水管；5—压水管；
6—底阀；7—闸阀；8—灌水漏斗；9—泵座

离心式水泵的工作方式分“吸入式”和“灌入式”两种：泵轴高于吸水池水面的叫“吸入式”；吸水池水面高于泵轴的为“灌入式”，它不仅可省掉真空泵等抽气设备，而且也有利于水泵的运行和管理。一般说来，设水泵的室内给水系统多与高位水箱联合工作，为了减小水箱的容积，水泵的开停应采用自动控制，而“灌入式”最易满足此种要求。

（2）基本参数

a. 流量。反映水泵出水量大小，单位用“m^3/h”或“L/s”表示。

b. 扬程。反映水泵能将水提升的高度，单位为“mH_2O”，也可用“MPa”表示（$1MPa=100mH_2O$）。

c. 轴功率、有效功率和效率

轴功率是指电机输给水泵的总功率，以N表示，单位为千瓦（kW）。

有效功率是指水泵提升水做的有效功的功率，用N_u表示。

水泵效率：$\eta=\dfrac{N_u}{N}$

d. 转速。水泵叶轮转动的速度，以n表示，单位为“r/min”。转速对水泵的出水量和扬程都有很大影响。

e. 允许吸上真空高度及气蚀余量

允许吸上真空高度是指在标准状态下（水温为20℃，水面压力为一个大气压）水泵工作时，允许的最大抽水高度。单位为“mH_2O”。允许吸上真空高度反映水泵的吸水性能。

气蚀余量是指在水泵叶轮的进水口处（水压最低处）水体所具有的压力比在20℃时水的饱和蒸汽压力高出的数值，单位为“mH_2O”。气蚀余量常用来反映轴流泵、锅炉给水泵、热水泵的吸水性能。

(3) 离心式水泵的选择

选择水泵时，必须根据给水系统最大小时的设计流量 q 和相当于该设计流量时系统所需的压力 H_w，按水泵性能表确定所选水泵型号。

具体说来，应使水泵的流量 Q 不小于 q，使水泵的扬程 H 不小于 H_w，并使水泵在高效率情况下工作。考虑到运转过程中泵的磨损和效能降低，通常使水泵的 Q 及 H 稍大于 q 及 H_w，一般采用10%～15%的附加值。

2）水泵房

水泵机组通常设在水泵房中，在供水量较大时，常将几台水泵并联工作。

水泵房应有排水设施，光线和通风良好，并不致结冻。在有防振或对安静要求较高的房间的周围房间内不得设水泵。

水泵机组的布置原则为：管线最短，弯头最少，管路便于连接，布置力求紧凑，同时注意起吊设备时的方便。

泵房的平面尺寸应根据水泵本身的尺寸，泵与泵之间所要求的间距，同时还应考虑维修和操作要求的空间来确定，应满足表3-7的要求：

水泵机组的外轮廓面与墙和相邻机组间的间距 **表3-7**

电动机额定功率（kW）	水泵机组外轮廓面与墙之间的最小间距（m）	相邻水泵机组外轮廓面之间的最小间距（m）
≤22	0.8	0.4
>25～55	1.0	0.8
≥55，≤160	1.2	1.2

水泵基础高出地面的高度应便于水泵安装，不应小于0.1m。

泵房内宜有检修场地，场地尺寸宜按水泵或电机外形尺寸四周有不小于0.7m的通道确定。泵房内宜设手动起重设备。

3.4.2 蓄水池

蓄水池是储存和调节水量的构筑物，其有效容积为生活（生产）调节水量、消防储备水量和生产事故用水量之和。生活（生产）调节水量应按进水量与用水量变化曲线经计算确定。当资料不足时，宜按建筑最高日用水量的20%～25%确定。消防贮存水量应按消防要求，以火灾持续时间内，所需消防用水总量计。生产事故备用水量应按用户安全供水要求，中断供水后果和城市给水管网可能停水等因素确定。

水池的设备高度应利于水泵自吸抽水，且应设深度不小于1m的集水坑，集水坑的大小应满足水泵吸水管的安装要求。

容积大于500m^3的水池，应分成两格，以便清洗、检修时不中断供水。

水池外壁与建筑本体结构墙面或其他池壁之间的净距，应满足施工或装配的要求。无管道的侧面净距不宜小于0.7m；有管道的侧面净距不宜小于1.0m，且管外壁与建筑本体墙面之间的通道宽不宜小于0.6m，设有人孔的池顶，顶板面与上面建筑本体板底的净空不应小于0.8m。

3.4.3 水箱及水箱间

根据水箱的用途不同，有高位水箱、减压水箱、冲洗水箱等类型区分。其形状通常为圆形或矩形，制作材料有钢板、钢筋混凝土、塑料和玻璃钢等。以下主要介绍在给水系统中使用较多的起保证水压和贮存、调节水量的高位水箱。

在下列情况下，需设置高位水箱：室外给水管网中的压力周期性地小于室内给水管网所需要的压力；在某些建筑内，有时需要储存事故备用水及消防储备水；室内给水系统中，需要保证有恒定的压力（如浴室供水）等。

1）水箱容积的确定

水箱容积按下列不同情况分别确定：

（1）单设高位水箱时

$$V = Q \cdot t \tag{3-20}$$

式中 V——高位水箱调节容积（m^3）；

Q——由高位水箱供水的最大连续平均小时用水量（m^3/h）；

t——室外管网水压不足，需由高位水箱供水的最大连续时间（h）。

（2）设有人工启闭水泵时，按下式确定水箱容积

$$V = \frac{Q_d}{n_d} - T_d Q_p \tag{3-21}$$

式中 V——水箱调节容积（m^3）；

Q_d——最高日用水量（m^3）；

n_d——水泵每天启动次数；

T_d——水泵启动一次的最短运行时间（h），由设计定；

Q_p——水泵运行时间T_d内的建筑平均时用水量（m^3/h）。

（3）设有自动启闭水泵时，按下式确定水箱容积

$$V = C \cdot \frac{q_b}{4k_b} \tag{3-22}$$

式中 V——同式（3-20）；

q_b——水泵出水量（m^3/h）；

k_b——水泵1h内最大启动次数，一般取4～8次/h；

C——安全系数，可在1.5～2.0内采用。

生活用水的调节水量也可按最高日用水量Q_d的比例估算，水泵人工操作时不小于12%Q_d，水泵自动启闭时不小于5%Q_d。若考虑消防用水，应再加上10分钟的室内消防储水量。

2）水箱的设置高度

水箱的设置高度应满足以下条件：

$$H \geqslant H_1 + H_2 \tag{3-23}$$

式中　H——水箱最低水位至配水最不利点高度所需的静水压力（mH_2O）；

H_1——水箱出口至配水最不利点的管道总水头损失（mH_2O）；

H_2——配水最不利点的流出水头（mH_2O）。

3）水箱的布置和安装

水箱应设在便于维护、光线和通风良好且不结冻的地方，如有可能冰冻，水箱应采取保温措施。水箱一般设在屋顶或闷顶内，我国南方地区，水箱大多设在平屋顶上。水箱底距屋面应有不小于0.8m的净空，以便安装和检修。

一般居住和公共建筑可只设一个水箱。在大型公建和高层建筑内，为保证供水安全，将水箱分成两格或设两个水箱。

如果水箱布置在水箱间，则水箱间的位置应便于管道布置，尽量缩短管线长度。水箱间应有良好的通风、采光设施，室内气温不得低于5℃，水箱间的承重结构应使用非燃烧材料；水箱间的净高不得小于2.2m，还应满足水箱布置的要求。水箱布置间距要求见表3-8。

水箱布置间距　　　　**表3-8**

水箱形式	水箱外壁至墙面距离（m）		水箱之间的间距（m）	水箱至建筑物结构最低点距离（m）
	设浮球阀一侧	无浮球阀一侧		
圆形	0.8	0.5	0.7	0.6
矩形	1.0	0.7	0.7	0.6

3.5　城市给水系统简介

本节可根据课时安排，列入选学内容，详见教材电子版附件。

本章思考题：

1. 建筑给水方式有哪几种，分别适用的场合是什么？
2. 自动喷水灭火系统有哪些类型，各自的特点是什么？
3. 固定式消防炮灭火系统一般应用于哪些建筑或场所？
4. 室外消火栓和消防水鹤有哪些不同？
5. 水池的容积如何估算？当生活消防水池合用时，应如何采取消防用水不被他用的措施？

第 4 章　建筑排水

4.1　排水系统

4.1.1　排水系统的分类

建筑排水系统的任务是将建筑内部人们在日常生活和工业生产中使用过的水收集起来及时排到室外。

按系统接纳的污废水类型不同，建筑内排水系统可分为三类：

1）生活排水系统

生活排水系统排除居住建筑、公共建筑及工厂生活间的污废水。有时，由于污废水处理、卫生条件或杂用水水源的需要，把生活排水系统又进一步分为排除冲洗便器的生活污水排水系统和排除盥洗、洗涤废水的生活废水排水系统。生活废水经过处理后，可作为杂用水，用来冲洗厕所、浇洒绿地和道路、冲洗汽车等。

2）工业废水排水系统

工业废水排水系统排除工艺生产过程中产生的污废水。为便于污废水的处理和综合利用，按污染程度可分为生产污水排水系统和生产废水排水系统。生产污水污染较重，需要经过处理，达到排放标准后排放；生产废水污染较轻，如机械设备冷却水，生产废水可作为杂用水水源，也可经过简单处理后（如降温）回用或排入水体。

3）屋面雨水排除系统

屋面雨水排除系统收集并排除降落到多跨工业厂房、大屋面建筑和高层建筑屋面上的雨雪水。

4.1.2　排水系统的组成

建筑内部排水系统一般由卫生器具（或生产设备的受水器）、排水管道、清通设备和通气管道组成，见图 4-1。根据需要还可设污废水提升设备和局部处理设备。

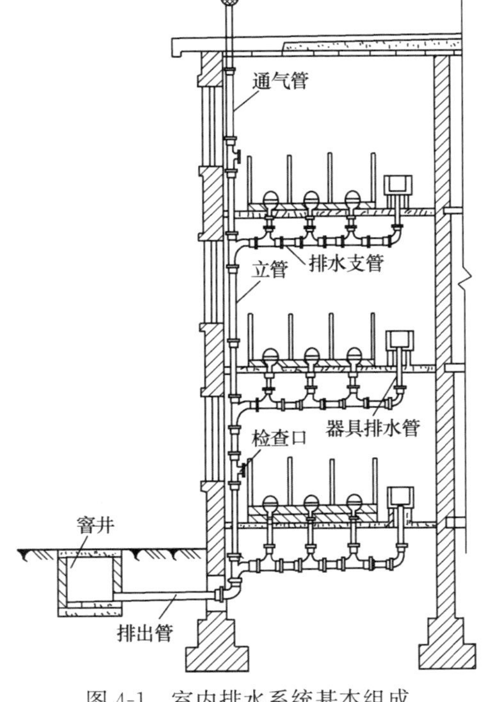

图 4-1　室内排水系统基本组成

1）卫生器具

卫生器具是室内排水系统的起点。接纳各种污废水，污废水从卫生器具排出口经存水弯和器具排水管排入管道。

2）排水管道

排水管道包括器具排水管（存水弯）、排水横支管、立管、埋地干管和排出管。

3）清通设备

为疏通建筑内排水管道，应在排水系统内设检查口、清扫口和检查井。

在排水立管上及较长的水平管段上设检查口。规定在建筑物的底层和最高层必设检查口外，每2层设一个。当排水管采用塑料管时，每6层设一个，检查口的设置高度一般距地面1.0m。

当悬吊在楼板下的污水横管上有两个及以上的大便器或三个及以上的卫生器具时，应在横管的起端设清扫口。

对于散发有毒气体或大量蒸气的工业废水的排水管道，在管道转弯、变径、坡度改变和连接支管处，可在建筑物内设检查井。为防止有毒气体外溢，在井内上下游管道之间由带检查口的短管连接。

4）通气管

通气管的作用是：将污水在室内排水管道中产生的臭气和有毒气体排到大气中去；使管道内在排污水时的压力变化较小并接近大气压，因而可避免卫生器具存水弯的水封被破坏。

对层数不多的建筑，在排水支管不长、卫生器具数量不多的情况下，可采取排水立管上部延伸出屋顶的通气措施。排水立管上延部分称为伸顶通气管。一般建筑内的排水管道均设通气管。仅设一个卫生器具或虽接有几个卫生器具但共用一个存水弯的排水管道，以及建筑物内底层污水单独排除的排水管道，可不设通气管。

对于层数较多的建筑或高层建筑，因卫生器具较多、排水量大、空气流动过程易受排水过程干扰，须将排水管和通气管分开，设专用通气管道。排水管的设计流量超过表4-7中无专用通气立管的排水立管的最大排水流量时，应设专用通气立管，如图4-2所示。

5）污水提升设备

在工业与民用建筑的地下室、人防设施、地下通道等地下建筑物中，卫生器具的污水不能自流排入室外排水管道，需设置集水池（坑）和污水泵等局部提升设备，将污水提升后排至室外排水管网。

6）污水局部处理设备

当某些建筑内排出的污水不允许直接排入室外排水管道时（如呈强酸性、强碱性、含大量杂质、油脂或有毒物质的污水），则要设置污水局部处理设备，使污水水质得到初步改善，达到《污水排入城镇下水道水质标准》GB/T 31962—2015后再排入城镇排水管道。此外，当没有室外排水管网或有室外排水管网但没有污水处理厂时，室内污水也需经过局部处理后才能排入附近水体、渗入地下

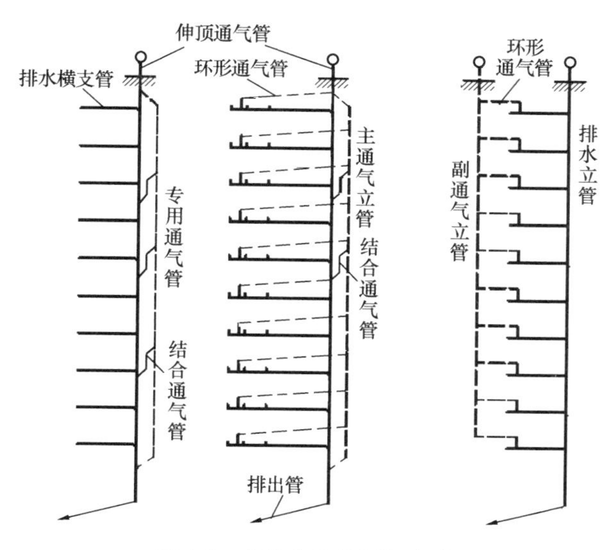

图 4-2　几种典型的通气方式

或排入室外排水管网。根据污水性质的不同，可以采用不同的污水局部处理设备，如沉淀池、除油池、化粪池、中和池及消毒池等。

化粪池是一种利用沉淀和厌氧发酵原理去除生活污水中悬浮性有机物的最初级处理构筑物。在污水处理厂尚不完备的乡村地区，化粪池的使用比较广泛，详见第 16 章。

4.1.3　排水计算

建筑内排水系统计算的目的是确定排水管网中各管段的管径、横向管道的坡度和通气管的管径，以及各控制点的标高和排水管件的组合形式。

1）排水定额

建筑内排水定额有两个，一个是以每人每日为标准，另一个是以卫生器具为标准。每人每日排放的污水量和时变化系数与气候、建筑内卫生设备完善程度及生活习惯有关，因建筑内给水散失较少，一般采用生活给水量标准和时变化系数。计算结果主要用来设计污水泵、化粪池等。

卫生器具排水定额是经过实测得来的。主要用来计算建筑内各管段的排水设计秒流量，进而确定管径。各种卫生器具的排水流量、当量见表 4-1。

2）设计秒流量

建筑内排水量不是均匀的。与给水相同，为保证最不利时刻的最大排水量迅速、安全排放，排水设计流量应为建筑内的最大排水瞬时流量，即设计秒流量。

根据不同类型建筑的排水特点，可选用以下两个公式计算生活排水设计秒流量：

(1) 住宅、集体宿舍、旅馆、医院、幼儿园、办公楼和学校等建筑排水设计秒流量计算公式为：

$$q_{p} = 0.12\alpha\sqrt{N_{p}} + q_{max} \qquad (4\text{-}1)$$

式中　q_p——计算管段排水设计秒流量（L/s）；

N_p——计算管段卫生器具排水当量总数；

q_{max}——计算管段上排水量最大的一个卫生器具排水流量（L/s）；

α——根据建筑物用途而定的系数，按表4-2确定。

卫生器具排水流量、当量和排水管的管径　　表4-1

序号	卫生器具名称	排水流量(L/s)	当量	排水管管径（mm）
1	洗涤盆、污水盆（池）	0.33	1.00	50
2	餐厅、厨房洗菜盆（池）			
	单格洗涤盆（池）	0.67	2.00	50
	双格洗涤盆（池）	1.00	3.00	50
3	盥洗槽（每个水嘴）	0.33	1.00	50～75
4	洗手盆	0.10	0.30	32～50
5	洗脸盆	0.25	0.75	32～50
6	浴盆	1.00	3.00	50
7	淋浴器	0.15	0.45	50
8	大便器			
	高水箱	1.50	4.50	100
	低水箱			
	冲落式	1.50	4.50	100
	虹吸式、喷射虹吸式	2.00	6.00	100
	自闭式冲洗阀	1.50	4.50	100
9	医用倒便器	1.50	4.50	100
10	小便器			
	自闭式冲洗阀	0.10	0.30	40～50
	感应式冲洗阀	0.10	0.30	40～50
11	大便槽			
	≤4个蹲位	2.50	7.50	100
	>4个蹲位	3.00	9.00	150
12	小便槽（每米长）			
	自动冲洗水箱	0.17	0.50	—
13	化验盆（无塞）	0.20	0.60	40～50
14	净身器	0.10	0.30	40～50
15	饮水器	0.05	0.15	25～50
16	家用洗衣机	0.50	1.50	50

注：家用洗衣机排水软管，直径为30mm，有上排水的家用洗衣机排水软管内径为19mm。

根据建筑物用途而定的系数 α 值 表 4-2

建筑物名称	住宅、宾馆、医院、疗养院、幼儿园、养老院的卫生间	集体宿舍、旅馆和其他公共建筑的公共盥洗室和厕所间
α 值	1.5	2.0～2.5

（2）工业企业生活间、公共浴室、洗衣房、公共食堂、实验室、影剧院、体育场等建筑排水设计秒流量计算公式为：

$$q_p = \sum q_0 \cdot n_0 \cdot b \tag{4-2}$$

式中 q_p——计算管段排水设计秒流量（L/s）；

q_0——同类型的一个卫生器具排水流量（L/s）；

n_0——同类型卫生器具数；

b——卫生器具同时排水百分数，冲洗水箱大便器按 12%计算，其他卫生器具同给水。

如计算所得流量值大于该管段上所有卫生器具排水流量的累加值时，应按累加值计。当计算排水流量小于一个大便器排水流量时，应按一个大便器的排水流量计算。

3）水力计算

（1）横管的水力计算

为保证管道系统有良好的水力条件，稳定管内气压，防止水封破坏，保证良好的室内环境卫生，在横干管和横支管的设计计算中，须满足下列规定：

a. 充满度

建筑内部排水横管按非满流设计，以便使污废水释放出的有毒有害气体能自由排出；调节排水管道系统内的压力，以保证排水通畅；并可接纳意外的超设计流量。排水管的最大设计充满度见表 4-3。

排水管道的最大设计充满度 表 4-3

排水管道名称	排水管道管径（mm）	最大设计充满度（以管径计）
生活污水排水管	150 以下	0.5
	150～200	0.6
工业废水排水管	50～75	0.6
	100～150	0.7
生产废水排水管	200 及 200 以上	1.0
生产污水排水管	200 及 200 以上	0.8

注：排水沟最大计算充满度为计算断面深度的 0.8。

b. 自净流速

污水中含有固体杂质，如果流速过小，固体物会在管内沉淀，减小过水断面面积，造成排水不畅或堵塞管道的情况，为此规定了一个最小流速，即自净流速。自净流速的大小与污废水的成分、管径、设计充满度有关。建筑内部排水管自净流速见表 4-4。

各种排水管道的自净流速值　　表4-4

污废水类别	生活污水在下列管径 d 时（mm）			明渠（沟）	雨水管及合流制排水管
	$d<150$	$d=150$	$d=200$		
自净流速（m/s）	0.6	0.65	0.70	0.40	0.75

c. 管道坡度

管道设计坡度与污废水性质、管径和管材有关。污废水中含有的污染物越多，管道坡度应越大。建筑内部生活排水管道的坡度有通用坡度和最小坡度两种。通用坡度为正常条件下应予保证的坡度；最小坡度为必须保证的坡度，一般情况下应采用通用坡度。对于工业废水管道，根据水质规定了最小坡度。当生产污水中含有铁屑等比重大的杂质时，管道的最小坡度应按自净流速确定。铸铁排水管道坡度见表4-5，塑料排水管道坡度见表4-6。

铸铁污水管道的坡度　　表4-5

管径（mm）	通用坡度	最小坡度
50	0.035	0.025
75	0.025	0.015
100	0.020	0.012
125	0.015	0.010
150	0.010	0.007
200	0.008	0.005

塑料管排水坡度及最大设计充满度　　表4-6

管径（mm）	通用坡度	最大设计充满度
110	0.004	0.5
125	0.0035	0.5
160	0.003	0.6
200	0.003	0.6

d. 最小管径

公共食堂厨房排水中含有大量油脂和泥沙，为防止堵塞，实际选用管径应比计算管径大一号，且支管管径不小于75mm，干管管径不小于100mm。医院污物洗涤间内洗涤盆和污水盆内往往有棉球、纱布等杂物落入，为防止管道堵塞，管径不小于75mm。

大便器没有十字栏栅，同时排水量大且猛，所以凡连接大便器的支管，即使仅有一个大便器，其最小管径均为100mm。小便斗和小便槽冲洗不及时，尿垢聚积，堵塞管道，因此，小便槽和连接3个及3个以上小便器的排水管管径不小于75mm。

排水立管最大允许排水流量（L/s） 表4-7

通气情况	立管工作高度（m）	管径（mm）				
		50	75	100	125	150
普通伸顶通气	—	1.0	2.5	4.5	7.0	10.0
设有专用通气立管通气	—	—	5.0	9.0	14.0	25.0
特制配件伸顶通气	—	—	—	6.0	9.0	13.0
无通气	≤2	1.00	1.70	3.80	—	—
	3	0.64	1.35	2.40	—	—
	4	0.50	0.92	1.76	—	—
	5	0.40	0.70	1.36	—	—
	6	0.40	0.50	1.00	—	—
	7	0.40	0.50	0.76	—	—
	≥8	0.40	0.50	0.64	—	—

注：表中立管工作高度是指横支管与立管连接处至排出管中心的距离。

（2）立管水力计算

排水立管按通气方式分为普通伸顶通气、专用通气立管通气、特制配件伸顶通气和不通气四种情况。无通气方式是由于建筑构造或其他原因，排水立管上端不能伸顶通气，为防止管内气压波动激烈而破坏水封，其通水能力相比于前几种大大降低。四种情况的排水立管最大允许通水能力见表4-7，设计时应先计算立管的设计秒流量，然后查表4-7确定管径。

（3）按排水当量总数确定管径

生活污水管道的管径，在污水器具数量不多时，不必进行详细的水力计算，可根据管段上接入的污水器具排水当量总数、不同的建筑物性质，按表4-8确定。

生活污水排水管允许负荷的当量值总数 表4-8

类别	建筑物性质	管径（mm）	横管允许负荷的当量总数（N）				立管允许负荷当量总数（N）
			当采用最小坡度时		当采用通用坡度时		
			i	N	i	N	
1	住宅	50	0.025	3	0.035	6	16
		75	0.015	8	0.025	14	36
		100	0.012	50	0.020	100	260
2	集体宿舍、旅馆、医院、办公楼、学校	50	0.025	3	0.035	5	10
		75	0.015	8	0.025	12	22
		100	0.012	30	0.020	80	120
3	工业企业污水间、公共浴室、洗衣房、公共食堂、实验室、影剧院、体育场（馆）	50	0.025	2	0.035	3	5
		75	0.015	4	0.025	6	12
		100	0.012	8	0.020	11	22

注：第2类中卫生器具当量总数为各类型卫生器具当量值乘以该类型卫生器具数和同时排水百分数所得的值。

4.1.4 排水管道的布置和敷设

1）横支管的敷设

横支管可以沿墙明装在地板上或是悬吊在楼板下。当建筑有较高要求时，可采用暗装或将管道敷设在吊顶内，但必须考虑安装和检修的方便。

架空或悬吊横管不得敷设在有特殊卫生要求的生产厂房、食品和贵重物品仓库、通风小室和变配电间内，并尽量避免布置在食堂、饮食业的主副食操作烹调间的上方，以防因管道结露、漏水而影响室内卫生和工作的正常进行。同时，架空管道的布置应考虑建筑美观的要求，尽量避免通过大门和控制室等。

横管不得穿越沉降缝、烟道、风道，并应尽量避免穿越伸缩缝，必须穿越时，应采取相应的技术措施，如装伸缩接头等。

横支管不宜过长，以免落差太大，一般不得超过10m。并应尽量少转弯，以避免阻塞。

靠近排水立管底部的排水支管连接，应符合下列要求：

(1) 排水立管仅设置伸顶通气管时，最低排水横支管与立管连接处距排水立管管底垂直距离，不得小于表4-9的规定。有的建筑底层污水单独排出的原则就依据此规定而来。

(2) 排水支管连接在排出管或排水横干管上时，连接点距立管底部水平距离不宜小于3.0m。

最低横支管与立管连接处至立管管底的垂直距离 **表4-9**

立管连接卫生器具的层数	垂直距离（m）
≤4	0.45
5～6	0.75
7～19	3.00
≥20	6.00

2）污水立管的设置

污水立管应设在靠近最脏、杂质最多的排水点处，一般在墙角、柱角或沿墙、柱设置，但应避免穿越卧室、办公室和其他卫生、环境安静要求较高的房间。生活污水立管应避免靠近与卧室相邻的内墙。

立管一般布置在墙角明装，无冻害地区亦可布置在墙外。当建筑有较高要求时，可在管槽或管井内暗装。暗装时，需考虑检修的方便，在检查口处设检修门。

立管需要穿越楼层时，预留的孔洞尺寸一般较通过的管径大50～100mm。具体可参照表4-10确定，并且应在通过的立管外加设一段套管，现浇楼板可预先镶入套管。

立管穿越楼板时应留孔洞尺寸 **表4-10**

管径（mm）	50	75～100	125～150	200～300
孔洞尺寸（mm×mm）	150×150	200×200	300×300	400×400

3）排出管的设置

排出管宜以最短距离通至室外。排出管可埋在底层或悬吊在地下室的顶板下面。排出管的长度取决于室外排水检查井的位置。排出管自立管或清扫口至室外检查井中心的最大长度见表4-11。

排出管的最大长度 **表4-11**

排出管管径（mm）	50	75	100	>100
排出管最大长度（m）	10	12	15	20

排出管与立管的连接宜采用 45°弯头连接，排出管穿越承重墙时要预留洞或预埋穿墙套管，管顶要留有作为沉降的空间。排出管要根据土壤冰冻线深度和受压情况确定覆土深度。表 4-12 为排出管穿基础留洞尺寸。

排出管穿越基础留孔洞尺寸　　　　表 4-12

管径（mm）	50～75	>100
预留孔洞尺寸(宽×高)(mm×mm)	300×300	$(d+300)\times(d+200)$

为防止埋设在地下的排水管道受机械损坏，按不同地面性质，规定各种材料管道的最小埋深为 0.4～1.0m。

4）同层排水

同层排水是指排水横支管不穿越楼板到下层空间，在本层内与卫生器具同层敷设并接入排水立管。相对于传统的隔层（下层）排水处理方式，同层排水通过本层内的管道合理布局，避免了由于排水横管侵占下层空间而造成的产权不明晰、噪声干扰、渗漏隐患、空间局限等问题。

目前，同层排水主要有两种形式：一是以隐蔽式安装系统为主要特点的墙排式同层排水技术；二是以排水集水器为主要特点的降板式同层排水技术。

“墙排”是指卫生间洁具后方砌一堵假墙，形成一定的宽度的布置管道的专用空间，排水支管不穿越楼板在假墙内敷设、安装，在同一楼层内与立管相连接。墙排方式要求卫生洁具选用悬挂式洗脸盆、后排水式坐便器，地面无卫生死角，整洁美观。此种同层排水系统的主要构件为立管、支管、隐蔽式水箱及地漏等，如图 4-3（a）所示。

“降板”的具体做法是卫生间的结构楼板局部下沉 300mm 作为管道敷设空间。下沉楼板采用现浇混凝土并做好防水层，按设计标高和坡度沿下沉楼板敷设排水管道，并用水泥焦渣等轻质材料填实作为垫层，垫层上用水泥砂浆找平后再做防水层和层面。此种同层排水系统主要构件为总管、多通道接头、导向管件、回气连接管、座便接入器、多功能地漏等，如图 4-3（b）所示。

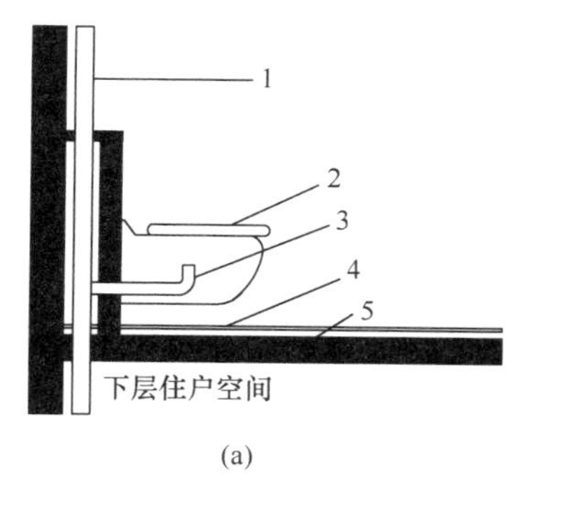

(a)

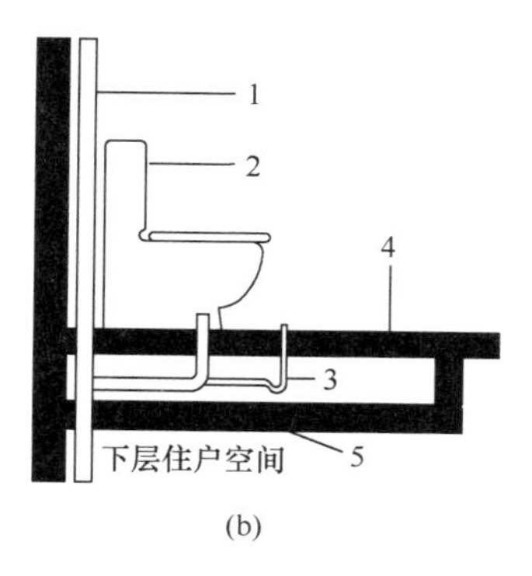

(b)

图 4-3　同层排水示意图

（a）不降板同层排水；（b）降板同层排水

1—排水立管；2—排水器具；3—排水支管；4—地面饰面层；5—卫生间楼板

4.2　雨水排放

落在屋面的雨水和雪水，必须妥善予以排除。屋面雨水的排除方式一般可分为外排水系统和内排水系统两种。根据建筑结构形式、气候条件及生产使用要求，在技术经济合理的情况下，屋面排水应尽量采用外排水。

4.2.1　外排水

外排水是指屋面不设雨水斗，建筑物内部没有雨水管道的雨水排放方式。按屋面有无天沟，分普通外排水和天沟外排水。

1）普通外排水（水落管外排水）

对一般居住建筑、屋面面积较小的公共建筑及单跨的工业建筑，雨水由屋面檐沟汇集，然后通过设在墙外的水落管排入建筑物外的明沟，再通过雨水管引至室外检查井，普通外排水系统如图4-4所示。

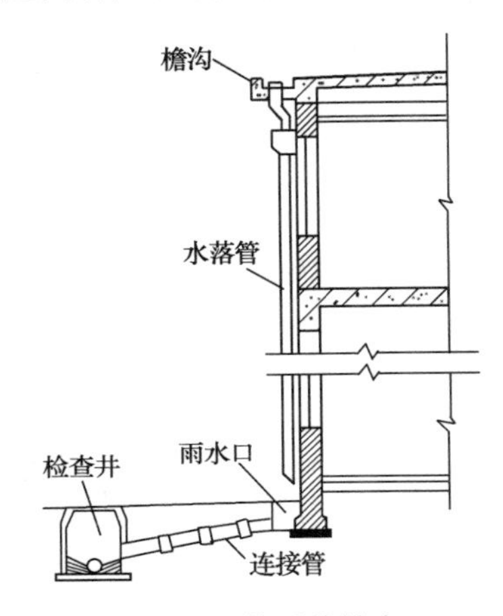

图4-4　普通外排水

水落管多用镀锌铁皮制成，截面为矩形或圆形，断面尺寸一般为80mm×100mm或80mm×120mm；也有用石棉水泥管的，但其下端极易碰撞而破裂，故使用时，其下部距离1m高应考虑保护措施（多用水泥砂抹面）。工业建筑的水落管也用铸铁管。目前，硬聚氯乙烯（UPVC）水落管被广泛使用。

2）长天沟外排水

多跨工业厂房用长天沟外排水方式。这种排水方式的特点是可以消除厂房内部检查井冒水的问题，而且节约投资、节省金属、施工方便、安全可靠以及为厂区雨水系统提供明沟排水或减少管道埋深等。但若设计不善或施工质量不佳，将会发生天沟渗漏的问题。天沟以伸缩缝为分水线坡向两端。其坡度不小于0.005，天沟伸出山墙0.4m。

天沟流水长度应根据暴雨强度、建筑物跨度、屋面结构形式等进行水力计算而定，一般以40～50m为宜。天沟底的坡度不得小于0.003，天沟的水面宽度常用0.5～1.0m，水深常按0.1～0.3m来设计（天沟全深须再加不小于0.02m的保护高度），天沟始端的深度不小于0.08m，天沟的终端宜穿出山墙，雨水沿墙外的立管而下（为防止阻塞，其管径宜不小于100mm，在寒冷的地区，为避免冰冻阻塞，可将雨水立管设于外墙内壁一侧），当暴雨使立管超负荷时为了能应急排泄天沟内的过量积水，可在天沟顶端设置溢流口。

4.2.2　内排水

大屋面（跨度较大）的建筑，尤其是屋面设天沟有困难的壳形屋面、锯齿形屋面建筑和有天窗的厂房等，可采用内排水系统。立面要求高的建筑和寒冷地区的建筑，当不允许在外墙设置雨水立管时，也应考虑采用内排水形式。

1）系统的组成

屋面雨雪水要求安全地排除，而不允许有溢、漏、冒水等现象发生。内排水管道系统是由雨水斗、连接管、悬吊管、立管及埋地横管和检查井等组成，但视其具体情况和不同要求，也有用悬吊管直接吊出室外，或无悬吊管的单斗系统。

2）系统的布置和安装

（1）雨水斗

雨水斗的作用为汇集屋面雨水，使流过的水流平稳、畅通和截留杂物，防止管道阻塞。为此，要求选用导水畅通、排水量大、斗前水位低和泄水时渗水量小的雨立斗。常用的雨水斗为65型和79型，65型为铸铁浇铸，79型为钢板焊制，目前多采用87型。

雨水斗布置的位置要考虑集水面积比较均匀和便于悬吊管及雨水斗立管的连接。布置雨水斗时，应以伸缩缝或沉降缝作为屋面排水分水线，在防火墙处设置雨水斗时，应在该墙的两侧各设一个雨水斗。雨水斗的间距，一般应根据建筑结构的特点（如柱子的布置等）而定，一般间距采用12～24m。雨水斗与天沟连接处应做好防水，不使雨水由该处漏入房间内。

（2）连接管

连接管为承接雨水斗流来的雨水，并将其引入悬吊管的一段短管。连接管的管径不得小于雨水斗短管的管径。连接管应牢固地固定在建筑物的承重结构（如桁架梁）上。

（3）悬吊管

悬吊管承接连接管流来的雨水并将它引入立管。由悬吊管连接雨水斗的数量可分为单斗悬吊管和多斗悬吊管，连接2个及以上雨水斗的为多斗悬吊管。悬吊管一般沿桁架或梁敷设，并牢固地固定在其上。悬吊管需有不小于0.3%的管坡，坡向立管。

（4）立管

立管接纳悬吊管或雨水斗流来的水流。立管宜沿墙、柱安装，一般为明装；若建筑或工艺要求暗装时，可敷设于管槽或管井内，但必须考虑安装和检修方便，立管上应装设检查口，检查口中心距地面1.0m。立管的管径不得小于与其连接的悬吊管的管径。

（5）排出管

排出管是将立管雨水引入检查井的一段埋地管。排出管管径不得小于立管的管径。当穿越地下室墙壁时，应有防水措施。排出管穿越基础墙处应预留洞，洞口尺寸应保证建筑物沉陷时不压坏管道，在一般情况下，管顶宜有不小于150mm的净空。

（6）埋地管

埋地管是接纳各立管流来的雨水，它是敷设于室内地下的横管，并将雨水引至室外的雨水管道。其最小管径不得小于200mm，最大管径不宜大于600mm。

埋地管不得穿越设备基础及其他可能受水发生危害的构筑物。埋地管坡度应不小于 0.3%。

(7) 附属构筑物

常见的附属构筑物有检查井、检查口井和排气井，用于雨水管道的清扫、检修、排气。检查井井深不小于 0.7m，井内采用管顶平接，井底设高流槽，流槽应高出管顶 200mm。密闭内排水系统的埋地管上设检查口，将检查口放在检查井内，便于清通检修。

4.3　城市排水工程简介

本节可根据课时安排，列入选学内容，详见教材电子版附件。

本章思考题：

1. 建筑排水系统中，通气管的作用是什么?
2. 建筑污水管道的最小管径是如何规定的?
3. 建筑污水立管和雨水落水管布置的原则分别是什么?
4. 屋顶雨水排水采用内排水和外排水有何区别?

第5章　建筑中水

5.1　中水系统

5.1.1　中水的概念

所谓“中水”，是相对于“上水（给水）”和“下水（排水）”而言的。建筑中水系统是指民用建筑或建筑小区使用后的各种污、废水，经深度处理后回用于建筑或建筑小区作为杂用水，如用于冲厕、绿化、洗车等。

中水系统由原水的收集、储存、处理和中水管道等工程设施组成。按规模可分为建筑中水系统、小区中水系统和城市中水系统。

建筑中水系统将单幢建筑物或相邻几幢建筑物产生的一部分污水经适当处理后，作为中水，进行循环利用。该方式规模小，不需在建筑外设置中水管道。中水进行就地处理，较易实施，但单位水量的投资和处理费用较高，多用于用水独立的办公楼、宾馆等公共建筑。

小区中水系统是在一个范围较小的地区，如一个住宅小区、几个街坊或小区联合成一个中水系统，设一个中水处理站，然后根据各自需要和用途供应中水。该方式管理集中，基建投资和运行费用相对较低，水质稳定。

城市中水系统利用城市污水处理厂的深度处理水作为中水，供给具有中水系统的建筑物或住宅区。如位于邻近城市污水处理厂的居住小区或高层建筑群，一般可利用城市污水处理厂的出水作为小区或楼群的中水回用水源，该方式规模大、费用低、管理方便。但须单独敷设城市中水管道系统。

从运行和管理角度来看，小区中水系统有广泛的发展前景，特别适应于新建居住区、商业区、校园等。

5.1.2　建筑中水系统的组成

1）中水原水系统

中水原水系统指确定为中水水源的建筑物原排水的收集系统。它分为污、废水合流系统和污、废水分流系统。一般情况下，推荐采用污、废水分流系统。

2）中水处理设施

（1）预处理

化粪池：以生活污水为原水的中水系统，必须在建筑物的粪便排水系统中设置化粪池，使污水得到初级处理。

格栅：其作用是截留原水中漂浮和悬浮的杂质，如毛发、布头和纸屑等。

调节池：其作用是调节原水流量和均化水质，保证后续处理设备的稳定和高效运行。

（2）主要处理设施

沉淀池：通过自然沉淀或投加混凝剂，使污水中悬浮物借重力沉降作用从水中分离。

气浮池：通过进入污水后的压缩空气在水中析出的微波气泡，将水中比重接近于水的微小颗粒粘附，并随气泡上升至水面，形成泡沫浮渣而去除。

生物接触氧化池：在生物接触氧化池内设置填料，填料上长满生物膜，污水与生物膜相接触，在生物膜上微生物的作用下，分解流经其表面的污水中的有机物，使污水得到净化。

生物转盘：其作用机理与生物接触氧化池基本相同，生物转盘每转动一周，即进行一次“吸附—吸氧—氧化—分解”过程，衰老的生物膜在二沉池中被截留。

（3）后处理

当中水水质要求高于杂用水时，应根据需要增加深度处理，即中水再经过后处理设施处理，如过滤、消毒等。

消毒设备主要有加氯设备和臭氧发生器。

3）中水管道系统

（1）原水集水系统

是建筑内部排水系统排放的污废水进入中水处理站的管道系统，同时设有旁通（超越）管线，以便出现事故时，污废水可直接排放。

（2）中水供应系统

原水经中水处理设施处理后成为中水，首先流入中水储水池，再经水泵提升后与建筑内部的中水供水系统连接，建筑物内部的中水供水管网与给水系统相似。

5.1.3 中水水源

1）建筑中水水源

建筑物各种排水污染物浓度如表5-1所示。建筑中水水源应根据排水的水质、水量、排水状况和中水回用的水质、水量确定。一般取自建筑物内部的生活污水、生活废水、冷却水和其他可利用的水源，建筑屋面雨水可作为中水水源的补充。经消毒处理后的综合医院污水只可作为独立的、不与人直接接触的用于滴灌绿化的中水水源，但严禁传染病医院、结核病医院和放射性废水作为中水水源。

建筑物中水系统规模小，可用作中水水源的排水有如下几种，按污染程度的轻重，选取顺序为：

（1）沐浴排水：是卫生间、公共浴室淋浴和浴盆排放的污水，有机物和悬浮物浓度都较低，但皂液的含量高。

（2）盥洗排水：是洗脸盆、洗手盆和盥洗槽排放的污水，水质与沐浴排水相近，但悬浮物浓度较高。

（3）冷却水：主要是空调循环冷却水系统的排水，特点是水温较高，污染较轻。

（4）洗衣排水：指宾馆洗衣房排水，水质与盥洗排水相近，但洗涤剂含量高。

（5）厨房排水：包括厨房、食堂和餐厅在进行炊事活动中排放的污水，污水中有机物浓度、浊度和油脂含量都较高。

（6）冲厕排水：大便器和小便器排放的污水，有机物浓度、悬浮物浓度和细菌含量都很高。

建筑物各种排水污染物浓度表（mg/L） **表 5-1**

建筑类别	污染物	冲厕	厨房	沐浴	盥洗	洗衣	综合
住宅	BOD_5	300～450	500～650	50～60	60～70	220～250	230～300
	COD	800～1100	900～1200	120～135	90～120	310～390	455～600
	SS	500～450	220～280	40～60	100～150	60～70	155～180
宾馆饭店	BOD_5	250～300	400～550	40～50	50～60	180～220	140～175
	COD	700～1000	800～1100	100～110	80～100	270～330	295～380
	SS	300～400	180～220	30～50	80～10	50～60	95～120
办公楼 教学楼	BOD_5	260～340	—	—	90～110	—	195～260
	COD	350～450	—	—	100～140	—	260～340
	SS	260～340	—	—	89～110	—	195～260
公共浴室	BOD_5	260～340	—	45～55	—	—	50～65
	COD	350～450	—	110～120	—	—	115～135
	SS	260～340	—	35～55	—	—	40～165
餐饮业	BOD_5	260～340	500～600	—	—	—	490～590
	COD	350～450	900～1100	—	—	—	890～1075
	SS	260～340	250～280	—	—	—	255～285

2）小区中水系统的中水水源

小区中水系统规模较大，可选作中水水源的种类较多。水源的选择应根据水量平衡和技术经济比较确定。首先选用水量充足、稳定、污染物浓度低、水质处理难度小，安全且居民易接受的中水水源。按污染程度的轻重，居住小区中水水源选取顺序为：

（1）小区内建筑物杂排水；

（2）小区或城市污水处理厂经生物处理后的出水；

（3）小区附近工业企业排放的水质较清洁、水量较稳定、使用安全的生产废水；

（4）小区生活污水；

（5）小区内雨水，可作为补充水源。

3）中水原水水质

中水原水的水质与建筑物所在地区及使用性质有关，其污染成分和浓度各不相同，应根据实际的水质调查结果经过分析后确定，在无实测资料时，建筑物的各种排水污染物浓度可参照表5-1确定。

5.1.4　中水水质

中水水质应满足以下基本要求：

（1）卫生上安全可靠。无有害物质，其主要衡量指标是大肠菌群指数、细菌总数、余氯量、悬浮物量、生化需氧量及化学需氧量。

（2）外观上无使人不快的感觉。其主要衡量指标有浊度、色度、臭气、表面活性剂和油脂等。

（3）不引起设备、管道等的严重腐蚀、结垢和不造成维护管理困难。其主要衡量指标有pH值、硬度、蒸发残留物、溶解性物质等。

5.2　中水管道系统

本节可根据课时安排，列入选学内容，详见教材电子版附件。

5.3　中水处理及其安全防护

本节可根据课时安排，列入选学内容，详见教材电子版附件。

本章思考题：

中水的用途有哪些？中水原水应如何选择？

第3篇 暖通空调

“暖通空调”通常指供暖、通风、空气调节等方面的内容，它是建筑设备的一个重要组成部分。

暖通空调涉及建筑环境、室内空气品质及热湿环境的控制、大气保护、建筑节能等与人民生活密切相关、与城市建设和经济发展密不可分、同时创造和维持建筑热、湿、空气质量环境的技术。其最大的特点就是工程性强、适用面广。

通过建筑热工的手段，可以减少室外环境对室内的影响，而要最终使室内达到所需的温、湿度等的要求，则需要由一套主动的设备来完成，这套设备就是暖通空调设备。

暖通空调技术的出现和发展，使得人类所期望的室内局部热环境得以实现，但同时也产生了很多负面的影响，主要表现为：

1. 在实现室内小环境的同时，可能会对大的生态环境造成干扰甚至破坏。如某些空调设备，还继续使用氟利昂作为制冷剂，对地球臭氧层造成了一定的破坏；规模较小、热效率较低、排烟除尘及烟道余热利用技术缺失等因素，导致大多数供暖锅炉房排出的烟气加剧了城市大气环境质量不断恶化。

2. 在建筑设备中，暖通空调设备的能耗最大，特别是南方地区的空调（降温和除湿）。每到夏季高温天气时，南方地区城市供电紧张的情况就充分说明了这一点。同时我们还应该清楚，目前我们所使用的能源主要还是化石能（煤炭、石油等）。暖通空调系统得以广泛应用，用于暖通空调系统的能耗也将进一步增大，这势必使得能源供求矛盾进一步激化。另一方面，现有的暖通空调系统所使用的能源基本上是高品位的不可再生能源，其中电能占绝大比例，所以要设法通过合理的技术手段把暖通空调设备的能耗降到最低。

3. 由于我们能够通过设备的手段实现所需要的室内小环境，使得建筑师在建筑设计过程中不必过分考虑气候对建筑的影响，但同时也使得各地各城市建筑的特色逐渐消失，一些具有明显地域特色的做法被忽视。一套设计图纸，一种建筑材料（如玻璃幕墙）可以在全国各地被广泛使用。当然，这种不考虑气候因素的设计又使得建筑能耗大大增加。

4. 我国的经济持续高速发展，伴随的是环境的毁灭性破坏。温室效应、臭氧空洞、工业污染、水污染以及土地荒漠化都迫切地需要暖通空调设备技术的革新和合理配套。

此外，由于暖通空调设备的介入，使得建筑投资增大、建筑设计过程中配合内容增多，这些都对建筑师有了更高的要求，要求建筑师应当对暖通空调的基本知识有一定的了解，以便在建筑设计中更加合理地考虑气候、环境、能源等因素的影响，使之更加合理。同时在满足功能要求的前提下，尽量减少建设投资，并为暖通空调设计人员创造条件，以减少设计工作的复杂性，提高设计方案的合理性。

本篇思政内容：

1. 思政元素

建筑师职业道德教育。

2. 思政结合内容

结合本篇学习的内容，比较暖通空调和建筑热工在解决建筑热环境的手法的异同。对于建筑师来说，为什么不能单方面强调建筑设备的主动手法，或建筑形态围护结构的被动手法，而是要找到两者的平衡点？（可从建筑风貌、能耗、环境影响等方面讨论）

3. 思政融入方式

组织课堂讨论或完成课程论文。

第 6 章　供暖

6.1　供暖系统概述

6.1.1　供暖系统分类

供暖系统主要由热源、供热管道、散热设备三部分组成。供暖系统通常可按照供热范围和热媒种类进行分类。

1）按供热范围分类

（1）局部供暖：热源和散热设备都在同一房间，它包括传统的火炉、火墙等，以及目前所使用的电热取暖、家用燃气壁挂锅炉、空调机组供暖等。

（2）集中供暖：利用一个热源供给多个建筑或建筑群所需的热量。这种方式是目前应用最广泛的一种供暖方式，也是本书重点介绍的内容（图 6-1）。

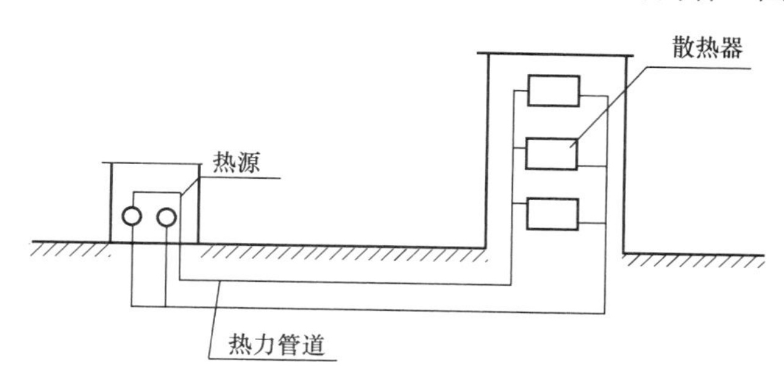

图 6-1　集中供暖系统示意图

（3）区域供热（暖）：热源（集中供热锅炉房、热电厂等）供热能力更大、供热范围更广，由于是以单一介质和参数向不同要求的用户提供热能，一般在用户接口处应设置热交换站。由热源到热交换站之间的管网称为一次管网，而热交换站至用热设备间的管网称为二次管网。相对于城市供热系统而言，热交换站就是它的用户，而对于一个建筑或建筑群而言，热交换站就是它的热源。

2）按热媒分类

在集中供热系统中，把热量从热源输入到散热设备的介质称为“热媒”。按所用的热媒不同，集中供暖系统可分为三类：热水供暖系统、蒸汽供暖系统和热风供暖系统。由于综合考虑了节能和卫生条件等因素，目前单纯供暖多采用热水供暖系统。只有在有蒸汽源的工厂才采用蒸汽供暖，在既需要通风又需供暖的场所才采用热风供暖。

6.1.2　热水供暖系统

利用热水为热媒，将热量从热源经管道送至供暖房间的散热设备，放出部分热量后又经管道送回热源加热。

1）热水供暖系统的分类

（1）按热媒参数分低温（≤100℃）、高温（>100℃）系统

目前常用的是低温供暖系统，供水温度 t_g＝95℃，回水温度 t_h＝70℃。

（2）按系统循环动力分自然循环、机械循环系统

自然循环系统利用热水散热冷却所产生的自然压头从而促使水在系统中循环。这种系统由于自然压头小，作用半径不大，否则，管径就会过大，因而只适用于较小的系统（图6-2）。

机械循环系统利用水泵进行强制循环，因而作用半径大、管径小，但是需要消耗电能。常见的集中供暖系统多采用机械循环（图6-3）。

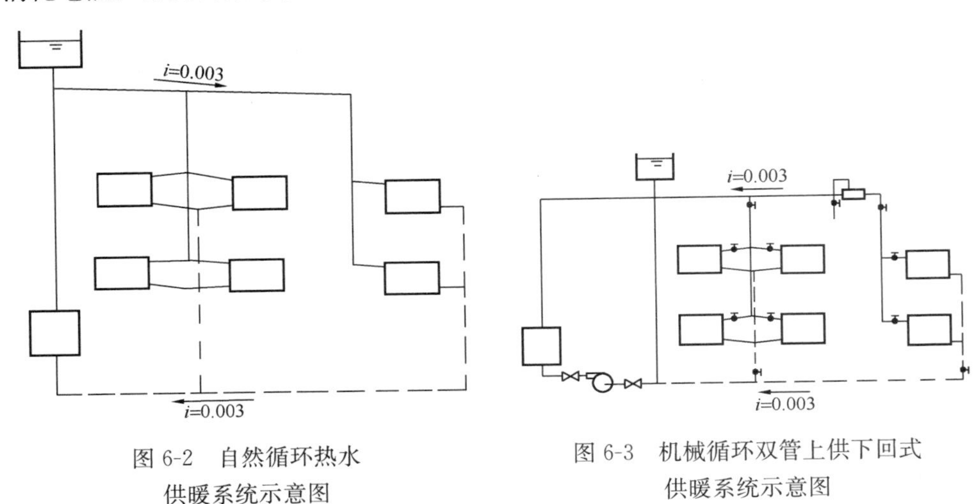

图6-2　自然循环热水供暖系统示意图

图6-3　机械循环双管上供下回式供暖系统示意图

（3）按系统的每组立管数分单管、双管系统

单管式系统节省立管，安装方便，不会出现垂直失调现象。但是由于热媒是顺序经过各散热器，到后面时热媒温度较低，使得下层散热器片数较多，同时也无法调节个别散热器的散热量。它适用于学校、办公楼和宿舍等公共建筑（图6-4）。

双管系统中热水平行分配到各个散热器，回水直接流至回水管，因此各层散热器的布置条件是相同的。但是由于环路自然压头作用，会产生上层过热，下层过冷（垂直失调）的现象，因此不宜在四层以上的建筑中采用。其优点是可以个别调节散热器散热量，检修方便（图6-3）。

（4）按系统的管道连接方式分垂直和水平式系统

垂直式又包括上供下回、下供上回、下供下回、上供上回、中供式等多种供回水干管布置方式。具体使用哪一种，应该根据建筑本身的特点来确定。一般建筑的供暖系统多采用上供下回式系统（图6-4）。

水平式的特点是沿一层布置，这样可以少穿楼板。若室内无立管，布置显得

比较美观，但是因为过门较多而难以处理。

目前新建集中供暖居住建筑采用的分户热量计量、分室温度调节系统，其各户支管布置一般为水平式（图6-5）。

（5）按各环路总长度分同程式和异程式

由于异程式（图6-6）从热入口到热出口通过各立管的总长度不同，这样就使得距离远的立管阻力大，系统的水力平衡难以实现，容易出现近热远冷的现象，无法满足热量要求。因此，目前多采用同程式（图6-7），以便于设计、调试和运行。

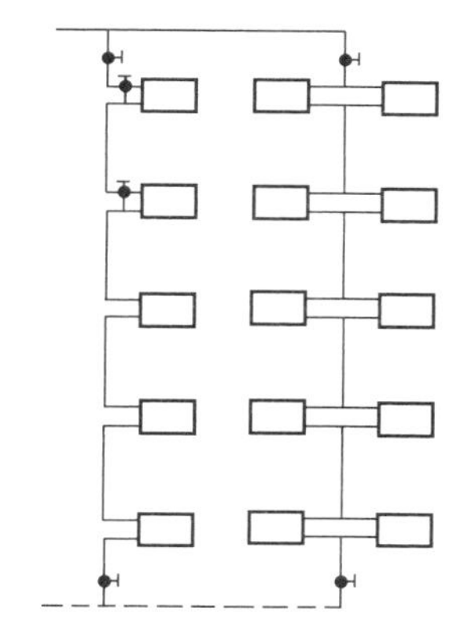

图6-4　上供下回垂直单管热水供暖系统示意图

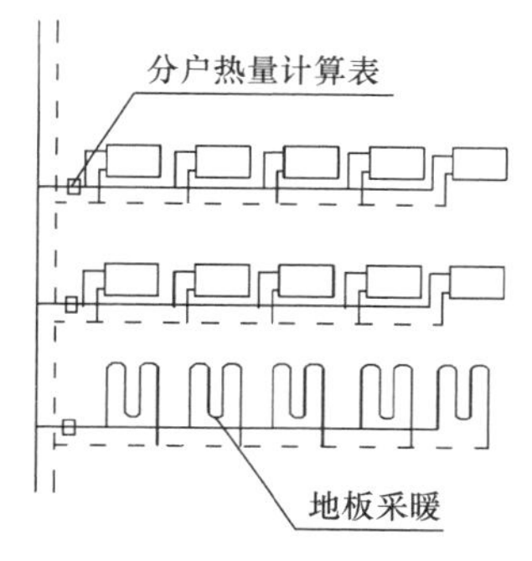

图6-5　水平双管分户计量供暖系统示意图

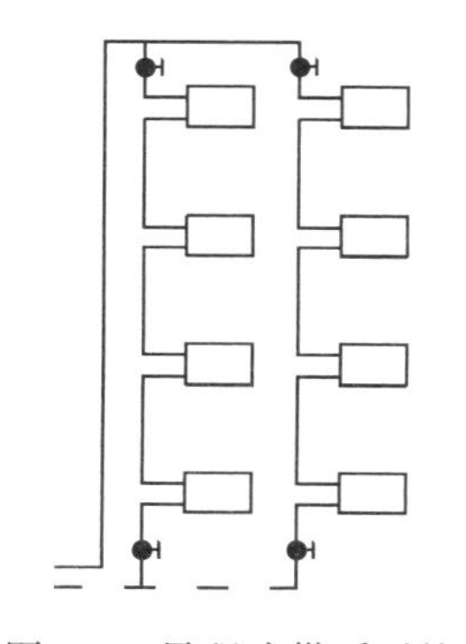

图6-6　异程式供暖系统

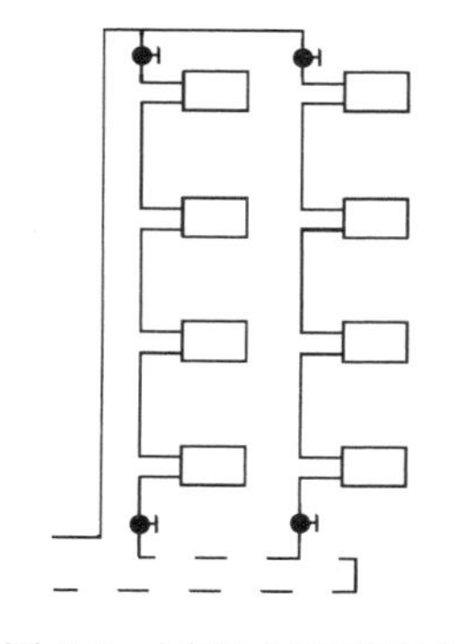

图6-7　同程式供暖系统

2）热水供暖系统中的几个问题

（1）从系统中排除空气的问题

在热水供暖系统中，因为在充水前系统中充满空气，或者由于溶于冷水中的部分空气在运行中水被加热后不断从水中析出。而如果有空气积存在散热器中，就会减少散热器的有效面积；如果有空气聚积在管道中，就可能形成气塞，破坏水循环，造成系统局部不热的情况；另外，空气与钢管表面接触还会引起腐蚀，缩短管道寿命。所以，为了保持系统正常工作，必须及时、方便地排除系统中的空气。

排气的方法是在自然循环系统最高点设膨胀水箱，在机械循环系统中最高点设集气罐、放气阀。供、回水干管和支管要有一定的坡度。

（2）系统中受热膨胀的问题

热水供暖系统在运行中将系统中的水加热后，水的体积就要膨胀。解决方法是在系统中装设膨胀水箱来容纳水所膨胀的体积或通过锅炉房定压。

（3）管道的热胀冷缩问题

供暖系统中的金属管道因受热而伸长。当管道两端固定时，管道伸长就会引起弯曲，管件破裂等，因此要妥善解决管道伸缩问题。

解决管道变形的最简单方法是合理利用管道本身的弯头。在两个固定点之间必须有一个弯曲部分补偿。室内管道一般弯头较多，可不设专门的补偿装置。若伸缩量过大，则应设补偿器来补偿。

3）低温热水地板辐射热供暖系统

低温热水地板辐射热供暖系统是采用低于 60℃低温水作热媒，通过直接埋入建筑物地板内的加热盘管进行低温辐射供暖的系统。低温热水地板辐射供暖具有室内温度均匀、稳定、热容量大、不占使用面积的特点，使用效果较好，人体感觉舒适，卫生标准也比较高。由于供暖主要依靠辐射方式，在相同的舒适条件下，室内计算温度一般可比对流供暖方式低 2～3℃，总耗热量可减少 10%左右。

该系统主要由热媒集配装置以及埋设于地面垫层内的加热管组成。

（1）热媒集配装置（即分水器和集水器）

如图 6-8 所示，热媒集配装置的分水器和集水器分别连接入户供水管和回水管，在分水集水干管上装设球阀和排气装置。分水集水干管的每个分支口装有阀门，起到分流稳压和分室供暖的作用。分水器将热媒分配至各供暖支路，热媒散

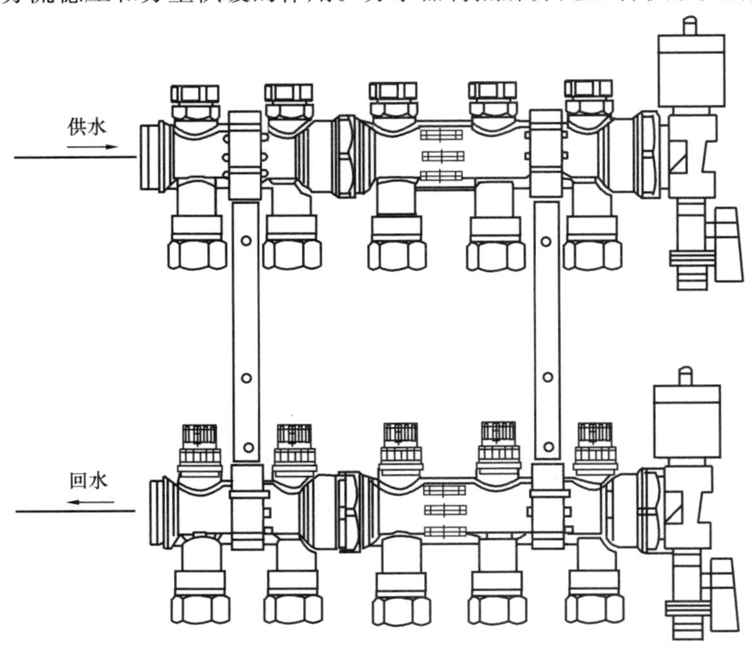

图 6-8　分/集水器示意图

热后流回集水器。

（2）加热管

加热管一般选用交联铝塑复合管（XPAP）、聚丁烯管（PB）、交联聚乙烯管（PE-X）、三型聚丙烯管（PP-R）。

加热管的材质和壁厚，应按工程使用条件经计算选择确定，管材壁厚不应小于1.7mm。

加热管的间距，不宜大于300mm。应根据房间的热工特性和保证温度均匀的原则进行布置。热损失明显不均匀的房间，宜采用将高温管段优先布置于房间热损失较大的外窗和外墙侧的方式。

6.1.3 蒸汽供暖系统

蒸汽供暖系统中的热媒是蒸汽。蒸汽进入散热器后放出汽化潜热，凝结为同温度的凝结水后回到热源。由于蒸汽的汽化潜热比同样重量的热水所携带的显热的热量大很多，因此，在热负荷相同的情况下，蒸汽量比热水流量小很多。同时由于蒸汽系统散热器平均温度比热水系统高，因而可以减少散热器面积（图6-9）。

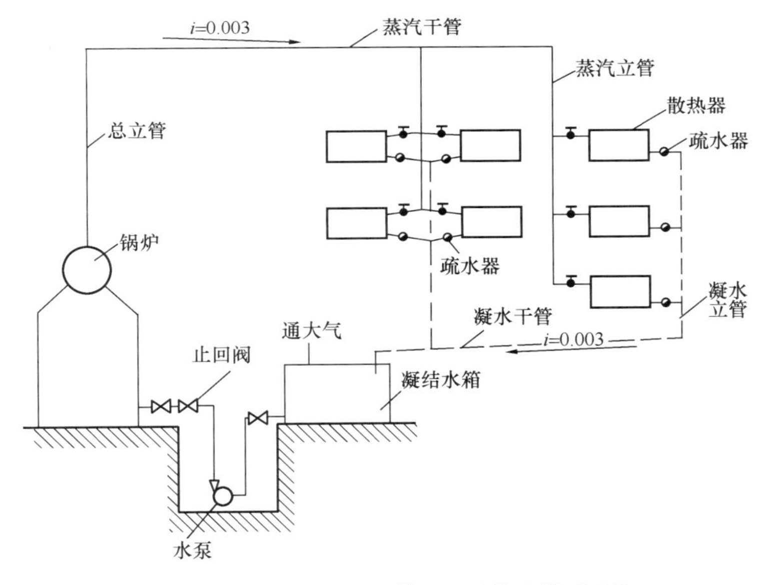

图6-9 机械回水双管上供下回式蒸汽供暖系统

1）蒸汽供暖系统的分类

蒸汽供暖系统按蒸汽压力可分为：高压（大于0.7表压）、低压（小于等于0.7表压）和真空（小于0表压）系统。

高压系统的压力和温度都较高（随着压力的升高，饱和蒸汽的温度也增高，汽化潜热也增大），因此在热负荷相同的情况下，管径和散热器片数都较小。但是，高压蒸汽供暖卫生条件差，表面温度高而易伤人，温度不易调节，容易产生二次汽化。因此，这种系统一般只用在有高压蒸汽热源的工业厂房和辅助建筑中，使用时还需要考虑管道和设备的耐压能力。

低压系统运行较可靠，卫生条件也较好，因此可以用于民用建筑。

真空系统目前国内很少使用。国外设计的一种真空蒸汽供暖系统中，蒸汽压力可随室外气温变化而调节。

2）蒸汽供暖系统中的几个问题

（1）疏水问题。水的热容量比蒸汽凝结为水放出的汽化潜热要小得多。为保证设计要求的散热量，就要求散热器中的凝水能及时排出，而蒸汽则不应进入凝水管。另外，为保证锅炉正常运行，在进入锅炉的回水中也不应有蒸汽。因此，需要在回水干管、支管通干管处设疏水器，管道抬头部分也应设疏水器，干管应有沿流动方向向下的坡度（图 6-9）。

（2）排除系统中空气的问题。空气的热惰性大、热容量小、比重大，管道中有空气会影响系统的正常工作，停留在散热器中会影响散热量。因此应在系统运行后将空气赶至凝水箱，然后经凝水箱排入大气。

（3）“水击”现象。由于蒸汽管道的沿程凝水被高速运动的蒸汽推动而产生浪花或水塞，在弯头、阀门等处与管件相撞，会产生振动和噪声，产生“水击”现象。减少“水击”现象的方法是及时排除沿程凝水，适当降低管道中蒸汽的流速，尽量使蒸汽管中凝水和蒸汽同向流动。

（4）二次汽化问题。凝水经过疏水器后会因为减压再次发生汽化，凝水在流动中也会因沿程水头损失使压力下降产生汽化，使得凝水管中单相液体流动变为汽液两相流动。因此，对大量的二次蒸汽，如有可能应当回收，少量的则可通过凝水箱排入大气。

3）蒸汽供暖与热水供暖的比较

（1）蒸汽温度比热水高，携带热量多，传热系数大。所以蒸汽供暖系统所用的散热器要少，管径也小，因此蒸汽供暖系统初投资要小。

（2）由于蒸汽供暖多为间歇供暖，管道内时为蒸汽、时为空气，管道内壁氧化腐蚀就快。因此，蒸汽供暖系统使用年限要短。

（3）蒸汽系统一般不能调节供暖温度。当室外气温高于供暖计算温度时，蒸汽供暖系统只能采用间歇调节，使室温产生波动，舒感适不佳。而热水则可以调节供水温度。

（4）蒸汽系统热惰性小，加热和冷却过程较快，因而适用于人员骤多骤少或不常有人而需要迅速加热的建筑，如剧院、会议厅等。

（5）热水供暖散热器表面温度低，卫生条件好，宜用于住宅、学校、医院、幼儿园等对卫生要求较高的建筑。蒸汽供暖系统运行噪声大、散热器吸附的有机物灰尘被高温灼烤，使室内卫生条件变差。

（6）由于蒸汽温度高于热水，因而锅炉耗能大，沿程热损失大。从节能角度出发，应尽量采用热水供暖。

正因为蒸汽供暖系统缺点较多，民用建筑一般多采用热水供暖系统。

6.1.4 热风供暖系统

热风供暖系统以空气作为热媒，先将空气加热至高于室温直接送入室内，放出热量而达到供暖目的。主要用于既需通风又需供暖的建筑物。

空气加热主要是利用蒸汽或热水通过空气加热器来完成。

热风供暖系统向室内供暖主要是利用暖风机完成。暖风机是由通风机、电机、空气加热器组成。有些则利用通风系统完成。

热风供暖系统与蒸汽或热水供暖系统相比，有下列特点：

（1）热风供暖系统热惰性小，适用于体育馆、剧院等场所；

（2）热风供暖系统可同时兼有通风作用；

（3）热风供暖系统噪声较大；

（4）设置热风供暖系统的同时，还需设置少量散热器，以维持5℃的值班温度。所以常与热水或蒸汽系统同时使用。

6.1.5 供暖分户计量

1）分户计量供暖系统的要求

分户计量若采用机械循环热水供热系统，必须具有下列功能：

（1）可以分别计量系统中每一个用户实际所消耗的热量；

（2）系统中的每一个用户对室温可以进行调控。

室内采暖系统应从实际出发选用以下供热计量方式：

（1）单管跨越式系统（旧房改造）；

（2）双管系统（新建房屋）；

（3）采暖系统引入口安装计量装置，内部采用分摊的方法；

（4）引入口安装热量计，用户散热器入口安装水表；

（5）引入口安装热量计，用户按面积分摊热费。

在系统中，除了在建筑引入口设总热量表以外，在每一个用户的户引入口都必须设户用热量表，记录用户实际所消耗的热量。收费时，为了公平，必须考虑在建筑物中所处的朝向和楼层差异，所交的供暖费用应由热量表和总热量表所记录的数据按一定比例折算。

对于使用散热器的系统，每一组散热器都必须安装温度调节阀，温度调节阀可以是手动阀，也可以是温控阀；温控阀与手动阀相比，价格较贵，但比手动阀多节能20％。

使用热量表的分户计量热水供暖系统分为户外系统和户内系统两部分，户外系统是指从建筑物供暖引入口到用户引入口之间的管路系统。户内系统是指用户引入口之后，用户内部的管路系统。

2）适合于分户计量的供暖系统形式

适合于分户计量的供暖系统与一般的供暖系统相比，除了可计量单户耗热量之外，还应具有可控（开、关）、可调（保证供热质量）、便于维护管理、稳定性好等性能。目前分户计量供暖系统的形式比较多，对新建建筑一般多采用图6-10和图6-11所示的水平双管和水平单管系统，另有几种系统可供选用。

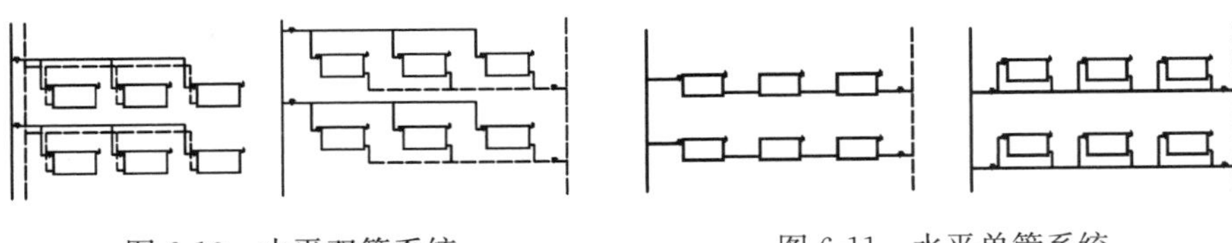

图 6-10　水平双管系统　　　　图 6-11　水平单管系统

（1）可用于跃层式住宅的两层间管路串联的系统

可用于跃层式住宅的系统如图 6-12 所示。此系统增大了水平支线的流量，可提高系统的水力稳定性、减轻竖向失调，减少计量、调节和控制部件用量。

（2）可用于串片散热器的双层散热器水平式系统

当采用比较全的某些串片散热器（异侧进出水的串片、踢脚板式）时，可用图 6-13 所示的系统，将一个房间的散热器分为上下两层。与采用一层散热器的系统相比，此系统可减少散热器的安装长度、增加房间的散热量调节手段。

（3）可用于高层建筑的竖向分区、区间串联的水平式系统

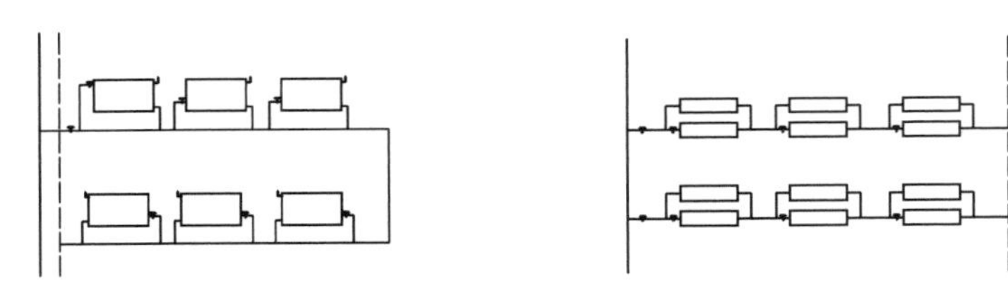

图 6-12　可用于跃层式住宅的系统　　　　图 6-13　双层散热器的水平系统

图 6-14　高层建筑竖向分区、区间串联的水平式系统

高层建筑可用如图 6-14 所示的系统。将高层建筑沿高度方向分为若干区，区内采用一般的水平式系统，区间串联。此系统可减轻高层建筑供暖系统的竖向失调，增加系统的水力稳定性，个别用户关闭时不影响整体用户的供热。当采用压力调节器时，可增加阀孔的开度，减少堵塞可能性，但不能解决底部散热器超压的问题。竖向分区时，各区层数应较多。这种形式的系统可以分户热计量，改善了系统的性能，但只适用于同区内关闭个别用户对其他用户流量影响不至于过大的场合。

（4）可用于多层建筑的户组间串联的水平式系统

多层建筑可用如图 6-15 所示的系统。将一梯两户并联的系统改为户组间串联的系统，可减轻多层建筑供暖系统的竖向失调、增加系统的水力稳定性，而且个别用户关闭时不影响其他用户的供热。这种形式的系统可以分户热计量，改善了系统的性能，但只适用于一个户组内个别用户关闭的场合。

（5）水平式混联系统

采用图 6-16 所示的水平混联系统，可使通过每一散热器的温降减小、流量

增加。因此可改善水平双管系统的性能，并联管路的不平衡率减小。当采用压力调节器时，可增加阀孔的开度，防止堵塞。

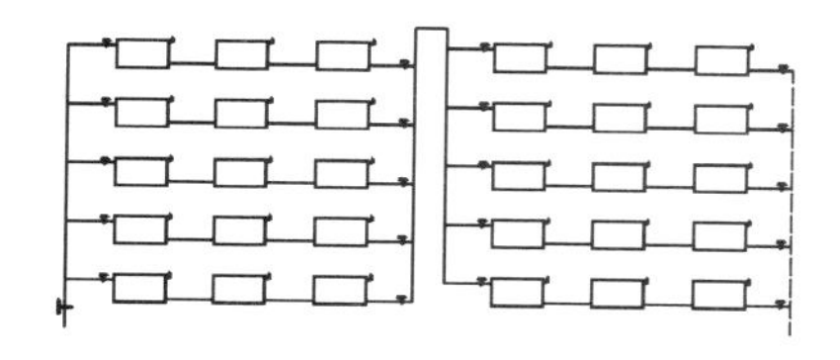

图 6-15 多层建筑户组间串联的水平式系统

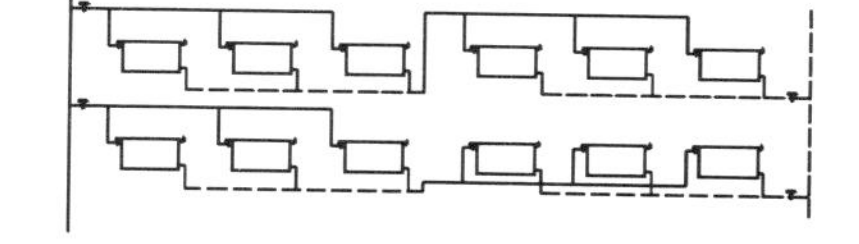

图 6-16 水平式混联系统

此外，为了降低造价、改善性能，在布置各种系统时还可根据实际情况尽可能使散热器采用上进下出连接方式，以便增大散热器的传热系数、减小散热器的面积，尽量使相邻两组散热器共用供水支管等。

3）热量表

（1）热量表形式

常见的热量表有机械式、电磁式、超声波式、振荡式等。一般来说，机械式流量计量的热表的价格较低。

（2）安装位置

热量表安装设备位置分为楼用热量表及户用热量表。按热量表的积分仪与流量计组合方式分为一体式和分体式两种。一体式热量表的计算器与流量传感器合为一体不可分离，只能随流量传感的安装在管路上。在安装时，要将显示部分放在便于读值的位置。分体式热表的计算器既可安装在管路上，也可安装在墙上或仪表箱内。安装时，要将同一层中各户的积分仪集中设置，便于管理。对于管内水温高于 90℃ 的情况，热量表的计算器必须安装在墙面上或仪表盘上。

为了使热媒较为均匀地通过热量表的流量传感器，机械式热量表要求表前有8～10倍管径长的直管段及表后有 6～8 倍管径长的直管段，超声波及振荡器式热表对此无要求。

（3）配套部件

热量表为了便于日后标定检测或更换，在流量传感器前后应各放置一个关断阀门。热量表对水质有一定的要求，其中机械式的热量表受水质的影响较大，所以必须在表前配置过滤器。

6.2 热负荷估算

6.2.1 热负荷分类

热负荷按用途可分为民用热负荷与工业热负荷。民用热负荷一般为民用建筑的采暖、空调和生活热水；工业热负荷除了车间厂房的采暖外，主要是生产环节的用热用汽。

按照热负荷随时间的变化特征，可分为季节性热负荷和常年性热负荷。

季节性热负荷的变化主要与室外空气温度、风向、风速、太阳辐射、空气湿度等气象条件有关。其中起主要作用的是室外温度。属于季节性热负荷的有供暖、通风和空气调节系统的负荷。上述热负荷中每种热负荷都不具备全年的特性。供暖和通风是冬季热负荷。对于空气调节，需要在夏季进行人工制冷采用吸收式或喷射式制冷方法，则属于夏季热负荷。季节性热负荷在全天中热负荷比较稳定，但在全年中热负荷变化很大。

常年性热负荷包括生产工艺热负荷和生活热水供应热负荷。生产工艺热负荷与生产企业的状况及工作制度有关，热水供应热负荷与民用的公用设施、居民人员构成、居民作息时间以及服务机构（如澡堂、洗衣房）的工作制度有关。常年性热负荷在一天之中各时段是变化的，但从全年整体来看相对稳定。

设计供暖系统首先应确定供暖的热负荷。在不考虑建筑得热量的情况下，热负荷等于建筑物的耗热量。对于一般民用建筑和产生热量很少的车间，在计算供暖热负荷时，可以不考虑得热量而仅计算建筑物耗热量。

建筑物的耗热量由两部分组成：一部分是通过围护结构由室内传到室外的热量；另一部分是加热进入到室内的冷空气所需要的热量。在工程计算上，常将各种不稳定因素加以简化，而用稳定传热过程的公式计算建筑物的耗热量。

6.2.2 围护结构的耗热量

1）计算公式

当室内外存在温差时，围护结构将通过导热、对流和辐射等方式将热量传至室外，在稳定传热条件下，通过围护结构的耗热量为：

$$Q = KF(t_n - t_w)a \tag{6-1}$$

式中 K——围护结构传热系数，W/(m^2·℃)；

F——围护结构的传热面积，m^2；

t_n——室内计算温度,℃；

t_w——室外供暖计算温度,℃；

a——围护结构温差修正系数（表6-1）。

温差修正系数 a 值　　表6-1

围护结构特征	a
与大气直接接触的外围护结构和地面	1.0
与不供暖房间相邻的隔墙	
不供暖房间有门窗与室外相通	0.7
不供暖房间无门窗与室外相通	0.4
不供暖地下室和半地下室的楼板（在室内地坪以上不超过1.0m）	
外墙上有窗	0.6
外墙上无窗	0.4
不供暖半地下室的楼板（在室内外地坪以上超过1.0m）	
外墙上有窗	0.7
外墙上无窗	0.4

2）室外供暖计算温度

我国确定室外供暖计算温度的方法是采用历年平均每年不保证 5 天的日平均温度。用这种方法计算出的我国各地的室外供暖计算温度，见表 6-2。

室外气象参数　　表 6-2

地名	室外计算（干球）温度（℃）						室外风速（m/s）	
	供暖	冬季通风	夏季通风	冬季空调	夏季空调	夏季空调日平均	冬季	夏季
哈尔滨	−26	−20	26	−29	30.3	25	3.4	3.3
沈　阳	−20	−13	28	−23	31.3	27	3.2	3.0
北　京	−9	−5	30	−12	33.8	29	3.0	1.9
太　原	−12	−7	28	−15	31.8	26	2.7	2.1
西　安	−5	−1	31	−9	35.6	31	1.9	2.2
济　南	−7	−1	31	−10	35.5	31	3.0	2.5
南　京	−3	2	32	−6	35.2	32	2.5	2.3
上　海	−2	3	32	−4	34.0	30	3.2	3.0
杭　州	−1	4	33	−4	35.7	32	2.1	1.7
福　州	5	10	33	4	35.3	30	2.5	2.7
武　汉	−2	3	33	−5	35.2	32	2.8	2.6
桂　林	2	8	32	0	33.9	30	3.3	1.6
广　州	7	13	32	5	33.6	30	2.4	1.9
重　庆	4	8	33	3	36.0	32	1.3	1.6
昆　明	3	8	24	1	26.8	22	2.4	1.7

3）室内计算温度

室内计算温度是指室内离地面 2.0m 以内的平均空气温度，它取决于建筑物的性质和用途。对于工业企业建筑物，确定室内计算温度应考虑劳动强度大小以及生产工艺提出的要求。对于民用建筑，确定室内计算温度应考虑到房间的用途、生活习惯等因素（表 6-3）。

在工厂不生产时间（节假日和下班后），供暖系统维持车间温度不低于 5℃就可保证生产设备中的润滑油和水不至冻结。此时的供暖方式为值班供暖，温度称为值班供暖温度。

4）围护结构传热系数

建筑物围护结构传热系数可用下式计算：

$$K=\frac{1}{R}=\frac{1}{\frac{1}{a_n}+\frac{\delta_1}{\lambda_1}+\frac{\delta_2}{\lambda_2}+\cdots\frac{\delta_n}{\lambda_n}+\frac{1}{a_w}}\quad [\mathrm{W/(m^2\cdot ℃)}] \tag{6-2}$$

式中　R——围护结构的传热热阻，$m^2\cdot$℃/W；

a_n、a_w——分别为围护结构内表面和外表面的换热系数，W/($m^2\cdot$℃)；

δ_1，δ_2，…，δ_n——围护结构各层材料的厚度，m；

λ_1，λ_2，…，λ_n——围护结构各层材料的导热系数，W/(m·℃)。

围护结构传热系数 K 值一般可根据国家民用建筑节能设计标准及当地民用建筑节能设计标准选取。对于不常见的结构形式则应按式（6-2）进行计算。

民用建筑供暖室内空气计算温度　　**表 6-3**

序号	房间名称	室内温度（℃）	序号	房间名称	室内温度（℃）
一	居住建筑				
1	饭店、宾馆的卧室	20	6	走廊	16
2	起居室	20	7	厕所	15
3	住宅、宿舍的卧室	20	8	浴室	25
4	起居室	18	9	盥洗室	18
5	厨房	10			
二	医疗建筑				
1	病房（成人）	20	5	诊室	20
2	病房（儿童）	22	6	办公室	18
3	厕所（病人）	20	7	工作人员厕所	16
4	浴室	25			
三	幼儿建筑				
1	儿童活动室	18	4	婴儿室	20
2	儿童厕所	18	5	医务室	20
3	儿童盥洗室	18			
四	学校				
1	教室	16	4	医务室	18
2	实验室	16	5	图书馆	16
3	礼堂	16			
五	影剧院				
1	观众厅	16	4	舞台、化妆	18
2	休息厅	16	5	吸烟室	14
3	放映室	15	6	售票大厅	12
六	商业建筑				
1	营业室：百货	15	4	储藏室：鱼肉	5
2	鱼肉	10	5	米面	10
3	杂货副食	12	6	百货	12
七	体育建筑				
1	比赛厅	16	4	运动员更衣室	22
2	休息厅	16	5	运动员休息室	20
3	练习厅	16	6	游泳馆	26

续表

序号	房间名称	室内温度（℃）	序号	房间名称	室内温度（℃）
八	图书馆建筑				
1	书报资料室	16	4	出纳厅	16
2	阅览室	18	5	胶卷库	16
3	目录厅	16			
九	公共饮食建筑				
1	小吃餐厅	16	5	厨房加工	16
2	储存：干货	12	6	小冷库	2～4
3	蔬菜	8	7	洗碗间	26
4	酒	12			
十	洗澡、理发				
1	更衣	22	4	蒸汽浴	40
2	淋浴、浴池	25	5	理发厅	18
3	过厅	25			
十一	交通、通信建筑				
1	火车站候车厅	16	4	广播、电视台的演播室	20
2	售票厅	16	5	技术用房	20
3	汽车站	16			
十二	其他				
1	公共建筑的门厅	14	3	公共食堂	16
2	走廊	14			

5）结果修正

在计算围护结构耗热量时，应根据具体情况对式（6-1）加以修正，包括：

（1）朝向修正

因朝向不同，使围护结构的基本耗热量计算结果与实际耗热量不相同，其差异可用朝向修正率加以修正（表6-4）。将围护结构基本耗热量乘以朝向修正率，得到该围护结构朝向修正耗热量。

朝向修正率　　**表 6-4**

围护结构朝向	修正率（%）
北、东北、西北	0～10
东南、西南	−10～−15
东、西	−5
南	−15～−30

注：1. 应根据当地冬季日照率、辐射强度、建筑物使用和遮挡等情况选用修正率；

2. 冬季日照率<35%的地区，东南、西南和南向的修正率，宜采用−10%～0，东西向可以不修正。

(2) 风力修正

在不避风的高地、河边、海岸、旷野的建筑以及城镇或厂区内特别高出的建筑物，其垂直的外围护结构的基本耗热量应附加 5%～10%，以考虑风力增大的影响。

(3) 房高修正

计算室内高大空间的耗热量时，应考虑随房间高度增加而产生的耗热增量。当房高大于 4m 时，每增高 1m，耗热量（考虑了其他各项附加以后的值）增加 2%，但总增加值不得超过 15%。

6.2.3　加热进入室内的冷空气所需要的热量

在供暖期间，冷空气经窗缝、门缝或经常开启的外门进入室内，供暖系统也应将这部分冷空气加热到室温，所需的热量为：

$$Q' = Lc\rho(t_n - t_w) \tag{6-3}$$

式中　Q'——加热冷空气所需的热量（W）；

L——冷空气进入量（m^3/s）；

c——空气的定压比热；

ρ——在室外温度下空气的密度（kg/m^3）；

t_n——室内计算温度（℃）；

t_w——室外供暖计算温度（℃）。

经门、窗缝隙渗入室内的冷空气量与冷空气流经缝隙的压力差、缝隙长度以及缝隙宽度等因素有关，它不仅涉及室外风向、风速、室内通风情况，而且也涉及建筑物的高度及形状，门、窗制作和安装质量，因此计算出的冷空气进入量只能是个大致的数值。

6.2.4　供暖热负荷的估算方法

在规划设计阶段，估算建筑供暖热负荷时可用热指标法。常用的方法有单位面积热指标法、单位体积热指标法和单位温差热指标法。

1) 单位面积供暖热指标法

用单位面积供暖指标法估算建筑物的热负荷时，供暖热负荷用下式计算：

$$Q = q_f \cdot F \tag{6-4}$$

式中　Q——建筑物的供暖热负荷（W）；

q_f——单位面积供暖热指标（W/m^2）；

F——总建筑面积（m^2）。

由于每个房间位置、朝向、所在层数等不同，相同面积房间的热负荷会相差很多，所以，用单位面积热指标法估算建筑物的供暖热负荷。鉴于各个地区气候条件、经济发展水平不均的情况，具体指标可参考根据相关规范及当地建筑节能设计标准选取指标。表 6-5 是《城市供热规划规范》GB/T 51074—2015 给出部分类型建筑的采暖热指标。

建筑采暖热指标 q_f 推荐值（W/m^2） 表6-5

建筑类型	多层住宅	办公楼	医院	幼儿园	图书馆	旅馆	商店	单层住宅	食堂餐厅	影剧院
未节能	58～64	58～80	64～80	58～70	47～76	60～70	65～80	80～105	115～140	95～115
节能	40～45	50～70	55～70	40～45	40～50	50～60	55～70	60～80	100～130	80～105

注：1. 适用于我国东北、华北、西北地区不同类型的建筑采暖热指标；
2. 严寒地区或建筑外形复杂、建筑层数少者取上限，反之取下限。

2）单位体积热指标法

用单位体积供暖热指标估算建筑物的热负荷时，供暖热负荷用下式计算：

$$Q = qV(t_n - t_w)(W) \tag{6-5}$$

式中 q——单位体积供暖热指标，$W/(m^3 \cdot ℃)$；

V——建筑物的体积（按外部尺寸计算），m^3；

t_n——室内计算温度，℃；

t_w——室外供暖计算温度，℃。

3）单位温差传热系数法

用单位温差传热系数法估算建筑物热负荷时，用下式计算：

$$Q = q_t \cdot F(t_n - t_w)(W) \tag{6-6}$$

式中 Q——房间的供暖热负荷，W；

q_t——单位温差传热系数指标，$W/(m^2 \cdot ℃)$；

F——房间的建筑面积，m^2；

t_n——室内计算温度，℃；

t_w——室外供暖计算温度，℃。

单位温差热指标及传热系数指标可参考根据国家民用建筑节能设计标准及当地民用建筑节能设计标准选取。由于该方法考虑了不同房间的具体情况，因此在一般民用建筑供暖热负荷设计计算中使用具有一定的合理性。

6.3 散热设备

散热设备包括散热器、暖风机、钢质辐射板等。

散热器是我国目前大量使用的散热设备。散热器内流过热水或蒸汽，散热器壁面被加热，其外表面温度高于室内空气温度，因而形成对流散热，大部分热量以这种方式传给室内空气。同时辐射散热把另一部分热量传给室内的物体和人，最终起到提高室内空气温度的作用。

6.3.1 散热器基本要求

（1）热工性能

散热器的传热系数 K 值越大，热工性能越好。散热器传热系数的大小取决于它的材料、构造、安装方式以及热媒的种类。

（2）经济性

通常用散热器的金属热强度来衡量散热器的经济性。金属热强度是指散热器内热媒平均温度与室内温度差为1℃时，每kg质量的散热器在单位时间所散出的热量，其单位为W/(kg·℃)。金属热强度值越大，说明散出同样的热量所消耗的金属量越少，它的经济性越高。

（3）卫生和美观

外表光滑、不易积灰尘，易于清扫。散热器的形式等应与房间内部装饰相协调。

（4）制造和安装

散热器应能承受较高的压力，有一定的机械强度，不漏水、不漏蒸汽、耐腐蚀，并尽量做到制造简单、安装方便、价格低。

（5）结构和寿命

结构形式应便于大规模工业化生产和组装。散热器的高度应有多种尺寸，以适应窗台高度不同的要求。散热器应不易被腐蚀和破坏，使用寿命长。

6.3.2　常用类型

散热器主要用铸铁或钢等材料制成。常用的散热器的类型包括柱形、翼形、钢串片和光管等。

1）铸铁散热器

长期以来，铸铁散热器得到了广泛的应用，它结构简单、防腐性能好，使用寿命长，适用于各种水质；热稳定性好，价格低廉。但铸铁散热器的缺点也很突出：金属含量大，金属热强度低于钢质散热器；安装运输劳动强度大，生产污染大；污染管道系统，影响阀门密封等。

目前应用较多的铸铁散热器形式有：

（1）柱形散热器

柱形散热器是呈柱状的单片散热器，外表光滑、无肋片，每片各有几个中空的立柱相互连通。在散热片顶部和底部各有一对带丝扣的穿孔供热媒进出，并可借正、反螺栓把若干单片组合在一起形成一组，见图6-17、图6-18。

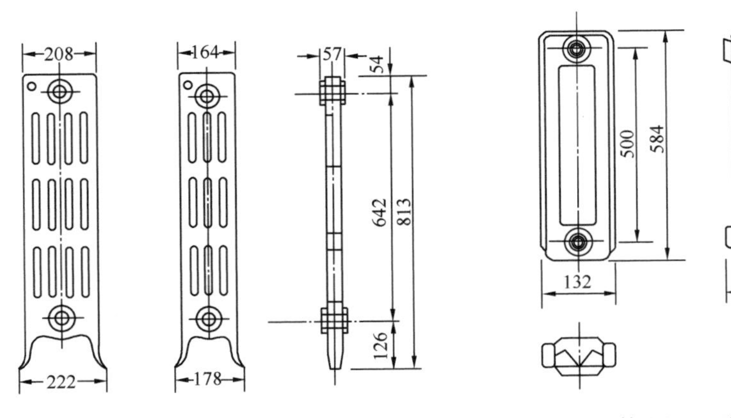

图6-17　柱形散热器　　图6-18　二柱M-132型散热器

我国常用的柱形散热器有四柱、五柱和二柱 M-132。常见的高度有 700mm、760mm、800mm 及 813mm 等，有带脚与不带脚两种片型，用于落地或挂墙安装。

柱形散热器传热系数高，外形美观，易清扫，容易组对成需要的散热面积，但制造工艺复杂、安装麻烦。柱形散热器在一般民用建筑中应用较为广泛。

（2）翼形散热器

翼形散热器分圆翼形和长翼形两种。

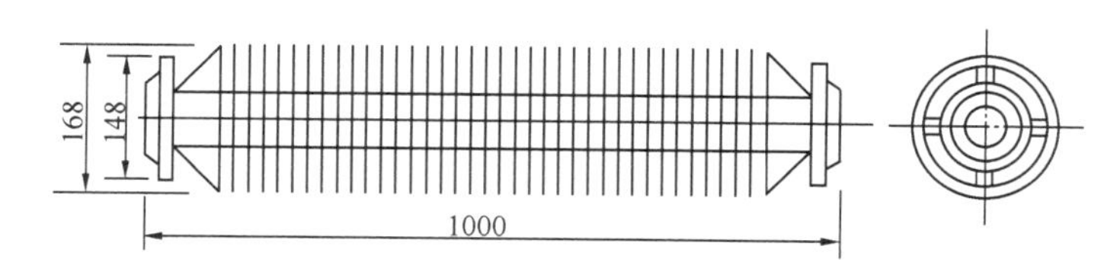

图 6-19　圆翼形散热器

圆翼形散热器是一根管子外面带有许多圆形肋片的铸件，如图 6-19 所示，有内径 $D50$ 和 $D75$ 两种规格。两端有法兰，可以用数根组成平行或叠置的散热器组与管道相连接。

长翼形散热器是一个在外壳上带有翼片的中空壳体。在壳体侧面的上、下端各有一个带丝扣穿孔，供热媒进出，并可借正、反螺栓把单个散热器组合起来，如图 6-20 所示。这种散热器有两种规格，由于其高度为 600mm，习惯上称为“大 60”及“小 60”。“大 60”带有 14 个翼片，“小 60”带有 10 个翼片。除此之外，其他尺寸完全相同。

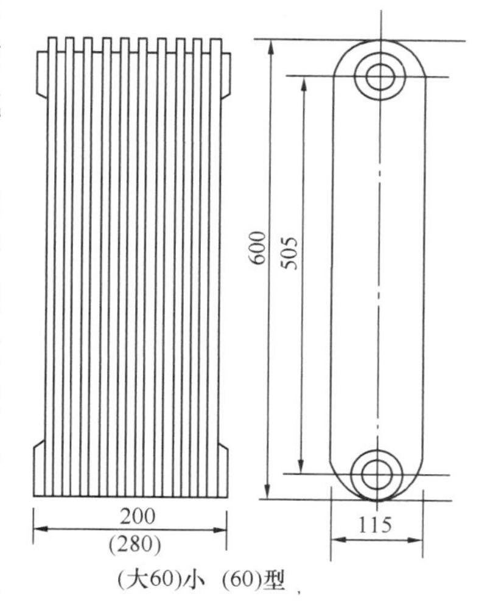

图 6-20　长翼形散热器

翼形散热器的主要优点是：制造简单，耐腐蚀，造价较低；主要缺点是：承压能力低，易积灰，难清扫，外形也不美观；由于单片散热面积大，不易组成所需要的散热面积。

翼形散热器多应用于一般民用建筑和无大量灰尘的工业建筑中。

（3）柱翼形散热器

在柱形散热器的基础上增加一些翼片，就变成了柱翼形散热器。柱翼形散热器增加了散热面积，组装时，两片间翼近似封闭，可形成空气上下对流的通道。利用烟囱效应提高对流散热，故又称为“辐射对流型散热器”。

（4）板翼形散热器

散热器的主体及翼片在正面形成平面，其他片在后面或者侧面，组装后前面形成大平面，具有装饰性。它紧凑、占地小、便于清扫，适用于各种水质和热媒，金属热强度可达 0.41W/(kg·℃)。当采用低温热水供热时，可用于幼儿园或者医院。

(5) 灰铸铁定向对流散热器

散热器是单柱立式扁柱体，中间较大，上下部缩小。两侧有许多斜向翼片，冷空气经下方进入翼片间隙，热气流由前上方出来，故称“定向对流型散热器”。斜翼片有直线形和曲线形，且曲线形翼片热面积大。

定向对流散热器的对流热气由前上方斜出，供暖效果较好，散热量大。适用于各种水质和热媒，耐腐蚀，使用寿命长。缺点是体积不够紧凑，占地面积较大，且翼片间易藏污纳垢，难清扫。

2）钢制散热器

钢制散热器应用较多的主要有以下几种：

(1) 光管散热器

光管散热器是普通钢管焊制或弯制的排管或蛇管，其形式最为简单。

光管散热器的特点是表面光滑，易清灰，承压能力高，可以现场制作。但耗用钢材多、造价高、放热效果差，不美观。多用于工业车间或较高压力蒸汽需直接进入散热器的情况。

(2) 柱形散热器

钢制柱形散热器的结构形式有整体冲压成柱形、管柱形对接、管柱形搭接三种形式。

钢制柱形散热器的热媒一般为热水，要求热媒水中含氧量≤0.05g/m^3，停暖时应充水密闭保养，以延长使用寿命。

(3) 板形散热器

钢制板形散热器使用薄钢板冲压成半形，两半形再对合焊接而成一大片矩形散热器。散热器有单面水道槽和双面水道槽两种，上下有横水道，其间连接许多竖直水道，内部水流为上进下出。有单板、双板和三板组合型几种，板后常带对流以提高散热量。

钢制板形散热器体型紧凑、热工性能好［金属热强度高达1.0W/(kg·℃)］、便于清扫、热辐射量大，且内腔洁净，适用于分户热计量系统中。

(4) 钢串对流散热器

钢串片散热器是由钢管、钢片、联箱、放气阀及管接头组成。这种散热器的优点是承压高、体积小、重量轻、容易加工、安装简单和维修方便；其缺点是薄钢片间距密，不易清扫，耐腐蚀性差，压紧在钢管上的薄钢片因热胀冷缩，容易松动，使传热性能下降。

(5) 翅片管对流散热器

钢制翅片管对流散热器用薄钢带紧固缠绕在钢管上做成螺旋翅片管元件，用多根翅片元件横排组合用联箱并联，外面加罩制成对流散热器。翅片管的加装使得其散热效率能够达到普通散热器的几倍。螺旋翅片管散热器按翅片结构形式可分为绕片式、串片式、焊片式和轧片式。其主要优点有：水道基管为钢管，使用寿命长；工作压力高（热水1.0MPa，蒸汽0.3MPa），适用于高层建筑；热工性能好，金属热强度达1.0W/(kg·℃）以上；使用安全，罩面温度低，特别适用于医院、幼儿园及老人居室等；安装维护简单方便。缺点是不易清扫，外罩较厚较大。

6.3.3 散热器的选用

散热器的选择应根据对散热器的一般要求，再结合各自具体情况来选用。散热器的一般要求为“紧凑、卫生、耐用、轻型、高效、节能、节材、美观、内净、安全、环保、经济”，其中最关键的是高效、节能、美观和耐用。具体设计选择时，应该符合下列原则：

（1）散热器的承压应大于系统设计工作压力；

（2）民用建筑中，宜选用美观且易于清扫的散热器；

（3）在多尘或防尘要求较高的工业厂房，应选用易于清扫的散热器；

（4）在放散腐蚀性气体的厂房或者相对湿度较大的房间，宜选用铸铁散热器；

（5）选择散热器时应充分考虑供暖热媒的性质和运行管理的水平，延长散热器的寿命。

集中供热不适宜采用薄板型钢质散热器，但可使用管基型钢质散热器，即以钢管为基本水道的散热器，如钢串片、翅片管对流器等。

集中供热锅炉热水呈碱性，不能直接供铝制散热器使用，因铝最怕碱性水腐蚀。但可用热交换器二次加热中性水供铝制散热器使用。铝制散热器适用于 pH 值在 5～8 之间的热水，超过此范围应进行内防腐处理。

集中供热散热器可采用耐腐蚀性较好的全铜水道散热器、灰铸铁散热器和管基型钢质散热器，也可采用径内防腐处理后的钢制及铝制散热器。

以户为单位的独立供热系统常采用供暖、热水两用式壁挂炉或简易供暖炉，其用水多为中性的自来水或井水，容易做到散热器的充水密闭保养。因此，各种散热器均可安装使用，没有条件限制。

6.3.4 散热器的片数计算

为了维持室内所需要的温度，应使散热器每小时放出热量等于供暖热负荷。在确定了散热器的型号后，所需的散热器散热面积可用下式计算：

$$F=\frac{q}{k(t_{\mathrm{p}}-t_{\mathrm{n}})}\beta_1\beta_2\beta_3 \tag{6-7}$$

式中 F——所需散热器散热面积，m^2；

q——供暖热负荷，W；

k——散热器传热系数，W/(kg·℃)；

t_{p}——散热器内热媒的平均温度,℃；

t_{n}——室内供暖计算温度,℃；

β_1——由于散热器组装片数的不同而引进的修正系数；

β_2——由于散热器连接形式的不同而引进的修正系数；

β_3——由于散热器安装方式的不同而引进的修正系数。

散热器内热媒的平均温度 t_p，在蒸汽供暖系统中等于送入散热器内蒸汽的饱和温度，在热水供暖系统中取散热器进水与出水温度的算术平均值。

散热器片数为：

$$n = F/f \tag{6-8}$$

式中　f——每片散热器散热面积，m^2。

显然，n 只能为整数，由此而增减的部分散热面积，对柱形散热器不应超过 $0.1m^2$；对于长翼形散热器可用大小搭配，最多也不应超过计算面积的 10%。

6.3.5　散热器布置

散热器设置在外墙窗下最为合理。因为经散热器加热后空气沿外窗上升，能阻止渗入的冷空气沿墙及外窗下降，使流经工作地区的空气比较暖和，给人以舒适的感觉。在要求不高的房间中散热器也可以内墙布置，这样布置可以减少干管的总长度。

一般情况下，散热器应敞露布置，这样散热效果好，易清灰。在有特殊要求的建筑中，为美观或安全（如采用高压蒸汽供暖的浴室）起见，散热器应加以围挡，进行装饰。

楼梯间内散热器应尽量设在底层，因为空气被加热后能自动上升，补偿上部热损失。为防止冻裂，在双层门的外室及门斗中不宜设散热器。

安装散热器时，带脚的可直立在地上，无脚的可用专门的托架挂在墙上，装埋托架应与土建同时进行。

6.3.6　辐射供暖

辐射供暖是利用建筑物内表面或辐射板，以热辐射的形式向室内供暖，是一种卫生条件和舒适标准都比较高的供暖方式。近年来，我国建筑供暖系统中，辐射供暖方式已逐步推广应用。

辐射供暖由于室内围护结构内表面温度比较高，从而减少了四周表面对人体的冷辐射。因此，具有较好的舒适感。辐射供暖与土建专业关系比较密切，不需要在室内布置散热器和连接散热器的支管、立管，所以较为美观，也便于布置家具，而且室内沿高度方向上的温度分布较均匀，温度梯度小，节约能量。

辐射供暖的形式较多，按辐射供暖表面温度可分为：低温辐射（表面温度在80℃以下）、中温辐射（表面温度在 80～200℃）、高温辐射（表面温度在 500～900℃）三种。根据辐射散热设备的不同构造，又可以分为单体式（块状、带状辐射板、红外线辐射器）和与建筑物构造相结合的辐射板式（顶棚式、墙面式和地板式等）。

目前，民用建筑多采用低温辐射供暖，通常在顶棚、地面或墙面埋管，埋管用盘管形状一般为蛇形管。近年来采用的新型塑料管、铝塑复合管等管材，耐腐蚀、承压高、不结垢、无毒性、易安装。

地面辐射供暖已广泛用于居住建筑和公共建筑。居住建筑采用低温地板辐射，可以取得良好的舒适效果，节约能耗，便于分户热计量。游泳馆、展览馆、宾馆等有高大空间的公共建筑，采用地面辐射供暖，可以克服房间温度梯度大、上热下冷的缺点。

6.3.7　暖风机

暖风机是由吸风口、风机、空气加热器和送风口等联合组成的通风供热联合机组，在风机作用下，室内空气由吸风口进入机组，经空气加热器加热，然后由送风口送至室内，来维持室内一定的温度要求。热风供暖是比较经济的供热方式之一，其对流散热几乎占100%，具有热惰性小、升温快的特点。

根据所用风机形式不同，暖风机分为轴流式和离心式，常称小型暖风机和大型暖风机。根据使用热媒不同，又分为蒸汽型、热水型、蒸汽热水两用型、冷热水两用型及电热型。

暖风机在使用时应注意，对于空气中含有燃烧危险的粉尘，产生易燃易爆气体和纤维未经处理的生产厂房，从安全角度考虑，不得采用再循环空气。另外，由于空气的热惰性小，车间内设置暖风机时一般还应适当设置一些散热器，以便在非工作班时间，关闭部分或全部暖风机，而由散热器维持车间所需的最低室内温度（5℃），即值班供暖。

6.4　供暖管网的布置和敷设

本节可根据课时安排，列入选学内容，详见教材电子版附件（内含图6-21～图6-23）。

6.5　热源

6.5.1　锅炉房

锅炉房是城市供暖中最常见的一种热源。

1）锅炉类型

（1）按热媒种类分：热水锅炉、蒸汽锅炉。

（2）按压力分：高压锅炉（蒸汽压力大于70kPa，热水温度高于115℃）、常压锅炉。对于高压锅炉除了有环保要求之外，还有安全要求。

（3）按安装方式分：快装锅炉、散装锅炉。一般的中小型锅炉，由锅炉厂生产后，运到锅炉房安装就位，称为快装锅炉。大型锅炉由于无法运输，只能在锅炉房现场制作。

（4）按燃料类型分：燃煤锅炉、燃油锅炉、燃气锅炉、电锅炉等，常用的是燃煤锅炉。但各地各城市由于环保要求，能源结构形式、建设场地等原因，可能会采用后几种锅炉，电锅炉主要供生活用热水供应。

（5）燃煤锅炉中按燃烧方式分：层燃炉、链条炉、沸腾炉。层燃炉炉温变化大，劳动强度高，但设备简单，常用于小型锅炉（如茶水炉）。中、大型锅炉主要为链条炉。

2）锅炉的基本参数

（1）蒸发量（产热量）：锅炉每小时的蒸汽或热量产量。蒸汽锅炉用蒸发量（t/h）表示，热水锅炉常用产热量（MW）表示，也可折算成蒸发量表示。

（2）温度，压力：蒸汽锅炉用压力表示，热水锅炉则用供回水温度表示。

（3）热效率：被蒸汽或热水吸收的热量与燃料应放出的热量之比。小型燃煤锅炉的热效率约为50％～60％。一般来说，锅炉越大，热效率越高。

3）燃煤锅炉房的选址

（1）锅炉房位置应尽量靠近供暖建筑的中央或靠近热负荷集中的地方，以减少供热半径，有助于各支路阻力平衡，减少热量损失。

（2）便于燃料储存，灰渣排除，有足够的堆放场地，交通方便，有扩建可能。

（3）应尽量减少烟尘对环境的影响，一般应位于冬季主导风向的下风向。并注意噪声的影响。

（4）应尽量设在供热区标高较低的地方，以便于室外管网敷设。

（5）应符合卫生标准，防火规范，安全规程的规定。

燃油、燃气锅炉由于燃料类型不同，对锅炉房位置确定原则也略有不同。

4）锅炉房土建设计要求

（1）应符合工艺布置的要求。

（2）应有安全可靠的进出口，锅炉间的门向外开，生活间的门向锅炉房开。总长超过12m的单层锅炉间应有两个单独的出口。

（3）平面布置和建筑设计时要考虑扩建的可能性，因而应将辅助间设在锅炉间的一侧。

（4）应设有通过最大搬运件的安装孔，对经常维修的设备要考虑起吊的可能性。

（5）地面应高出室外至少150mm，以利于排除室内积水。

（6）锅炉房外墙的开窗面积应满足通风、泄压、采光的要求，泄压面积不小于锅炉间占地面积的10％。锅炉正面应尽量朝向窗户。

（7）锅炉应设在单独的基础上。

（8）除安装锅炉外，还应合理地布置风机、水泵等设备及厕所、浴室、休息室等。

6.5.2　其他热源类型简介

其他常见热源还有以下几种。

1）热电厂

在火力发电过程中，高压蒸汽进入汽轮机组做功，使汽轮机旋转，做完功的蒸汽（乏汽）经冷凝器变为凝结水后再回到锅炉。如果在蒸汽没有完全做完功时（尚有较高压力时），将其取出送至热用户。这种既发电又供热的电厂称为热电厂。

这种热电联产方式由于减少了电厂冷凝过程的热损失，热能利用的综合效率得以提高，从而使得热电厂作为城市热源成为可能。目前，随着电力部门的改造，北方很多城市和工业园区都有以热电厂为热源的区域供热系统。

2）工业余热、废热

在工业生产中，可能需要大量的热能，或者在生产过程中会产生大量热能，如果能加以利用，将会是一种非常好的节能方式。余热废热资源最多的行业是冶金行业和化工行业。

3）地热资源

地热能是地球中的天然热能，根据所获得地热资源情况，可用于发电、供暖和生活用热水。用于供暖的地热资源多为温度较高的热水。

4）城市垃圾焚烧

城市垃圾处理方式包括回收、填埋和焚烧等。随着城市垃圾强制分类的推进，焚烧已经成为主要处理方式，把焚烧过程中所产生的热能用于城市供热，是一件一举两得的好事。

5）太阳能利用

太阳能取之不尽、用之不竭，无需运输，清洁无污染。太阳能利用大致可分为主动式（如太阳能热水器，太阳灶等）和被动式（如被动式太阳房）两种。被动式太阳房详见第 14 章 14.5 节。

利用太阳能的主动式采暖方式（如图 6-24 所示），解决建筑单体的取暖供热量。主动式太阳能供热系统包括三个环路：集热环路（集热器收集的热量通过集热环路，存储在蓄热水箱中）；生活热水供应环路；采暖环路。同时采用其他辅助供热设备加热。水作为蓄热介质，集热环路采用强制循环倒空式运行方式。

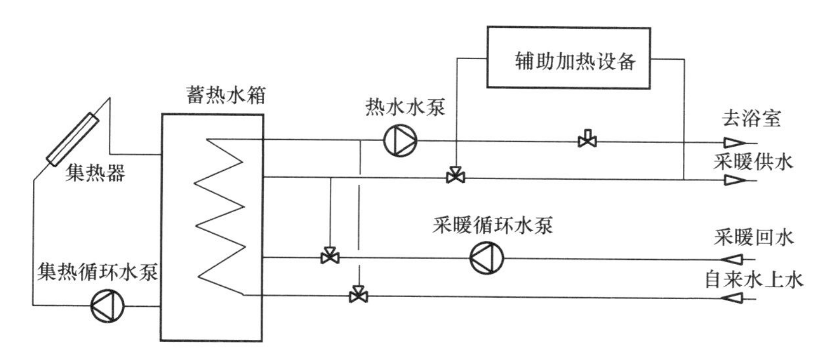

图 6-24　主动式太阳能采暖方式

6.5.3　热交换站

区域供热热源为热电厂或大型锅炉房，供热范围大，热媒参数很高，一般先通过一次热力管网送至各个热交换站，再通过二次热力网供给用户热能。

对于小区或大型建筑来说，它们是城市供热系统的一个热用户，由于室外热网单一的热媒种类和热媒参数不可能与各用户的要求一致，因此也需要有一套与外网连接的热力引入口（热交换站），将热媒参数加以改变。

热交换站内主要设备有热交换器，水泵、软化水设备，水箱等。由于热交换站无环保、安全等特殊要求，因此可以布置在建筑内部（一般布置在地下层，同时注意噪声的影响）。

热交换站建筑面积应根据换热量大小而定，一般在 $100m^2$ 左右，净高一般不小于 5m。在地下层设热交换站时应注意通风、排水等问题。

按热交换站接入的城市一次热力网热媒不同，有以下两种连接方式：

1）与热水管网连接

图 6-25 中，（a）为直接连接，要求所需压力，温度与外网热媒参数相同；（b）为用混水器连接，当热网热媒温度过高时采用；（c）为加压连接，也用于热网热媒温度过高时；（d）是间接连接，当热网热媒压力过高时，通过水—水加热器将供暖系统与外网隔开；（e）（f）为与热水供应系统连接。

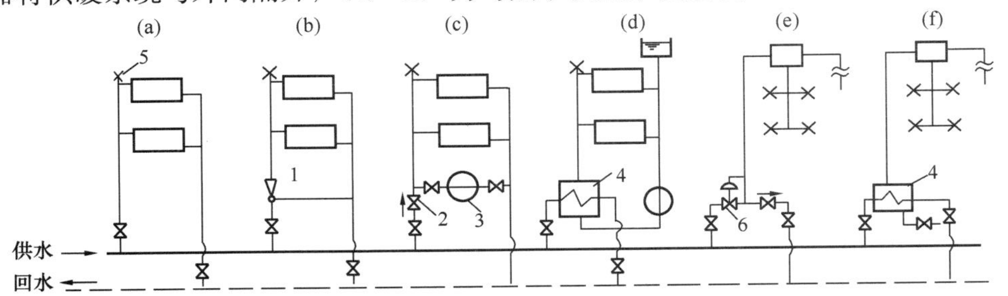

图 6-25　热用户与热水热力管网连接

1—混水器；2—止回阀；3—水泵；4—换热器；5—排气阀；6—温度调节器

2）与蒸汽管网连接

图 6-26 中，（a）为与蒸汽供暖系统连接，通过减压阀减压；（b）为与热水供暖系统连接，通过汽—水热交换器间接连接；（c）为与热水供应系统连接。

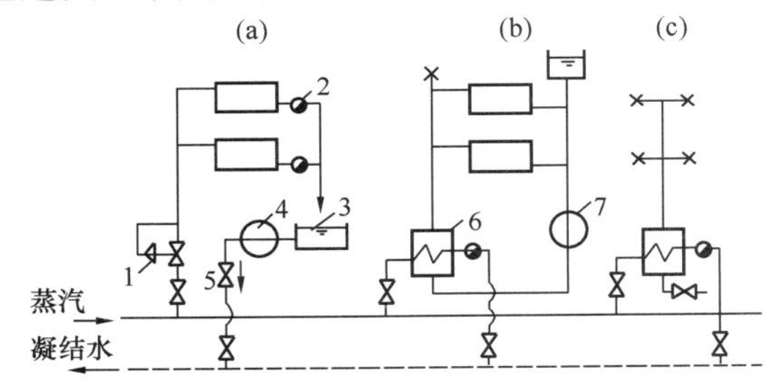

图 6-26　热用户与蒸汽热力管网连接

1—减压阀；2—疏水器；3—凝结水箱；4—凝结水泵；5—止回阀；6—热交换器；7—循环水泵

本章思考题：

1. 热水供暖系统和蒸汽供暖系统各有什么优缺点？为什么民用建筑多采用热水供暖系统？

2. 地板辐射供暖比传统的散热器有哪些优势？

3. 热交换站的作用是什么？对土建有何要求？

4. 实际工程中，建筑供暖热负荷如何估算？为什么单位建筑面积热指标的取值未体现出建筑所在地的气候差异？

5. 燃煤锅炉房的选址要点有哪些？

第7章　通风

7.1　建筑通风概述

7.1.1　通风的任务

许多工业厂房内，伴随工艺过程会释放出大量余热、余湿、各种工业粉尘及有害气体和有害蒸汽等工业有害物。如不采取防护措施，会恶化空气环境，危害工人健康，甚至损坏设备，而大量粉尘和有害气体排入大气，又会污染大气，因此必须采取通风措施，这样的通风为“工业通风”。早期的通风主要针对工业通风。近年来随着民用建筑的标准日益提高，对室内空气环境要求也越来越高，通风也逐渐延伸到民用建筑，统称为“建筑通风”。

通风的任务是把室内被污染的空气直接或净化后排到室外，把室外的新鲜空气送入室内，以保持室内空气符合卫生标准或满足生产工艺的需要。

通风包括从室内排除污浊的空气和向室内补充新鲜空气。前者称为排风，后者称为送风。为完成排风和送风所采用的一系列设备组成通风系统。

对于一般的民用建筑或污染轻微的小型厂房，只需采用一些简单措施，如利用门窗换气、设电风扇等。

7.1.2　通风的分类

(1) 按通风系统作用范围不同，可分为局部通风和全面通风。

(2) 按通风系统的工作动力分为自然通风和机械通风。

(3) 按通风系统的工作性质分为工作通风和事故通风。

建筑设计中，一般更关注全面通风和自然通风。

7.1.3　通风的发展

建筑通风的发展历史，主要通风方式从自然通风为主转变为机械通风为主；通风对象由整个建筑空间转变为以呼吸区为主；通风控制由对整个系统进行简单的启停操作转变为根据控制目标的需要进行局部或整体的“按需求”控制；相应地，建筑围护结构的主要形式由“通透”型转变为“密闭”型。展望建筑通风的发展未来，通风与热过程部分分离将成为一种发展趋势；透过新型建材的“渗透风”的影响将受到重视，并与机械通风相结合；通风以微环境为主要对象以满足个性化的需要。

7.2　全面通风

全面通风是对整个车间或房间进行通风换气，以降低室内温、湿度和稀释有害物的浓度，使室内空气环境符合卫生标准。通常由于房间的条件限制，或有害物源不固定等原因，不能采用局部排风，在这种情况下采用全面通风。

7.2.1　有害物的来源

在民用建筑中，使空气环境恶化的主要原因是夏季太阳辐射和冬季室外低温，人体、电气设备等散出的余热、余湿和其他有害物质。

工业建筑的有害物主要是在生产过程中，由各种设备和工艺过程中放散的，其性质和数量取决于生产的性质、规模和工艺条件等。

7.2.2　全面通风量的确定

全面通风量是指为了改变空气的温、湿度或稀释有害物质的浓度以使作业地带的空气环境符合卫生标准所必需的换气量。一般可按下列公式计算：

1）为消除余热所需的通风量

$$G = \frac{Q}{c(t_p - t_s)} \quad (\text{kg/s})$$

或

$$L = \frac{Q}{c\rho(t_p - t_s)} \quad (\text{m}^3/\text{s}) \tag{7-1}$$

式中　Q——室内余热（指显热）量，kJ/s；

t_p及t_s——排风及送风温度，℃；

c——空气的定压比热，可取c=1.01kJ/(kg·℃)；

ρ——空气的密度，可按下式近似确定：

$$\rho = \frac{1.293}{1+\frac{1}{273}t} \approx \frac{353}{T} \quad (\text{kg/m}^3) \tag{7-2}$$

式中　1.293kg/m^3——0℃时干空气的密度；

t及T——空气的摄氏温度（℃）及绝对温度（K）。

2）为排除余湿所需的通风量

$$L = \frac{W}{\rho(d_p - d_s)} \quad (\text{m}^3/\text{s}) \tag{7-3}$$

式中　W——余湿量，g/s；

d_p及d_s——排风及送风的含湿量，g/kg干空气。

3）为排除有害气体所需的通风量

$$L = \frac{Z}{y_p - y_s} \quad (\text{m}^3/\text{s}) \tag{7-4}$$

式中　Z——散入车间的某种有害气体量，mg/s；

y_p——排风中含有该种有害气体的浓度，一般取卫生标准中规定的最高容许浓度，mg/m³；

y_s——送风中含有该种有害气体的浓度，mg/m³。

按卫生标准规定，当有数种溶剂（苯及其同类物或醇类或醋酸酯类）的蒸汽，或数种刺激性气体（三氧化硫及二氧化硫或氟化氢及其盐类等）同时放散于空气中时，全面通风量应按各种气体分别稀释到最高允许浓度所需要的空气量的总和计算；其他有害气体同时放散于空气中时，通风量仅按其中所需最大的换气量计算。

显然，当车间内同时放射有害气体以及余热和余湿时，全面通风量应按其中所需最大的通风量计算。

对于一般的民用建筑，全面通风量可按“换气次数”来估算。部分建筑房间的最小换气次数如表7-1所示。换气次数 n 是指通风量 L（m³/h）与房间体积 V（m³）的比值。

因此通风量为：

$$L = n \cdot V(\mathrm{m^3/h}) \tag{7-5}$$

居住及公共建筑的最小换气次数　　表7-1

房间名称	换气次数（次/h）	房间名称	换气次数（次/h）
住宅宿舍的居室	1.0	厨房的贮藏室（米、面）	0.5
住宅宿舍的盥洗室	0.5～1.0	托幼的厕所	5.0
住宅宿舍的浴室	1.0～3.0	托幼的浴室	1.5
住宅的厨房	3.0	托幼的盥洗室	2.0
食堂的厨房	1.0	学校礼堂	1.5

7.2.3　气流组织及排送风方式

全面通风的效果不仅与通风量有关，而且与气流组织有关。合理的气流组织应当是先将进风送至人的工作位置，然后经过有害物源排至室外图7-1（a）。如果像图7-1（b）那样组织气流流线，则工作区的空气会比较污浊，是不合理的。

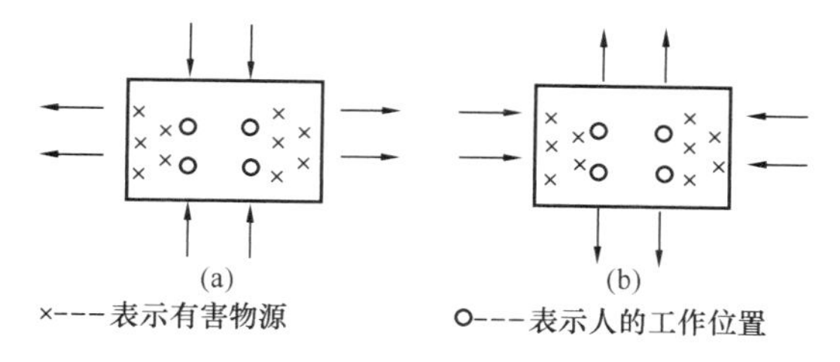

图7-1　气流组织方案

通风房间的气流组织一般应尽量满足以下要求：

（1）新鲜空气首先经过工作区或人体活动区、呼吸区。

（2）被污染空气尽快排到室外，并避免有害气体向室内扩散。

（3）尽量与原有气流运动方向一致，以减少通风动力。如热车间，排风口一般位于车间上方。

（4）避免出现死角，以防止房间内局部地点有害物浓度超标。

7.2.4　空气平衡

在任何通风房间，无论采用何种通风方式，单位时间内的进风量应等于排风量，此时室内空气平衡，即：

$$G_{zs}+G_{js}=G_{zp}+G_{jp} \tag{7-6}$$

式中　G_{zs}——自然进风量（kg/h）；

G_{js}——机械进风量（kg/h）；

G_{zp}——自然排风量（kg/h）；

G_{jp}——机械排风量（kg/h）。

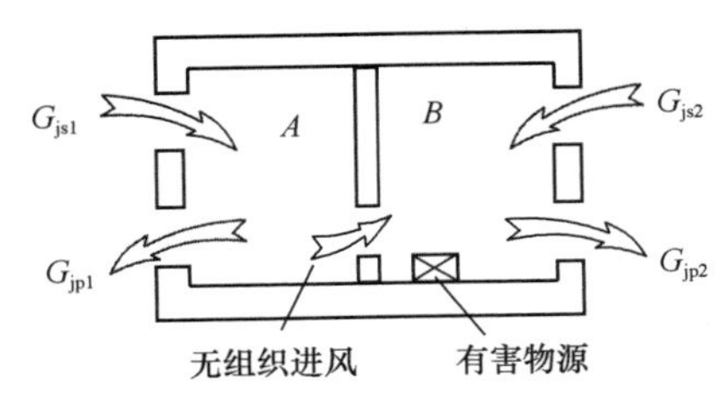

图 7-2　空气平衡示意图

如果机械进、排风量不等，则会改变室内的压力，就会有一部分风从门窗或缝隙渗入或渗出，达到一个新的平衡，这部分风叫无组织进风或无组织排风。

在设计中，有时会有目的地利用无组织进风或排风（图 7-2），当 A 间要求较高的清洁度，而 B 间有有害物产生时，为防止 B 的有害气体进入 A，可让 A 的 G_{js}大于 G_{jp}，使室内保持正压（如空调房间、建筑防烟等）。而 B 间则 G_{js}小于 G_{jp}，使室内保持负压（如建筑排烟等），这样空气就只会从 A 流入 B。

7.3　自然通风

7.3.1　自然通风的成因

自然通风是指利用自然手段（热压、风压等）来促进室内空气流动而进行的通风换气方式。它最大的特点是不消耗动力，因而是一种节能、经济的通风方式。良好的通风可以把新鲜空气带入室内，带走进入室内的热量，还可以促进人体的汗液蒸发降温，使人感到舒适。因此，自然通风作为一项重要的被动式设计方法被广泛应用于生态建筑或绿色建筑设计中。

自然通风主要依靠室内外风压或者热压的差值作为动力来促使室内外空气交换。如果建筑物外墙上的通风口两侧存在压力差，就会有空气流过。

1）热压作用下的自然通风

当较重的冷空气从进风口进入室内后，吸收了室内的热量后变成较轻的热空气上升从出风口排出室外，不断流入的冷空气在室内被加热后从建筑物的上部出风口排出就形成了室内自然通风，这称为热压通风（图 7-3）。

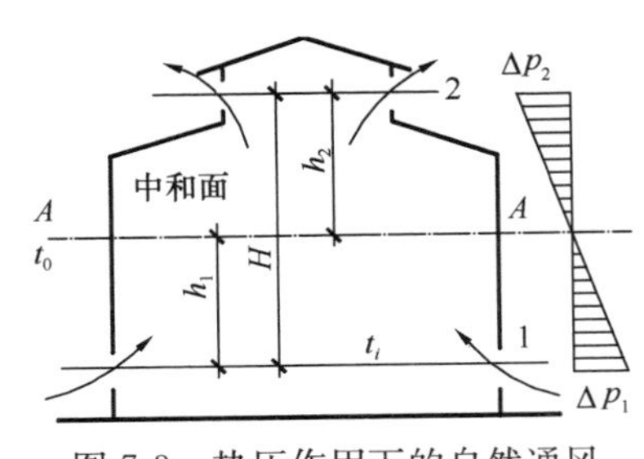

图 7-3　热压作用下的自然通风

热压的大小取决室内外空气温差所形成的空气密度差，以及进出风口的高差，其计算公式如下：

$$p_t=gh(\rho_e-\rho_i) \tag{7-7}$$

式中　p_t——热压，Pa；

h——进出风口中心线的高差，m；

ρ_i、ρ_e——室内、室外的空气密度，kg/m^3。

如果是一个多层建筑，设室内空气温度高于室外空气温度，则室外空气从下层房间的外门窗缝或开启的洞口进入室内，经内门窗缝或开启的洞口进入楼内的垂直通道（如楼梯间、电梯井、上下连通的中庭等），并向上流动；再经过上层的内门窗缝或开启的洞口和外墙的窗、开启的洞口排出室外，这就形成了多层建筑物在热压作用下的自然通风。应该指出，多层建筑中的热压是指室外空气温度与垂直通道中的空气温度差形成的。

热压作用产生的通风效应通常被称为“烟囱效应（Stack effect）”。烟囱效应的强度与建筑高度和室内外空气温度有关。建筑物愈高，烟囱效应愈强烈。但是，建筑物内部没有烟囱（竖向通道），也就没有烟囱效应。比如，外廊式多层建筑在建筑内部没有竖向通道，也就没有烟囱效应，其每一层热压通风与单层建筑没有本质区别。

2）风压作用下的自然通风

当风吹向建筑物时，由于空气流动受阻，风速降低，使风的部分动能变为静压，作用在建筑物的迎风面上，因而使迎风面上所受到的压力大于大气压，从而在迎风面上形成正压区。风受到迎风面的阻挡后，从建筑物的屋顶及两侧快速绕流过去。绕流作用增加的风速使建筑物屋顶、两侧及背风面受到的压力小于大气压，形成负压区（图7-4）。如果建筑物上设有开口，气流就会从正压区流入室内，再从室内流向负压区，这就形成了风压通风。风压的计算公式如下：

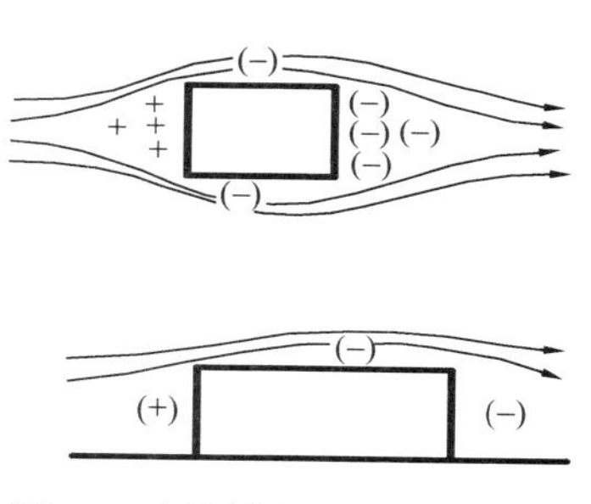

图7-4　风压作用下的自然通风

$$p_v = K\frac{v^2\rho}{2} \tag{7-8}$$

式中　p_v——风压，Pa；

v——风速，m/s；

ρ——空气密度，kg/m^3；

K——空气动力系数，K 的绝对值在 0～1 之间。

空气动力系数 K 可正可负，K 为正值表示该处的压力比大气压高了 p_v；反之，K 为负值表示该处的压力比大气压减少了 p_v。矩形建筑迎风面 K 值在 0.5～0.9 之间；背风面 K 值在－0.3～－0.6 之间。

3）热压与风压共同作用下的自然通风

一般情况下，室内自然通风的形成，既有热压通风的因素，也有风压通风的原因。热压与风压共同作用下的自然通风可以认为是它们的代数叠加。在热压与风压共同作用下，如果室内空气温度大于室外空气温度，则下层迎风面进风量增加，上层背风面排风量加大。实测和原理分析表明，对于高层建筑，在冬季时，即使风速很大，上层的迎风面房间仍是排风的。

由于室外风速和风向是多变的，由风压引起的自然通风的不确定因素很多，因此，相关规范规定，在实际计算时仅考虑热压的作用，风压一般不考虑。但是，必须定性地考虑风压对自然通风的影响。

自然通风的通风量则主要取决于风压和室内外温差的大小。尽管室外气象条件复杂、多变，但是，我们可以通过精心的建筑设计使得通风量基本满足预定的要求。

7.3.2　自然通风形式与特点

1）自然通风的形式

自然通风的实现是灵活多样的，但是，通常自然通风可以分为以下几种形式：

（1）穿堂风

一般来说主要指房间的入口和出口相对，自然风能够直接从入口进入，通过整个房间后从出口出去，如果进、出口间有隔断，这种风就会被阻挡，通风效果大打折扣。一般来说，进出口间的距离应该是屋顶高度的 2.5～5 倍。

关于自然通风设计，在国外的文献中，有“Cross Ventilation”之说，而在国内有“穿堂风”之说。应该指出，这两个概念不尽相同：“Cross Ventilation”通常理解为贯通式自然通风，即进出风口在对应的两面侧墙上；而穿堂风一般理解为进风口直对着出风口。显然穿堂风可以理解为“Cross Ventilation”的一种。

（2）单面通风

当自然风的入口和出口在建筑的一个面的时候，这种通风方式被称为单面通风，单面通风有三种情况，即主要依靠空气的湍流脉动来进行室内外空气交换、主要依靠热压或风压来进行室内外空气交换和由于室内各部分之间的空隙引起的穿堂风。

（3）被动风井通风

被动风井（烟囱）通风系统已被广泛应用于斯堪的纳维亚半岛的很多建筑中，通常用于排出比较潮湿的房间中的湿空气，也可用于改善室内空气品质。通过烟囱的气流被热压和风压共同驱动。

在每个需要排风的房间中都需要一个独立的风井以防止交叉感染，必须给补充空气留有进口，风井的最后出口应该处于室外的负压区。

（4）中厅通风

目前在某些公共建筑中，中厅是一种常见的建筑空间，可以用中厅作为风井来实现自然通风。中厅中气流组织一般比较复杂，可用 CFD 技术来预测气流流动。

（5）双层皮（double-skin）通风

双层玻璃幕墙作为一种近来较为流行的建筑手法，也是一种强化自然通风的手段。双层玻璃之间留有较大的空间，常被称为“会呼吸的皮肤”。在冬季，双层玻璃间层形成阳光温室，提高建筑围护结构表面温度；在夏季，可利用烟囱效应在间层内通风。CFD模拟结果表明，该结构可大大减少建筑冷负荷，提高自然通风效率。

2）自然通风的优缺点

一般说来，在室外气象条件和噪声符合要求的条件下，自然通风可以应用于以下的建筑中：低层建筑、中小尺寸的办公室、学校、住宅、仓库、轻工业厂房以及简易的养殖场。

自然通风的主要优点有：

（1）对于温带气候的很多类型建筑都适用；

（2）比机械通风经济；

（3）如果开口数量足够、位置合适、空气流量会较大；

（4）不需要专门的机房；

（5）不需要专门的维护。

自然通风的主要缺点有：

（1）通风量往往难以控制，因此可能会导致室内空气品质达不到预期的要求和过量的热损失；

（2）在大而深的多房间建筑中，自然通风难以保证新风的充分输入和平衡分配；

（3）在噪声和污染比较严重的地区，自然通风不适用；

（4）一些自然通风的设计可能会带来安全隐患，应预先采取措施；

（5）不适用恶劣气候环境的地区；

（6）往往需要居住者自己调整风口来满足需要，比较麻烦；

（7）目前的自然通风很少对进口空气进行过滤和净化；

（8）风道需要比较大的空间，经常受到建筑形式的限制。

7.4　通风系统的主要设备

本节可根据课时安排，列入选学内容，详见教材电子版附件（内含图7-5～图7-12，表7-2，公式7-9）。

7.5　民用建筑中常用的通风系统

7.5.1　建筑防排烟

防排烟系统是建筑消防体系中一个重要组成部分。它是防烟系统和排烟系统的总称。防烟一般采用机械加压送风方式或自然通风方式，防止烟气进入某些区域；排烟则采用机械排风方式或自然通风方式，将烟气排至建筑物外。

1）烟气的危害

火灾发生时，物质燃烧所生成的气体、水蒸气及固体微粒等被称为燃烧产物。其中能被人所看到的部分叫作烟。但是实际上不可见气体也与之混合在一起，所以通常把燃烧产物中可见和不可见部分的混合物统称“烟气”。

烟气对人体的危害很大。国内外建筑火灾死亡人数统计资料表明，火灾伤亡大部分是由于烟气中毒或是窒息引起的。烟气中的一氧化碳对人体毒害最大，不同浓度时对人体的影响程度如表 7-3 所示。

一氧化碳对人体影响程度表　　　　**表 7-3**

一氧化碳含量（%）	对人体影响程度
0.01	数小时对人体影响不大
0.05	1 小时对人体影响不大
0.1	1 小时后头痛、不舒服、呕吐
0.5	引起剧烈头晕，经 20～30min 有死亡的危险
1.0	呼吸数次失去知觉，经 1～2min 即可能死亡

为了保证火灾初期建筑物内人员的疏散和消防人员的扑救，在高层民用建筑设计中，不仅需要设计完整的消防系统，而且必须慎重研究和处理防烟排烟问题。

高层民用建筑的防烟排烟设计应与建筑设计、防火设计和通风及空气调节设计同时进行，建筑与暖通专业设计人员应密切配合，根据建筑物用途、平立面组成、单元组合、可燃物数量以及室外气象条件的影响等因素综合考虑，确定经济、合理的防烟排烟设计方案。

2）建筑需设防烟、排烟的部位

《建筑设计防火规范》GB 50016—2014（2018 年版）规定，防烟楼梯间及其前室、消防电梯间前室或合用前室、避难走道的前室或避难层（间）等部位需设置防烟设施。

民用建筑的下列场所或部位应设置排烟设施：

（1）中庭；

（2）公共建筑内建筑面积大于 $100m^2$，且经常有人停留的地上房间；

（3）公共建筑内建筑面积大于 $300m^2$，且可燃物较多的地上房间；

（4）建筑内长度大于 20m 的疏散走道。

此外，地下或半地下建筑（室）、地上建筑内的无窗房间，建筑面积较大，且经常有人停留或可燃物较多时，也应设置排烟设施。

3）防烟排烟方式

（1）自然排烟

自然排烟是利用火灾时室内热气流的浮力或室外风力的作用，与室外相邻的阳台、凹廊窗户或专用排烟口将室内烟气排出，如图 7-13 所示。

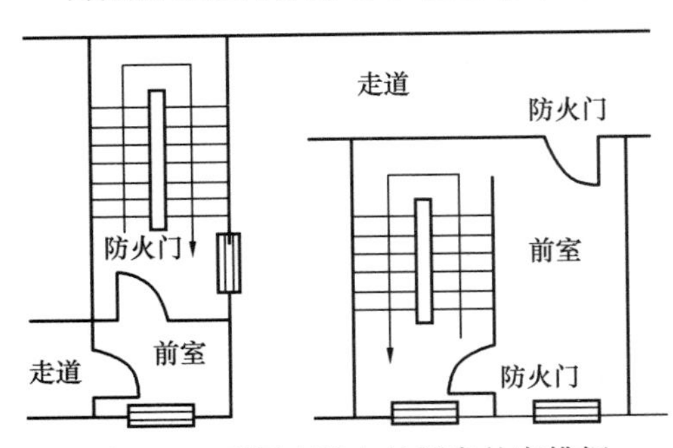

图 7-13　利用直接向外开启的窗排烟

排烟窗的开窗面积可按如下参数选择：

a. 防烟楼梯前室、消防电梯前室不小于 $2.0m^2$；合用前室不小于 $3.0m^2$；

b. 靠外墙的防烟楼梯间每五层可开启外窗的总面积之和不应小于 $2.0m^2$；

c. 长度不超过 60m 的内走道可开启外窗面积不应小于走道面积 2%；

d. 需排烟的房间，可开启外窗面积不应小于该房间面积 2%；

e. 净空高度小于 12m 的中庭，可开启的天窗或高侧窗的面积不应小于该中庭地板面积的 5%。

排烟窗一般应设置在房间的上方，并应有方便开启的装置。

对于无窗房间、内走道或外墙无法开窗的前室可设排烟竖井进行排烟。排烟竖井排烟的作用力是依靠室内火灾时产生的热压和风压形成烟囱效应，进行有组织的排烟（排烟口与排烟竖井直接连接，各层应设自动或手动装置控制排烟口），由于排烟竖井和进风竖井所占的面积比较大，降低了建筑的使用面积。因此，近几年来这种排烟方式已很少被采用。

在进行自然排烟设计时，自然排烟的排烟口的面积一般为地板面积的 1/50。自然排烟不使用动力，结构简单。但是，自然排烟容易受到室外风力的影响，当火灾房间处在迎风侧时，由于排烟口受风压的作用，烟气很难排出。此时若在建筑物背风面的房间开口，烟气还会流回并充满房间。

（2）机械防烟

机械防烟是利用送风系统，在高层建筑的垂直疏散通道，如防烟楼梯间、前室、合用前室及封闭的避难层等部位，进行机械送风和加压，使上述部位室内空气压力值处于相对正压，阻止烟气进入，以便人们进行安全疏散和扑救。这种防烟设施系统简单、安全，近年来在高层建筑的防排烟设计中得到了广泛的应用。

机械加压送风系统由加压送风机、送风道、送风口及其自控装置等部分组成。

各部位要求的正压值为：防烟楼梯间要求的正压值为 40～50Pa；前室、合用前室、消防电梯间前室、封闭避难层（间）为 25～30Pa。

不同部位确定加压送风系统风量的取值范围可参考表 7-4。

加压送风控制风量　　　　**表 7-4**

序号	机械加压送风部位		风量（m^3/h）	
			系统负担层数<20 层	系统负担层数 20～32 层
1	仅对防烟楼梯间加压（前室不送风）		25000～30000	35000～40000
2	对防烟楼梯间及其前室分别加压	楼梯间	14000～18000	18000～24000
		前室	10000～14000	14000～20000
3	对防烟楼梯间及其合用前室分别加压	楼梯间	16000～20000	20000～25000
		合用前室	12000～16000	18000～22000
4	仅对消防电梯前室加压		15000～20000	22000～27000
5	仅对前室及合用前室加压（楼梯间自然排烟）		22000～27000	28000～32000
6	对全封闭的避难层（间）加压		按避难层（间）净面积每 m^2 不小于 $30m^3/h$ 确定	

注：表中 1～5 按每个加压间为一樘双扇门计，当为单扇门时，表中风量乘以 0.75；当有双樘双扇门时，风量乘以 1.5～1.75。建筑层数超过 32 层时，宜分段设置加压送风系统。

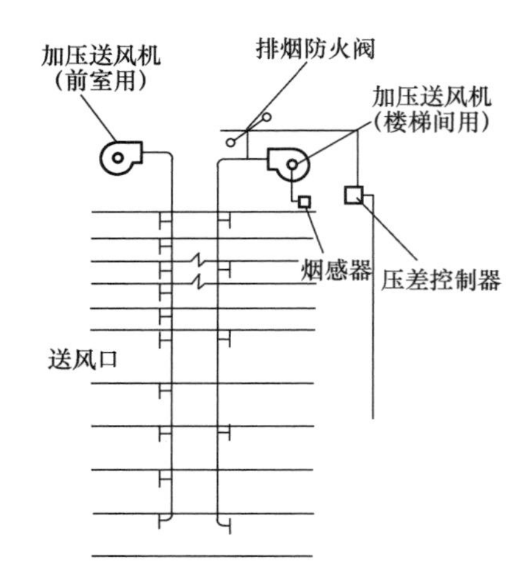

图 7-14　机械加压送风系统

风量上、下限的取值应根据楼层数、风道材料、防火门的漏风量等因素综合比较确定。剪刀楼梯间可合用一个风道，其风量按两个楼梯间的风量来计算，送风口应分别设置。

防烟楼梯间的加压送风口宜每隔 2～3 层设一个风口。风口采用自垂式百叶风口或常开式风口。当采用常开风口时，应在加压风机的压出管上设置止回阀，如图 7-14 所示。

前室或合用前室的送风口应每层设置。如风口为常闭型时，发生火灾只开启着火层的风口。风口应设手动或自动开启装置，并应有与加压风机启动连锁装置，手动开启装置宜设在距地 0.8～1.5m 处；如风口为常开百叶风口时，应在加压风机的压出管上设止回阀。

加压空气的排出，可通过走廊或房间的外窗、竖井等自然排出，也可以通过走廊的机械排烟装置排出。

加压送风管道应采用密实而不漏风的非燃烧材料。采用金属风道时，其风速不应大于 20m/s；采用非金属风道时，其风速不应大于 15m/s。

加压送风机可采用轴流风机或中、低压的离心风机。风机位置应根据供电条件、风量分配均衡、新风入口不受火、烟威胁等因素确定。加压送风机必须从室外吸气，进气口应远离排烟口，以保证进气的清洁。进气口的位置应低于排烟口和其他排气口。

加压送风系统的控制方式一般由消防控制中心远距离控制和就地控制两种形式相结合。消防控制中心设有自动和手动两套集中控制装置，当大楼某部位发生火灾时，通过火灾报警系统将火情传至消防控制中心，随即通过远程控制系统（自动或手动）控制，开启加压送风口，同时开启送风机。

（3）机械排烟

机械排烟使用排烟风机进行强制排烟。机械排烟系统由排烟口、防火排烟阀、排烟管道、排烟风机和排烟出口等部位组成，如图 7-15 所示。

走道排烟是根据自然通风条件和走道长度来划分。根据高层建筑层数多，建筑高度高的特点，为保证排烟系统的可靠性。走道的排烟一般设计成竖向排烟系统，即在建筑物内靠近走道的适当位置设置竖向排烟管道，每层靠近顶棚的位置设置排烟口。

房间排烟系统宜按防烟分区设置。当需要排烟的房间较多且竖向布置有困难时可将几个房间组成一个排烟系统，每个房间设排烟口，即为水平式排烟系统（图 7-16）。

排烟系统排烟量的确定，与建筑防烟分区的划分、排烟系统的部位等因素有关。走道和房间的排烟量可参考表 7-5。

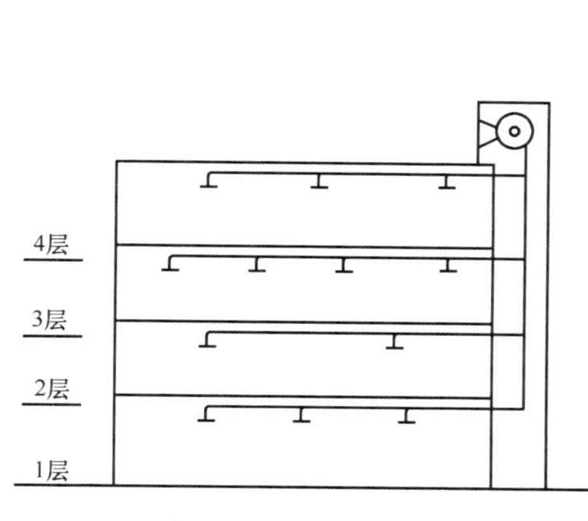

图 7-15　机械排烟系统

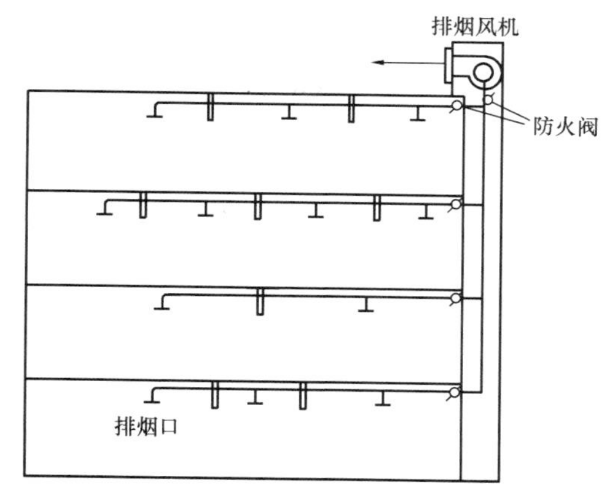

图 7-16　房间水平式排烟系统

走道和房间的排烟量　　**表 7-5**

负担防烟分区个数	排烟量标准
负担一个防烟分区或房间净高大于 6.0m 时	该防烟分区面积每 m^2 不小于 $60m^3/h$
负责两个或两个以上防烟分区时	按最大一个防烟分区面积每 m^2 不小于 $120m^3/h$

在防排烟设计中，选择和布置排烟口、送风口、排烟竖井的位置时，应以保证人员安全疏散和气流组织合理为前提，必须使进入前室的烟气能及时排出，避免受送风气流的干扰。排烟口宜设置在防烟分区中心部位，至该防烟分区最远点的水平距离不应超过 30m。排烟口可以设置在顶棚上，也可以设置在靠近顶棚的墙面上，但排烟口必须距顶棚高度 800mm 以内。如果室内净高超过 3.0m，则排烟口可设在距地面 2.1m 以上的高度上。为防止顶部排烟口处的烟气溢流，在排烟口一侧的上部设防烟幕墙，排烟口的面积可根据排烟系统的排烟量、排烟速度（$v\leqslant10m/s$）计算确定。排烟口平时关闭，当火灾发生时仅开启着火层的排烟口，排烟口应设有手动、自动开启装置，手动开启装置的操作部位应设置在距地面 0.8～1.5m 处。排烟口和排烟阀应与排烟风机联锁，当任一排烟口或排烟阀开启时，排烟风机即能启动。

排烟管道材料宜采用镀锌钢板或冷轧钢板，也可采用混凝土或石棉制品。安装在吊顶内的排烟管道应以非燃材料作为保温，并应与可燃物保持不小于 150mm 的距离。排烟管道的钢板厚度不应小于 1.0mm。

烟气排出口宜采用 1.5mm 厚的钢板或具有相同耐火等级的材料制作。

烟气排出口的位置，应根据建筑物所处的条件（风向、风速、周围的建筑物以及道路状况等）来考虑。既不能使排出的烟气直接吹到其他建筑物上，也不能妨碍人员避难和扑救火情的进行，更不能使排出的烟气再被通风或空调设备吸入。此外，必须避开有燃烧危险的部位。当烟气排出口设在室外时，应考虑有防止雨水、虫鸟等侵入的措施，并要求在排烟时坚固而不脱落。

排烟风机可采用普通钢制离心风机或专用排烟轴流风机，并应在风机入口总管及支管上安装 280℃时能自动关闭的阀门。

排烟风机设置在排烟系统最高排烟口的上部，风机外壳与墙壁或其他设备间的距离不应小于600mm，风机应设置在混凝土或型钢基础上，风机应有备用电源，并能自动切换。

7.5.2　地下人防通风

地下人民防空工程为满足人员掩蔽时的需求，要求设置人防通风。

由于人防通风只在战时使用，因此，人防通风设计必须确保战时防护要求，同时也应尽量满足平时的使用要求。当平时使用要求与战时防护要求不一致时，应采用平战功能转换措施。

（1）通风方式

医疗救护工程、专业队队员掩蔽部和人员掩蔽所的战时通风方式，包括清洁通风、滤毒通风和隔绝通风。各类工程的战时人员新风量应按表7-6采用。

战时人员新风量标准［$m^3/(人\cdot h)$］　　**表7-6**

工程类别	清洁通风	滤毒通风
医疗救护工程	15～20	3～5
专业队队员掩蔽部、一等人员掩蔽所	10～15	3～4
二等人员掩蔽所	5～7	2～3

隔绝防护时间及隔绝防护时室内CO_2含量应满足要求，其中二等人员掩蔽所隔绝防护应大于3小时，CO_2容许含量应≤2.5%。

（2）防空地下室的进风系统，根据不同的通风方式应由消波装置、密闭阀门、过滤吸收器、通风机等防护通风设备组成（图7-17）。

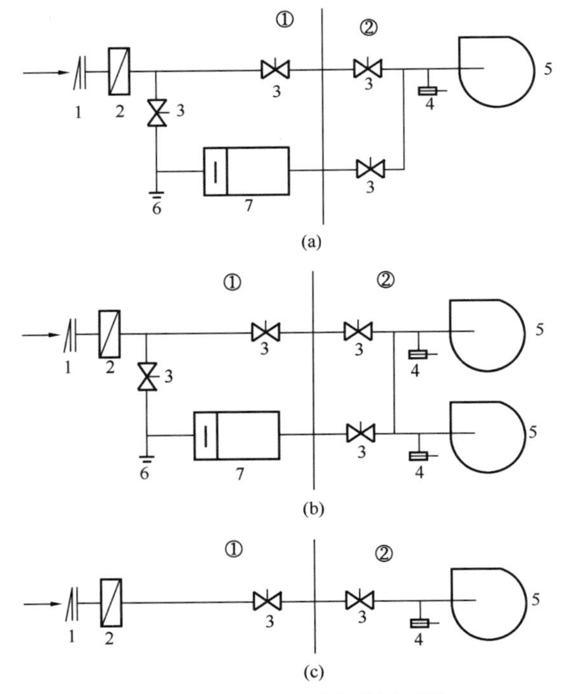

图7-17　防空地下室进风系统

（a）清洁通风与滤毒通风合用风机；（b）清洁通风与滤毒通风分别设置风机；（c）只设清洁通风的进风系统

1—消波设备；2—粗过滤器；3—密闭阀门；4—插板阀；5—通风机；6—换气堵头；7—过滤吸收器

①染毒区；②清洁区

（3）设洗消间（医疗救护工程、专业队人员掩蔽部和一等人员掩蔽所设洗消间）和简易洗消间（二等人员掩蔽所和战时室外染毒情况下有人员出入的配套工程设简易洗消间）的防空地下室，其战时排风口应设在室外主要出入口。当只有一个室外出入口时，战时进风口宜在室外单独设置，其中5级和6级人防地下室，当室外确无单独设置进风口的条件时，进风口可结合室内出入口设置，见图7-18、图7-19。

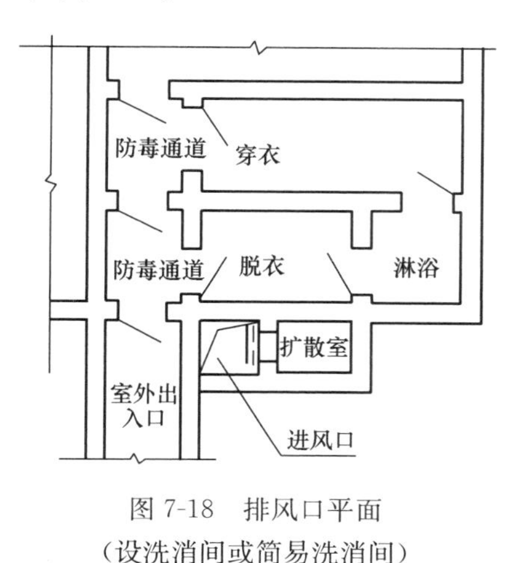

图7-18　排风口平面（设洗消间或简易洗消间）

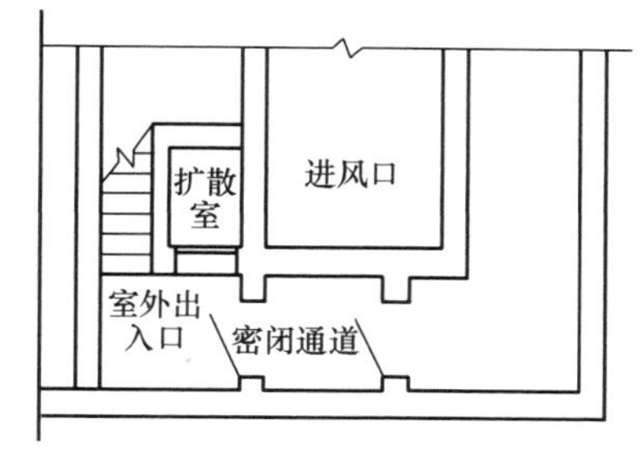

图7-19　进风口平面（设洗消间或简易洗消间）

（4）不设洗消间和简单洗消间的防空地下室，当只有一个室外出入口时，其战时进风口应结合室外出入口设置，战时排风宜通过厕所排出，见图7-20、图7-21。

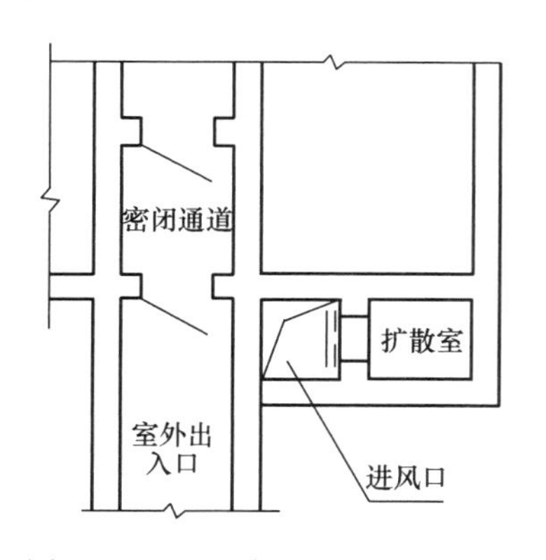

图7-20　风口平面（不设洗消间）

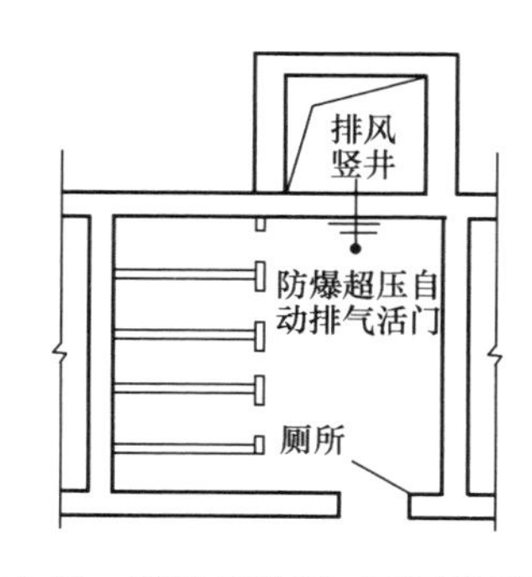

图7-21　排风口平面（不设洗消间）

（5）滤毒室和风机室应靠近进风口处扩散室。滤毒室和风机室宜分室设置，滤毒室应设在染毒区，滤毒室的门应设置在密闭通道（不通风）或防毒通道（通风）内，并宜设密闭门；风机室应设在清洁区（图7-22）。150人以下的二等人员掩蔽所，其滤毒室和风机室可合室布置，滤毒风机室宜设在清洁区，并应设密闭门（图7-23）。

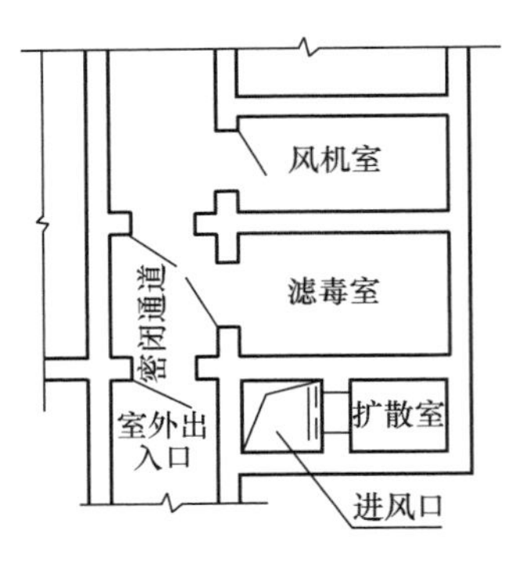

图 7-22　滤毒室和风机室分室布置

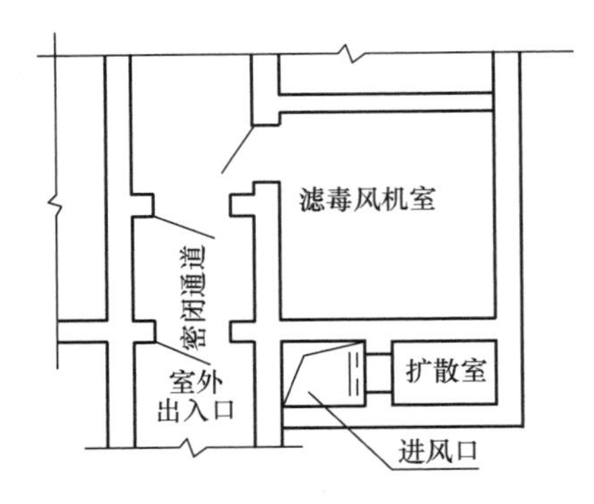

图 7-23　滤毒室和风机室合室布置

7.5.3　地下车库通风

随着城市汽车数量的增加，新建汽车库逐渐向多层和地下空间发展，汽车库设置在高层建筑的地下层，这在高层建筑设计中已较为普遍。

地下汽车库通风看似普通，但它可能需要同时满足以下几种通风的要求：

（1）满足汽车库通风要求，应设置平时使用的通风系统。

（2）满足《汽车库、修车库、停车场设计防火规范》GB 50067—2014 的规定，设置机械排烟系统。

（3）由于多数地下车库均兼有战时人防的功能，因此，其通风系统应满足战时使用的要求，即满足战时清洁式通风、滤毒式通风和隔绝式通风的要求，至少应满足战时功能转换的要求。

地下汽车库的机械排烟系统可与通风系统联合设计，对于面积小于 2000m^2 的车库，虽然没有规定要求设计机械排烟装置，但是规定的排烟量与通风系统的排风量均为 6 次/h，如果排风机满足排烟要求，地下汽车库一旦发生火灾，排风系统也可以起到排烟作用。

地下汽车库面积超过 2000m^2 时，排烟系统设计应进行防烟分区，每个防烟分区内部应设置排烟口（排烟口为常闭型）。在以往的排风系统设计时，要求排风量上部排 1/3，下部排 2/3。而排烟系统设计则要求上部排烟，这样给排烟排风系统联合设计造成矛盾。因此，目前许多排风系统设计也考虑全部从上部排风。一般来说，从下部排风的目的是排除含铅汽油中的含铅气体，铅的比重大，沉积在下部。考虑到目前及今后使用的均为无铅汽油，同时汽车库的层高一般比较低，在汽车行驶的扰动下，车库内有害气体分层的可能性较小，这样排烟排风系统就可以合用。

由于地下车库层高普遍较低，当风道布置在梁下时，往往会形成风道下底标高较低，人员等无法通过的情况。因此在建筑设计中应充分考虑这一因素，尽量争取在预计设置风道的部位不要设置通道。

7.5.4　设备用房通风

高层建筑的各类设备用房（如水泵房、空调机房、变配电室等）主要设置在地下层，根据各类设备用房的设计要求，均应考虑设置机械通风系统。由于房间性质不同，所要求通风量也不同，而且有些房间要求送风，有些则要求排风。因此在建筑设计中应合理布置各类设备用房，以避免给通风设计增加难度。

此外，在民用建筑通风中还有厨房通风、卫生间通风等，这些房间或部位的通风以机械排风为主。

本章思考题：

1. 房间全面通风气流组织的原则有哪些？
2. 自然通风的动力是什么？总平面布局和建筑设计中如何加强自然通风？
3. 建筑防烟和建筑排烟有何不同？哪些建筑（或部位）需要设置机械防烟？
4. 厨房和卫生间的通风的原理和设备分别是什么？

第8章　空气调节

8.1　空调概述

8.1.1　空气调节的任务和作用

空气调节是控制室内空气的温度、湿度、洁净度和气流速度等符合一定要求的工程技术。所谓“一定要求”，是指一些生产工艺或客观需要，不同的使用要求对上述各项要求各有不同的侧重。

仅满足人体舒适要求的称为舒适性空调。它不严格要求温度湿度的恒定，主要是以夏季降温为主，一般的民用建筑空调多为舒适性空调。

根据工艺、生产的要求而将温度、湿度等严格控制在一定范围内的空调称为恒温恒湿空调，如计量室、精密车间等。

室内不仅对温湿度有一定要求，而且对空气的含尘量和尘粒大小有严格要求的为净化空调。如生产集成电路的车间等。

为满足科研要求建立的特殊空间气候，以模拟高温、低温、低湿等环境的称为“人工气候室”。

此外还有无菌空调（医药实验室、手术室）和以除湿为主的空调（如地下建筑）等。

8.1.2　室内空气计算参数的表示

室内空气计算参数主要是指温度和相对湿度，通常用两组指标来规定，即空调参数基数和空调参数精度。空调参数基数是指在空调区域内需保持的空气温度基数与相对湿度基数；空调参数精度是指空调区域内，空气温度和相对湿度的允许波动幅度。如 $t_N=22℃\pm1℃$，$\varphi_N=50\%\pm10\%$。

对于洁净厂房来说，室内空气的净化指标用颗粒计数浓度表示。即每升空气中的灰尘颗粒数（指大于或等于某一粒径的灰尘的总数）。

8.1.3　空调系统的分类

（1）集中式系统

全部空气处理设备都设在一个集中的空调机房中，多用于大型空调系统。图8-1是某个集中式空调的系统示意图。

（2）分散式系统

将冷、热源和空气处理，输送、控制设备集中在一个箱体（空调机组）中，直接在空调房间或邻近地点就地处理空气，主要用于住宅、办公室等场所。

（3）半集中式系统

除有集中的空调机房外，在各空调房间内设有二次处理设备（末端装置），如风机盘管式空调系统，该系统多用于宾馆等场所。

8.1.4　空气调节的特点

空调系统在运行中需要消耗大量的能源（特别是夏季降温和除湿），这是因为：

（1）一般建筑的夏季空调冷负荷要大于冬季供暖热负荷，如一般民用建筑冬季供暖热负荷约为 70W/m²，而仅为满足舒适要求的舒适性空调，夏季空调冷负荷为 100～200W/m²。如果有特殊要求的工艺性空调，冷负荷可能会更大。

（2）按目前的空气处理方法，对空气加热和加湿比较容易，而对空气降温和减湿则比较困难。一般来说，每制备 1kW 冷量所消耗的能量可以制备 2.5～4kW 热量。

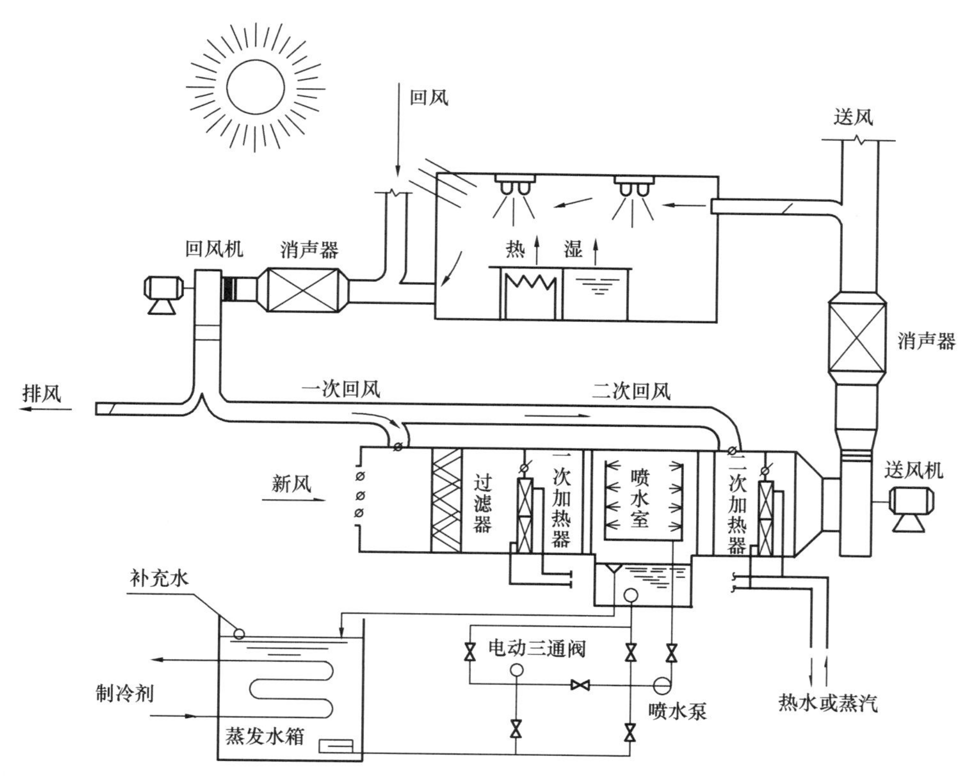

图 8-1　集中式空调系统

因此，在考虑建筑节能问题时，首先应解决好空调房间的节能问题，特别是南方地区的建筑隔热和防潮问题，通过建筑热工的手段，最大可能地减少空调冷负荷和湿负荷。这也在一定程度上解释了为什么在北方地区一般多采用集中供暖系统（不论房间是否有人），而各地夏季时，分散式空调机组被广泛使用。在供暖热负荷计算中可以把许多外扰因素忽略，而空调冷负荷计算则非常仔细（需要考虑温度波衰减和时间延迟等）。

在大型公共建筑的建筑设备中，空调系统的投资一般都比较大。如果是有特殊要求的工艺性空调，投资则更高。而要使空调系统投资减少到合理的程度，建筑设计的合理性、建筑节能技术的运用、最大限度地减少空调负荷、减少室外温度波动的干扰至关重要。

空调系统中有大量的室外设备，如集中式、半集中式的冷却塔，分散式的室外机组等。这些设备的布置，不但会对建筑外立面效果产生影响，而且噪声、释放出的热量、水蒸气、冷凝水的排出等都会对周围环境产生不良影响，这些因素都应在建筑设计中予以注意。

空调系统设备较大，风道尺寸也较大，因此建筑设计工作中应充分注意到这一点，特别是在各层层高确定时，应注意风道所需要占据的高度。

8.1.5 空调和通风的区别

空调系统和通风系统，都是在向室内送风，似乎差别不大。但实际上二者之间有很明显的区别。主要表现在：

（1）从定义看，通风的任务是满足室内的卫生要求（满足要求），而空调的任务则是通过人工的手段创造一个所要求的室内环境（创造环境）。显然在标准上有很大差别。以住宅夏季降温为例，通风的方法是采用电风扇，而空调的方法则是采用空调机。当然，标准不同，所耗资金和能源也不同。

（2）在通风中，把室外空气看作为新鲜空气。而在空调中，室内外空气的温、湿度及洁净度都差别很大。因此，除必要的新风量外，应尽量减少室外空气进入室内。

（3）在通风中，排出的空气为被污染空气，而在空调中排出空调房间的空气质量显然比室外空气要好得多。因此，一般情况下，排出空气大部分经处理后又被送到空调房间。

（4）房间的气流组织形式不同。通风中送风首先经过工作区或呼吸区。而空调中送风应和室内空气充分混合后才进入工作区，即工作区处于回流区。

（5）建筑设计思路不同。简单说，通风房间讲究敞开，充分利用穿堂风，而空调房间则讲究密闭，以减少对室内的影响。

8.1.6 空气的物理性质

1）湿空气的组成

从空调的技术角度来看，大气由干空气和水蒸气两部分组成，其中，干空气是由氮气、氧气、二氧化碳等气体组成，各种气体的组成比例基本不变。

空气中除干空气外，还有水蒸气。空调中通常将干空气和水蒸气的混合气体称为湿空气。湿空气中的水蒸气含量虽少，但其变化会引起湿空气干、湿程度的改变，进而对人体感觉、产品质量等有直接影响。同时，空气中水蒸气含量的变化又会使湿空气的物理性质随之改变。

2）空气的物理性质及状态参数

空气的物理性质不仅取决于空气的组成成分，而且也与所处的状态有关，空气的状态可以用状态参数来表示。

在空调技术中，可以将空气视为理想气体。因此，湿空气也遵循理想气体的规律。

（1）大气压力 P_a 和水蒸气分压力 P_q

根据道尔顿定律：混合气体的总压力等于各组成气体分压力之和。所以，大气压力等于干空气分压力 P_g 与水蒸气分压力 P_q 之和，即：

$$P_a = P_g + P_q \tag{8-1}$$

显然，空气中的水蒸气含量越多，其分压力就越大，换句话说，水蒸气分压力的大小直接反映了水蒸气含量的多少。

（2）温度 t

温度是分子动能的宏观结果，它是空调中的一个重要参数。

（3）含湿量 d

在空气中，与 1kg 干空气混合的水蒸气量（g），称为含湿量，即：

$$d = \frac{1000G_q}{G_g} \quad (g) \tag{8-2}$$

式中　G_q——湿空气中所含水蒸气的量，g；

　　G_g——该空气所含干空气的量，kg。

含湿量在空调中也是一个重要参数，在空气的加湿、减湿处理过程中都用含湿量来表征空气中水蒸气的变化。含湿量和水蒸气分压力是一一对应的。含湿量可以理解为空气的绝对湿度。

（4）相对湿度 φ

在一定温度下，湿空气中所含的水蒸气量有一个最大限度，超过这一限度，多余的水蒸气就会从湿空气中凝结出去，这种含有最大限度水蒸气量的湿空气称为饱和空气。饱和空气所具有的水蒸气分压力和含湿量，叫做该温度下湿空气的饱和水蒸气分压力和饱和含湿量，它们随着温度的变化而变化。

相对湿度是空气中水蒸气分压力 P_q 和同温度下饱和水蒸气分压力 $P_{q \cdot b}$ 之比：

$$\varphi = \frac{P_q}{P_{q \cdot b}} \times 100\% \tag{8-3}$$

相对湿度表征空气中水蒸气量接近饱和的程度。φ 值小，说明空气饱和程度小，接受水蒸气能力就强；φ 值大则说明空气饱和程度大；当 φ 为 100%时是饱和空气，φ 为 0 时是干空气。和含湿量不同的是，相对湿度表征空气中水蒸气量的饱和程度，是一个相对值，而含湿量表征空气中的水蒸气含量，是一个绝对值。人体能够感觉到的是相对湿度。

相对湿度与温度一样，是空调技术中的一个重要参数，也是表征室内空气状态的一个重要参数。

(5) 焓 i

焓是工程热力学中工质的一个重要状态参数，它的物理意义是：

是工质的热力状态参数，是具有能量的单位；焓是代表总能量中取决于热力状态的那部分能量。

对于理想气体，焓是温度的函数。在压力不变的条件下，焓差值等于热交换量。而在空气处理过程中，湿空气的状态变化过程可以认为是在定压条件下进行的，所以可以用湿空气状态变化前后的焓差值来计算空气得到或失去的热量。

如果用一种通俗的说法来简单描述，空气的焓可以理解为：湿空气中每 1kg 干空气连同其中混入的 dg 水蒸气所具有的总热量（包括显热和潜热）。

湿空气的焓随着温度和含湿量的升高而加大，但在温度升高时，若含湿量有所下降，其结果焓不一定会增加。

(6) 空气的露点温度 t_1

在含湿量不变的条件下，使未饱和空气达到饱和状态的温度叫露点温度。如果这时空气的温度继续下降，则饱和空气中的水蒸气便有一部分凝结成水滴（结露）而从空气中分离出来。空气的露点温度只取决于空气的含湿量，当含湿量不变时，露点温度也是定值。

空气结露是日常生活中常见的一种现象。例如秋季早晨的露水，冬季玻璃窗上的水珠和结霜等，都是由于空气接触到冷表面后，空气温度降到露点温度以下，以致达到饱和而析出凝结水的缘故。可见，当空气与低于其露点温度的表面接触时，不仅使温度降低，还会有水分析出。在空调技术中，常用这一原理达到使空气冷却减湿的目的。

(7) 空气的湿球温度 t_s

如果用两只相同的温度计，将其中一只的感温包裹上纱布，纱布下端浸入盛水的玻璃小容器中，使纱布处于湿润状态，该温度计称为湿球温度计，它所测得的温度为空气湿球温度。另一只未包纱布的温度计相应地称为干球温度计，它所测得的温度为空气的干球温度，也就是实际的空气温度。湿球温度实际上就是湿球周围的饱和空气层的温度。

在一定的干球温度下，如果空气的相对湿度越低，则空气的吸湿力也越大，这时纱布中的水分蒸发强度也越大，需要的汽化热量就越多，于是湿球温度越低，也就是说干、湿球温度差就越大。反之，空气的相对湿度越大，则干、湿球温度差就越小。对于饱和空气，由于纱布中的水分不能蒸发，因此湿球温度与干球温度相等。由此可见，在一定的空气状态里，干、湿球温度的差值大小反映了空气的相对湿度大小。在实际测量中，常使用干湿球温度计测出干、湿球温度值来确定空气的相对湿度等参数。

8.2 空气处理

本节可根据课时安排，列入选学内容，详见教材电子版附件（内含图 8-2、图 8-3）。

8.3　空调房间

8.3.1　空调房间的建筑布置和建筑热工

空调房间的建筑设计原则，就是要尽量减少室外和周围环境的影响。合理的建筑措施对于保证空调效果和提高空调系统的经济性具有重要意义。在布置空调房间和确定房间围护结构的热工性能时，一般应满足下列要求：

（1）空调房间应尽量集中布置。室内温湿度基数，在使用班次和消声要求相近的空调房间，宜相邻或上下对应布置，尽量不要与高温高湿的房间相毗邻。

（2）房间的净高除应满足生产、建筑要求外，还需要满足风道布置的要求。

（3）房间的外墙、外墙朝向及所在层次，应以尽量减少室外气候的影响，保证室温精度要求为原则。基本方法是尽量减少外墙，外墙应尽量设在北向、底层，具体要求见表 8-1。

空调房间的外墙、外墙朝向及所在楼层　　表 8-1

室温允许波动范围(℃)	外墙	外墙朝向	所在楼层
≥±1	应尽量减少	应尽量北向	应尽量避免顶层
±0.5	不宜有	如有外墙时，宜北向	宜底层
±(0.1～0.2)	不宜有	如有外墙宜北向，且工作区距外墙不应小于 0.8m	宜底层

注：1. 室温允许波动范围小于或等于±0.5℃的空调房间，宜布置在室温允许波动范围较大的空调房间之中，当在单层建筑物内时，宜设通风屋顶；
2. 本表以及下述第 2 条的“北向”，适用于北纬 23°以北的地区；对于北纬 23°以南的地区，可相应地采用“南向”；
3. 设置舒适性空调的民用建筑，可不受此限。

（4）为减少阳光照射引起的空调房间的冷负荷及缩小室温的波动，应尽量减少外窗面积，窗缝最好密封。对外窗的要求，可参照表 8-2。

空调房间的外窗以及外窗和内窗的层数　　表 8-2

室温允许波动范围(℃)	外窗	外窗层数 t_w-t_n(℃)		内窗层数 $t_{ls}-t_n$(℃)	
		≥7	<7	≥5	<5
≥±1	尽量北向并能部分开启，±1℃时不应有东、西向外窗	三层或双层（天然冷源双层）	双层（天然冷源可单层）	双层（天然冷源单层）	单层
±0.5	不宜有，如有应北向	三层或双层（天然冷源双层）	双层	双层	单层
±(0.1～0.2)	不应有	—	—	可有小面积的双层窗	双层

(5) 空调房间的门和门斗设置应符合表8-3的要求。

空调房间门和门斗的设置要求 表8-3

室温允许波动范围(℃)	外门和门斗	内门和门斗
≥±1	不宜有外门，如有经常出入的外门时，应设门斗	($t_{ls}-t_n$)≥7℃时，宜设门斗
±0.5	不应有外门，如有外门时，必须设门斗	($t_{ls}-t_n$)≥3℃时，宜设门斗
±(0.1~0.2)	严禁有外门	内门不宜通向室温基数不同或室温允许波动范围大于±1℃的邻室

注：空调房间的外门门缝应严密。当(t_w-t_n)或($t_{ls}-t_n$)大于或等于7℃时，门应保温。

(6) 为减少空调费用，保证室内空调精度，应提高空调房间的热稳定性。对空调房间围护结构的传热系数和热惰性指标要求应符合表8-4的规定。表8-4中的所谓经济要求，即空调房间的墙、屋面和楼板等的经济传热系数，是指在空调制冷投资、维护费用和围护结构的保温费用三者综合最小时的传热系数，可通过计算来确定。

空调房间围护结构传热系数和热惰性指标 表8-4

室温允许波动范围（℃）	围护结构的传热系数 K [W/（m·℃）]	围护结构热惰性指标 D
≥±1	按经济要求	无特殊要求
±0.5	除考虑经济要求外，且≤0.814	外墙≥4，屋盖或顶棚≥3
±（0.1~0.2）	除考虑经济要求外，且≤0.465	外墙≥5，屋盖或顶棚≥4

(7) 为了防止向保温层内渗透水汽而降低保温性能，空调房间设有保温层的外墙和屋面，一般在保温层外侧设隔汽层，并应注意排除施工时材料内的水分。屋面已有防水层或外墙有外粉刷时，可不再设隔汽层。

8.3.2 空调房间的气流组织

合理组织室内空气的流动，使室内空气的温度、湿度、流速等能更好地满足工艺要求和符合人体舒适感，是气流组织的任务。

气流组织直接影响室内空调效果，是关系到室内工作区的温、湿度基数、精度及区域温差、工作区的流速及清洁程度和人体舒适感的重要因素，是空调的一个重要环节。

影响气流组织的主要因素有送、回风口的形式、位置和送风射流参数。常用的气流组织方式有：

1）侧送风

单侧送风方式的送、回风口分别布置的房间同侧的上、下部，送风射流出送风口后形成贴附射流，到达对面的墙壁后下降回流，使工作区处于回流区，以利于送风温差的衰减和提高空调精度。

侧送风是最常用的一种送风方式，它具有布置方便、结构简单、节省投资的优点，在空调精度≥0.5℃的空调房间中均可采用。

图 8-4 是几种布置实例，其中（a）是将回风管设在室内或走廊；（b）是利用送风管周围空间作回风干管；（c）是利用走廊回风。

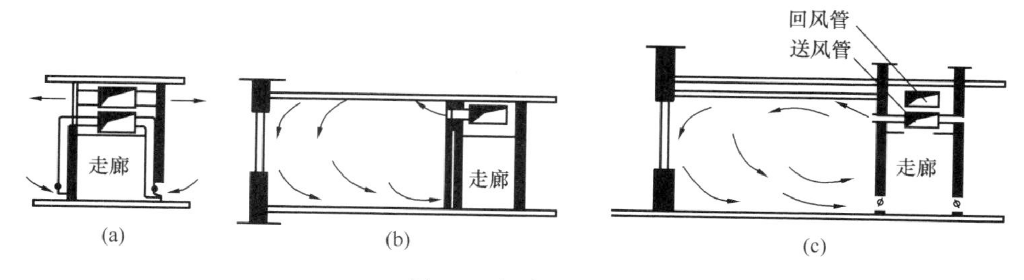

图 8-4　侧向送风图

2）散流器送风

散流器是装在顶棚上的一种送风口，它具有诱导室内空气使之与送风射流迅速混合的特性。分为平送风和下送风两种。

（1）平送风（图 8-5）是空气经散流器后呈辐射状射出，贴附平顶扩散，其作用范围大，扩散快，能与室内空气充分混合，适用于±0.5℃的空调和一般空调工程，特别是房间较低但有吊顶或技术夹层可以利用的场合。送风口常用的是盘式散流器。

（2）下送风，常用的是流线型散流器，下送气流流型如图 8-6 所示，特点是整个工作区全部处于比较稳定的平行流送风气流之中，主要用于有较高净化要求的车间。

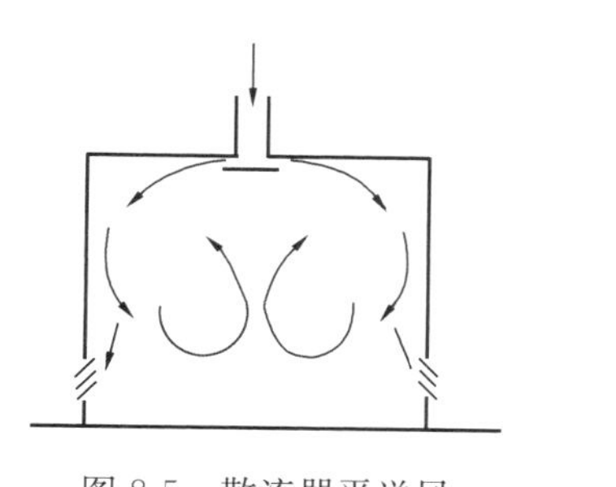

图 8-5　散流器平送风

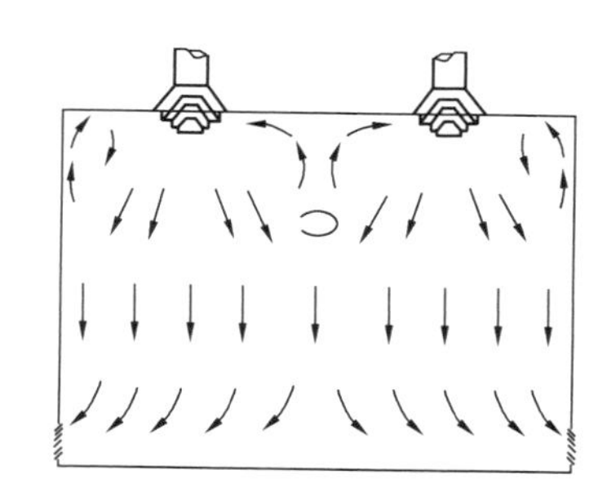

图 8-6　散流器下送风

散流器送风一般需设吊顶，管道暗敷工程量大，因而投资较侧送风高。

3）孔板送风

孔板送风（图 8-7）是将空气送入顶棚上的稳压层中，在稳压层作用下，通过顶棚上的大量小孔均匀送入房间。分全面孔板（整个顶棚都是孔板）和局部孔板（局部地点设置孔板）两种类型。

孔板送风适用于工艺布置分布在部分区域或有局部热源的空调房间，以及仅在局部地区要求较高空调精度和较小气流速度的空调工程。

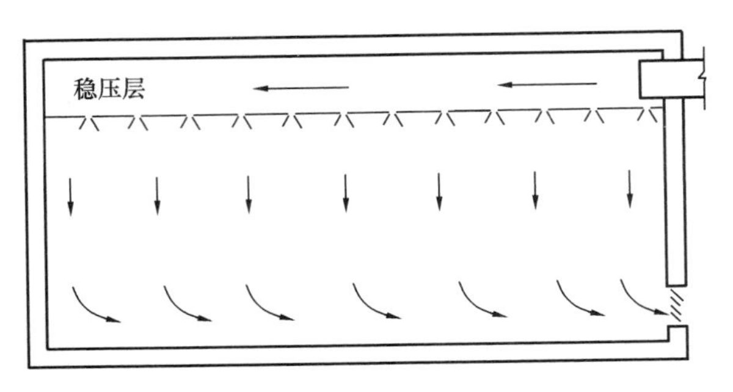

图 8-7　孔板送风

4）喷口送风

喷口送风是将送、回风口布置在房间同侧，送风以较高的速度和较大的风量集中由少数的风口射出，射流行至一定路程后折回，使工作区处于气流的回流之中。这种送风方式具有射程远、系统简单、节省投资等特点，能满足一般舒适要求，因此广泛应用于大型体育馆、礼堂、影剧院、大厅以及高大空间的一些工业厂房和公共建筑中。

8.4　空调冷源

空调中所使用的冷源，有天然和人工两种。

8.4.1　天然冷源

常用的天然冷源有地下水、地道风、天然冰等。

地下水是一种常用的天然冷源，在我国大部分地区，特别是北方地区，都有可能利用地下水处理空气达到一定降温效果。但并不是哪里都有充裕的地下水，若过量开采甚至会造成地面沉陷，有些又不能满足温度要求。

地道风利用夏季地下空间温度低于地面空气温度这一特点，使空气通过地道达到冷却或冷却减湿效果。

此外，在有条件的地方，还可以利用天然冰、深湖水、山涧水等天然冷源。

在天然冷源不能满足要求时，就需要采用人工冷源。

8.4.2　人工冷源

人工冷源是依靠制冷机获得的，空调中使用的制冷机有压缩式、吸收式和蒸汽喷射三种，目前常用的是压缩式制冷机。

1）压缩式制冷

压缩式制冷机主要由制冷压缩机、冷凝器、膨胀阀和蒸发器四个部件组成一个封闭循环系统。制冷剂在制冷系统中经历蒸发、压缩、冷凝和节流四个热力过程（图 8-8）。

（1）工作过程

压缩式制冷的工作过程是：将蒸发器内产生的低压低温制冷剂蒸汽吸入压缩机，经加压后成为高温高压制冷剂蒸汽送至冷凝器。高温高压蒸汽在冷凝器内与温度较低的冷却水或空气进行热交换后冷凝为高压常温制冷剂液体，再经过膨胀阀降压（降温）后送入蒸发器。在蒸发器中吸收被冷却物质（冷冻水或空气）的热量，冷冻水在蒸发器中被冷却作为空调冷源，而制冷剂液体在蒸发器中被加热变为蒸汽送至压缩机。因此，人工制冷过程实际上就是从低温物质夺取热量传给高温物质的过程。由于热量不能自发地从低温物体传给高温物体，所以必须消耗一定的机械能来补偿。

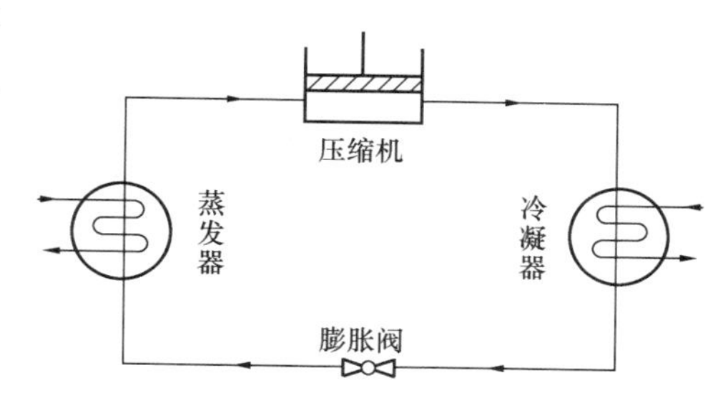

图 8-8　压缩式制冷工作原理

（2）制冷剂

制冷剂是在制冷装置中进行制冷循环的工作介质，也称为制冷工质。制冷剂的性质直接影响制冷循环的经济性指标，同时与制冷装置的特性及运行管理也有着密切的关系。

按照制冷剂在标准大气压下的饱和温度（简称标准蒸发温度或沸点）t_a 和常温下的冷凝压力 P_c 高低及适用范围，一般将其分为高温（低压）、中温（中压）、低温（高压）三类。

高温（低压）制冷剂：一般 $t_a > 0℃$，$P_c \leqslant 0.3MPa$。这类制冷剂多用于空气调节制冷系统的离心式压缩机中。

中温（中压）制冷剂：通常 $t_a = 0 \sim -60℃$，$P_c = 0.3 \sim 2MPa$。这类制冷剂适用范围比较广，一般的空调制冷系统，以及－70℃以上的单级和两级压缩式制冷装置均采用这种制冷剂。

低温（高压）制冷剂：这类制冷剂 $t_a < -60℃$，$P_c = 2 \sim 4MPa$。它们多用于－70℃以下的低温制冷和复叠式制冷装置的低温部分。

目前常用的制冷剂有氨和氟利昂。氨有良好的热力学性质，价格便宜，但有毒性，易燃易爆，多用于大型制冷系统（如冷库等）。

氟利昂无毒无臭，无燃爆危险，但价格高，渗透性强，多用于中小型制冷系统。氟利昂大致可分为三类物质：氯氟烃类（CFC）、氢氯氟烃类（HCFC）和氢氟烃类（HFC）。1979 年，科学家们发现由于 CFCs 和 HCFCs 的大量使用与排放，造成地球大气臭氧层的明显衰减，甚至局部形成臭氧层“空洞”，这是导致全球气候变暖的主要原因之一。因此联合国环境规划署于 1992 年制定了全面禁止使用 CFCs 和 HCFCs 的《蒙特利尔议定书》。

我国在 2010 年已经淘汰了消耗臭氧层物质的制冷剂。替代手段之一是暂时使用对臭氧层破坏作用较小的 HFCs 物质替代 CFCs 和 HCFCs。HFCs 主要包括 R134a（R12 的替代制冷剂）、R125、R32、R407C、R410A（R22 的替代制冷剂）、R152 等。HFCs 虽然不破坏臭氧层，但属于温室气体对气候变暖有潜在影响。

(3) 载冷剂

载冷剂是将制冷剂装置的制冷量传递给被冷却介质的媒介物质，所以也称冷媒。在盐水制冰、冰蓄冷系统及集中式空调等间接供冷系统中，它是必不可少的。

2）吸收式制冷

吸收式制冷工作原理与压缩式制冷基本相似，不同之处是用发生器、吸收器和溶液泵代替了制冷压缩机，吸收式制冷不是靠消耗机械功来实现热量从低温物体向高温物体转移，而是靠消耗热能来完成这种非自发的过程。

在吸收式制冷机中，吸收器相当于压缩机的吸入侧，发生器相当于压缩机的压出侧。低温低压液态制冷剂在蒸发器中吸热蒸发成为低温低压制冷剂蒸汽后，被吸收器中的液态吸收剂吸收，形成制冷剂—吸收剂溶液，经溶液泵升压后进入发生器。在发生器中，该溶液被加热、沸腾，其中沸点低的制冷剂变成高压制冷剂蒸汽，与吸收剂分离，然后进入冷凝器液化、经膨胀阀节流的过程大体与压缩式制冷一致。

通常吸收剂并不是单一的物质，而是以二元溶液的形式参与循环的。吸收剂溶液与制冷剂—吸收剂溶液的差别仅仅在于前者所含沸点较低的制冷剂数量较后者少，或前者所含制冷剂浓度较后者低。

吸收式制冷目前常用的有两种工质，一种是溴化锂—水溶液，其中水是制冷剂，溴化锂为吸收剂，制冷温度为0℃以上；另一种是氨—水溶液，其中氨是制冷剂，水是吸收剂，制冷温度可以低于0℃。

吸收式制冷可将低位热能（如0.05MPa蒸汽或80℃以上热水）用于空调制冷，因此有利用余热或废热的优势。由于吸收式制冷机的系统耗电量仅为离心式制冷机的1/5左右，可以称为节电产品（但不能称为节能产品）。在供电紧张，有集中供热热源的地区可选择使用。

现以溴化锂吸收式压缩机为例进一步说明：

溴化锂吸收式制冷机原理是以溴化锂溶液为吸收剂，以水为制冷剂，利用水在高真空下蒸发吸热达到制冷的目的。

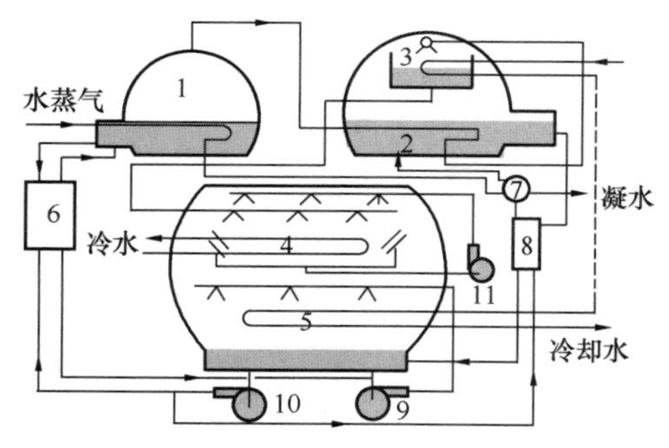

图8-9 溴化锂吸收式制冷机原理

1—高压发生器；2—低压发生器；3—冷凝器；4—蒸发器；5—吸收器；6—高温热交换器；7—凝水回热器；8—低温热交换器；9—吸收器泵；10—发生器泵；11—蒸发器泵

具体流程如图8-9所示。

为使制冷过程能连续不断地进行下去，蒸发后的冷剂水蒸气被溴化锂溶液所吸收，溶液变稀，这一过程是在吸收器中发生的，然后以热能为动力，将溶液加热使其水分分离出来，而溶液变浓，这一过程是在发生器中进行的。发生器中得到的蒸汽在冷凝器中凝结成水，经节流后再送至蒸发器中蒸发。如此循环达到连续制冷的目的。

可见溴化锂吸收式制冷机主要是由吸收器、发生器、冷凝器和蒸发器四部分组成的。

由上述循环工作过程可见，吸收式制冷机与压缩式制冷机在获取冷量的原理上是相同的，都是利用高压液体制冷剂经节流阀节流降压后，在低压下蒸发来制取冷量，它们都有起同样作用的冷凝、蒸发和节流装置。而主要区别在于由低压冷剂蒸汽如何变成高压蒸汽所采用的方法不同，压缩式制冷机是通过原动机驱动压缩机来实现的，而吸收式制冷机是通过吸收器、溶液泵和发生器等设备来实现的。

从吸收器出来的稀溶液温度较低，而稀溶液温度越低，则在发生器中需要更多热量。自发生器出来的浓溶液温度较高，而浓溶液温度越高，在吸收器中就要求更多的冷却水量。因此设置溶液交换器，由温度较高的浓溶液加热温度较低的稀溶液，这样既减少了发生器加热负荷，也减少了吸收器的冷却负荷。

溴化锂吸收式制冷机除了上述冷剂水和溴化锂溶液两个内部循环外，还有三个系统与外部相联，即热源系统、冷却水系统和冷媒水系统。

热源蒸汽（或热水）通入发生器，在管内流过，加热管外溶液使其沸腾并蒸发出冷剂蒸汽，而热源蒸汽放出汽化潜热后凝结成水排出。一般情况下，应将该凝结水回收并送回锅炉加以利用。

在吸收器中溶液吸收来自蒸发器的低压冷剂蒸汽，是个放热过程。为使吸收过程连续进行下去，需不断加以冷却。在冷凝器中也需冷却水，以便将来自发生器的高压冷剂蒸汽变成冷剂水。冷却水先流经吸收器后，再流过冷凝器，出冷凝器的冷却水温度较高，一般是通入冷却水塔，降温后再打入吸收器循环使用。

来自用户的冷媒水通入蒸发器的管簇内，由于管外冷剂水的蒸发吸热，使冷媒水降温。制冷机的工作目的是获得低温（如7℃）的冷媒水，冷媒水就是冷量的“媒体”。

8.4.3 冷冻站

设置制冷设备的房间叫制冷机房或冷站。制冷机房通常应靠近空调机房，中小型制冷设备可以设在空调机房中。规模小的制冷机房可以附设在其他建筑内，规模较大的特别是氨制冷机房应单独修建。

（1）单独修建的氨制冷机房应布置在厂区夏季主导风向的下风侧，如在动力站区域内，应布置在乙炔站、锅炉房、煤气站、煤场等的上风侧。

（2）氨制冷机房不应设在食堂、托儿所等建筑附近，并应远离人员密集的场所。

（3）制冷机房应尽可能设在冷负荷的中心，力求缩短冷冻水和冷却水管道，并应靠近电源。

（4）制冷机房的防火要求应按《建筑设计防火规范》GB 50016—2014（2018年版）执行。

（5）氨制冷机房应有每小时不少于3次换气的通风措施，尚需设事故排风装置。

（6）规模较小的制冷机房一般不设隔间，规模较大的可根据情况设置机器间、设备间、水泵间、值班室、维修间及卫生间等。

（7）房间净高要求为：氨机房不小于4.8m，氟利昂及替代品机房不小于3.6m。

8.4.4　蓄冷技术

一般来说，白天的电力负荷要高于夜间。尤其在夏季，白天大量空调的运行，造成电力负荷与夜间相比具有巨大的峰谷差。冰蓄冷是利用夜间低谷电力制冰并蓄存起来，在白天用电高峰时候用蓄存的冰作为冷源供给空调系统，以减轻白天电网的高峰负荷，达到为电网削峰平谷的目的。

根据蓄冷介质的不同，常用蓄冷系统又可分为三种基本类型：第一类是水蓄冷，即以水作为蓄冷介质的蓄冷系统；第二类是冰蓄冷，即以冰作为蓄冷介质的蓄冷系统；第三类是共晶盐蓄冷，即以共晶盐作为蓄冷介质的蓄冷系统。水蓄冷属于显热蓄冷，冰蓄冷和共晶盐蓄冷属于潜热蓄冷。水的热容量较大，冰的相变潜热很高，而且都是易于获得的和廉价的物质，是采用最多的蓄冷介质，因此水蓄冷和冰蓄冷是应用最广的两种蓄冷系统。

由于制冷机在制冰时蒸发温度降低，因此蓄冰空调在夜间制冰工况下并不节电。如果以耗电量来衡量系统是否节能，则蓄冰空调系统实际上是不节能的。但从另一方面看，由于采用了蓄冰空调可以将高峰电力负荷转移到夜间，所以提高了发电机组夜间的负荷率。

冰蓄冷是利用夜间低谷电力制冰并蓄存起来，在白天用电高峰时候用蓄存的冰作为冷源供给空调系统，以减轻白天电网的高峰负荷，达到为电网削峰平谷的目的。传统冰蓄冷空调以静态制冰方式运行，制冰速度低、设备庞大、换热效率差、制冷机能耗高等问题无法克服。动态冰蓄冷则以动态的过冷水来制冰，换热效率高、制冰速度快、设备紧凑、制冷机能耗低等优点十分突出，是国际上冰蓄冷的主要发展方向。其主要特点为：

(1) 制冰过程中的全部热量交换均由液态水完成，改变了静态制冰技术中热量传递需要通过厚厚的固态冰层的恶劣换热条件，大大提高制冰效率；

(2) 初投资比现有的冰球和盘管冰蓄冷减少15%以上，提高了冰蓄冷技术的竞争力；

(3) 采用超声波促晶技术，实现固态冰的高效快速生成技术；

(4) 占地面积比现有的冰球和盘管冰蓄冷减少20%以上，而且可以直接使用建筑的消防水槽。

动态冰蓄冷的最终目的是为电网削峰平谷，实现能源的合理利用。在所有已有的静态冰蓄冷空调系统（包括盘管式和冰球式等）应用的场合都能应用，而且能够立即体现出比原有静态制冰技术明显优越的节能、高效率运行、降低设备成本等优点。另一方面，对于各大中型非冰蓄冷空调应用的场合，动态冰蓄冷技术也可以广泛应用，而且对已有设备进行改造相对容易。

8.4.5　热泵技术

1) 热泵定义

热泵技术是一种能从自然界的空气、水或土壤中获取低品位热，经过电力做功、输出可用的高品位热能的设备，可以把消耗的高品位电能转换为3倍甚至3倍以上的热能，是一种高效供能技术。热泵技术在空调领域的应用可分为空气源热泵、水源热泵以及地源（土壤源）热泵三类。由于热泵是提取自然界中能量，效率高，没有任何污染物排放，所以是当今最清洁、经济的能源方式。

热泵实质上是一种热量提升装置，热泵的作用是从周围环境中吸取热量，并把它传递给被加热的对象（温度较高的物体），其工作原理与制冷机相同，都是按照逆卡诺循环工作的，所不同的只是工作温度范围不一样。

2）热泵技术应用

热泵技术的热（冷）媒源，广泛存在于我们周围，比如空气、土壤、地下（地表）水、海水和污（废）水等。

热泵按其所用媒源的种类和热传递途径来分，可以分为四类：

（1）空气—空气热泵机组，目前市场上大量的家用冷暖双制型窗机或分体机便是这一类。

（2）空气—水热泵机组，现在的风冷式冷热水机组（风冷热泵机组）就属这一类，省去了冷却塔。

（3）水—水热泵机组，它可以充分利用未利用能，未利用能指的是还没有利用的能，大致包括自然类（如地热、温泉、河水、海水、湖水及地下水等）和城市基础设施类（如发电厂、矿井、工厂及公共浴室等产生的污废水）。水一水热泵机组根据对水源的利用方式的不同，可以分为开式系统和闭式系统两种。开式系统是指从地下抽水或地表抽水后经过换热器直接排放的系统；闭式系统是指在水侧为一组闭式循环的换热套管，该组套管一般水平或垂直埋于地下或湖水海水中，通过与土壤或海水换热来实现能量转移。即通常说的水源热泵和地源热泵。

（4）水—空气热泵机组，现在所谓的水环热泵机组就属于这一类，它需要冷却塔和辅助加热装置。

下面主要介绍水源热泵和地源（土壤源）热泵系统。

3）水源热泵系统

水源热泵技术一般利用地下水、湖水、海水等自然水体作为空调机组的制冷制热的源，具有高效节能、运行稳定可靠、应用范围广等优点。

水源热泵系统的水源有浅层地下水、中深层地下水、河水、湖水、海水、生活污水、工业污废水等多种形式。系统以水作为冷（热）媒，在冬季利用热泵吸收其热量向建筑物供暖，在夏季热泵将吸收到的热量向其排放、实现对建筑物供冷。传统的暖通空调系统需要很多辅助系统或设备来完成一个完整的暖通空调功能，如冷却塔。而水源热泵系统只是通过与地下水或其他的水源进行热交换来完成制冷或制热的效果，只应用一个硬件系统，通过在不同季节进行冷凝器和蒸发器的转换，就可以完成制冷与制热功能的转换。

水源（地源）热泵冷暖空调系统由水源系统（地温热交换器）、热泵机组和末端系统三大部分组成。

（1）水源系统

主要由抽灌井和循环水泵组成，根据地质条件的不同，回灌井可为小口回灌井和大口回灌井。循环水泵驱动水源水，使其不断地在热泵机组和水源地循环，将水源中的能量置换出作为水源热泵系统的冷热源。

地温热交换系统由埋设在地下的高密度聚乙烯管（HDPE管）、孔内填充材料和循环水泵及相关附属部件组成。循环水泵驱动HDPE管路中的循环液体（一般为水或加入防冻剂的水溶液），使其不断循环，将地下的能量置换出作为地源热泵系统的冷热源。

（2）热泵机组

是室外水源换热系统与室内换热系统的连接点，其通过输入一定的动力，使压缩机做功，使机组内部的制冷剂进行循环，从而将室外水源系统中的能量传送到室内换热系统中去。

（3）室内末端换热系统

由室内循环系统、电气自控系统、室内末端系统（多为风机盘管）及相关附属部件组成。该部分的作用是将已经调节好的空气分配到建筑物中去，从而实现建筑物内的供暖和制冷。

4）地源（土壤源）热泵系统

地源（土壤源）热泵系统的工作原理和系统组成和水源热泵类似，只是利用室外地温换热环路替代了水源系统。地源热泵系统不抽取地下水，不受地下水资源条件和地层结构的限制，因此更具有优势。缺点是地下热交换器埋管占地较大，往往受场地条件限制。

地源热泵系统室外地温换热环路（即地下热交换器）采用埋管（即埋置地下热交换器）的方式来实现，埋管方式多种多样，目前普遍采用的有垂直埋管和水平埋管两种基本的配置形式。

（1）水平埋管是在浅层土壤中挖沟渠，将HDPE管水平埋置于沟渠中，并填埋的施工工艺。

（2）垂直埋管是在地层中垂直钻孔，然后将地下热交换器（HDPE管）以一定的方式置于孔中，并在孔中注入填充材料的施工工艺。

地下热交换器形式和结构的选取应根据实际工程以及给定的建筑场地条件来确定。水平埋管占地面积较垂直埋管大，而且水平埋管的地下热交换器受地表气候变化的影响较垂直埋管大，效率较垂直埋管低。

8.5 常用的空调系统

8.5.1 集中式恒温恒湿空调系统

集中式恒温恒湿空调系统是应用广泛的一种工艺性空调，它的特点是要求室内有一定温、湿度基数和一定的波动范围。工程中常采用一次回风和二次回风两种形式。

（1）一次回风系统，将回风全部引至空气处理室前端，集中一次使用。

处理工程为新风和回风混合后，经喷水室进行冷却减湿处理，达到机器露点温度，再加热至送风状态点。

（2）二次回风系统，将回风在喷水室前后与新风进行两次混合。

二次回风的特点是可以节省再加热负荷，但机器露点温度比一次回风系统的低，制冷系统效率差，且系统复杂。

8.5.2　净化空调系统

净化空调是指使空调房间室内空气洁净度达到一定级别的空调工程。如工业净化室（精密机械制造、电子元件生产等）和生物洁净室（手术室、生物实验室、医药制品制造等）。

为保证洁净室正常工作，应严防外界灰尘进入洁净室和尽量避免洁净室及空调系统本身产生灰尘，必须采取一系列有效措施，如：

（1）洁净室内必须保持正压。

（2）在洁净室入口处设空气吹淋室。空气吹淋室是一个净宽为0.8～1.0m的小室，内设若干喷嘴，将经过滤的空气吹向人体各个部位，以吹掉工作服上灰尘。

（3）洁净室通常应设传递窗，一般可采用机械式传递窗。

（4）净化系统应力求严密，各部件应选用不易起尘和便于清扫的材料制作。

8.5.3　大型公共建筑空调系统

这一系统多为舒适性空调，如影剧院、会堂、体育馆等。它的特点是人员集中，而停留时间短暂，新风量大（图8-10）。

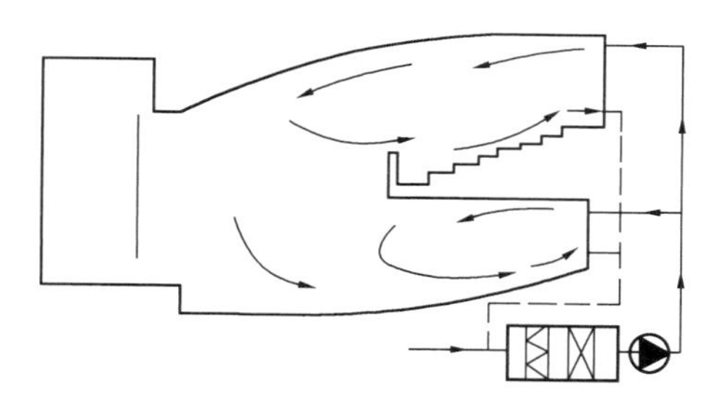

图8-10　观众厅喷口送风

送风方式多为集中送风（喷口送风）方式。

8.5.4　分散式空调系统——空调机组

空调机组是将一个空调系统连同匹配的制冷系统中的全部设备或部分设备配套组装，形成整体，而由工厂定型生产的一种空气调节设备。将空调和制冷系统中的全部主要设备都组装在同一个箱体内的，称为整体式空调机组；而将空调器和压缩冷凝机组分作两个组成部分的，称为分体式空调机组。

空调机组由于具有结构紧凑、体积较小、安装方便、使用灵活以及不需要专人管理等特点，因此在中、小型空调工程中应用非常广泛。

空调机组的种类很多，大致可分为柜式、窗式和分体式几种。

（1）立柜式恒温恒湿机组

该机组是将空气处理、制冷和电气控制等三个系统全部组装在一个箱体内，此外还配有电加热器。这类机组能自动调节房间内空气的温度和相对湿度，以满足房间在全年内的恒温恒湿要求。不同型号机组的产冷量和送风量大小不等，目前国内机组的冷量为7～116kW（6000～100000kcal/h），风量为1700～18000m^3/h。

（2）立柜式冷风机组

这类空调机组没有电加热器和电加湿器，一般也没有自动控制设备，只能供一般空调房间夏季降温减湿用。产冷量为3.5～210kW（3000～180000kcal/h）。

（3）窗式空调器

窗式空调器是可以安装在窗上或高台下预留洞内的一种小型空调机组。一般可控制室温范围为20～28℃，产冷量3.5kW左右，循环风量为500～800m³/h。

由于窗式空调安装困难、噪声大等原因，目前已很少采用。

（4）分体式空调

分体式空调分为室内机（壁挂式）和室外机两部分。其压缩机、冷凝器两部分设在室外，目前在住宅及一般公共建筑中使用较多。

8.5.5　风机盘管空调系统

风机盘管机组是空调系统的一种末端装置，由风机、盘管（换热器）以及电动机、空气过滤器、室温调节装置和箱体等组成。其形式有立式和卧式两种（图8-11）。几种风机盘管机组的主要技术性能见表8-5。

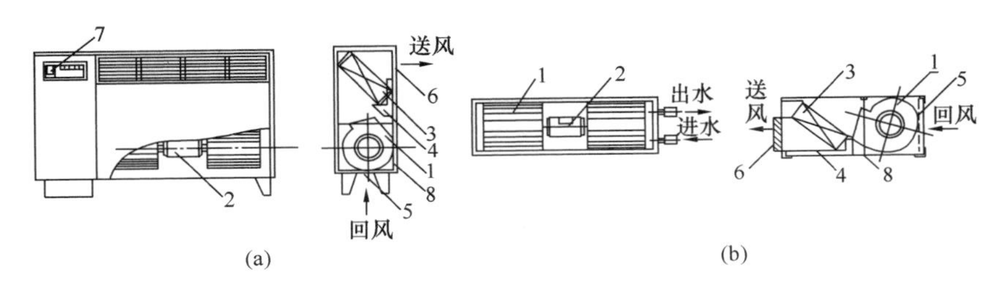

图8-11　风机盘管机组

（a）立式；（b）卧式

1—离心风机；2—电动机；3—盘管；4—凝水盘；5—空气过滤器；6—出风格栅；7—控制器（电动阀）；8—箱体

几种风机盘管机组的主要技术性能　　**表8-5**

型号	产冷量（kW）	加热量（kW）	风量（m³/h）	噪声A声级（dB）	尺寸（mm）		
					高（长）	宽	厚
FP-5 卧式暗装 立式明装	 2.33～2.9 2.33～2.9	 3.5～4.65 3.5～4.65	 ～500 ～500	 29～43 30～45	 600 615	 990 990	 220 235
F-79 卧式暗装 立式明装	 3.6 3.6	 7.0 7.0	 530 530	 23～35 23～35	 595 710	 930 1000	 288 250

风机盘管空调系统的工作原理，就是借助风机盘管机组不断地循环室内空气，使之通过盘管而被冷却或加热，以保持房间要求的温度和一定的相对湿度。盘管使用的冷水和热水由集中冷源和热源供应。机组一般设有三档（高、中、低档）变速装置，可调整风量大小，以达到调节冷、热量和降低噪声的目的。有些型号的机组还另外配带室温自动调节装置，可控制室温（16℃～28℃）±1℃。

采用风机盘管空调系统时，关于新风的补给常用如下两种方式：

（1）从墙洞引入新风

在立式机组的背后墙壁上可开设新风采气口，并用短管与机组相连接，就地引入室外空气。为防止雨、虫、噪声等影响，墙上应设进风百叶窗，短管部分应有粗效过滤器等。这种做法常用于要求不高或者是在旧有建筑中增设空调的场合。

（2）设置新风系统

在要求较高的情况下，宜设置单独的新风系统，即将新风经过集中处理后分别送入各个房间。如图8-12所示，新风可用侧向送风口送入，风口紧靠在机组的出口处，以便于两股气流能够很好地混合。

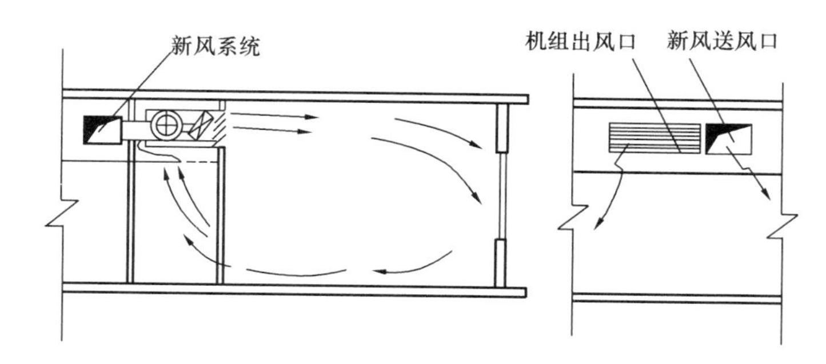

图8-12 设新风的风机盘管空调系统

风机盘管空调系统具有布置和安装方便、占用建筑空间小、单独调节性能好、无集中式空调的送风、回风风管以及各房间的空气互不串通等优点，广泛运用于宾馆等公共建筑。

本章思考题：

1. 空调和通风的区别有哪些？
2. 为什么同一个房间中，夏季空调的能耗远高于冬季供暖？
3. 空调房间的气流组织形式有哪几种？分别适用于什么场合？
4. 为什么宾馆客房的空调多采用风机盘管机组？

第 4 篇 建筑电气

民用建筑中，电能因为其传送迅速、转换简单、使用方便、价格低廉等一系列的优点，已经成为创造建筑内部工作环境，增加使用舒适度，提高建筑安全性的主要能源。建筑电气是建筑工程的基本组成部分之一，建筑的现代化程度主要靠越来越先进和完善的众多电气系统来体现。

利用电工学和电子学的理论和技术，在建筑物内部人为创造并合理保持理想的环境，以充分发挥建筑物功能的一切电工、电子设备和系统，统称建筑电气。根据建筑物用电设备和系统所传输的电压高低和电流大小，人们习惯将建筑电气分为“强电”系统和“弱电”系统。所谓“强电”指电压高、电流大、功率大的设备和系统。“弱电”指电压低、电流小、功率小的设备和系统。显然，所谓“强电”和“弱电”并没有一个在电气参数上的严格的区分，只不过是人们一个习惯而通俗的称谓。“强电”处理的对象是能源（电能），主要考虑减少损耗、提高效率和安全运行；而“弱电”处理的对象则是信号（如语音、图像、数据以及控制信号），主要关注信号传递的效果，如速度、保真度、可靠性等。

建筑电气涉及的系统很多，内容十分庞杂，而且随着科技的发展和人们对建筑功能要求的不断提高，这些子系统将会越来越多。从电能的传送和使用上来看，建筑电气包括供配电系统，照明系统，动力系统，安全和防灾系统以及信息系统。近年来，随着大规模可再生能源利用产生的能源互联网、微电网、直流建筑等新技术新设备，将极大地改变原有电网结构和社会生产生活方式。

本篇思政内容：

1. 思政元素

爱国主义教育。

2. 思政结合内容

结合本篇学习的内容，从特高压输电、5G 网络等迅速发展，谈谈新基建对国家产业发展和国民生活的影响。

3. 思政融入方式

组织课堂讨论。

第 9 章　供配电系统

9.1　电力系统简介

9.1.1　系统组成

电力系统由电源、电力网、电力用户组成。电力系统的电源一般是发电厂，发电厂大多建造在燃料或水力资源比较丰富的地方，而电能用户是比较分散的，往往又远离发电厂。这样就必须通过输电线路和变电站等中间环节将发电厂发出的电能输送给用户。由于电能目前尚不能大量储存，其生产、输送、分配和使用的全过程，实际上是在同一瞬间完成的。这个全过程中的各个环节构成一个紧密相连的整体。

由各种电压的电力线路将发电厂、变电所和电力用户联系起来的一个发电、输电、变电、配电和用电的整体，统称电力系统（图 9-1）。

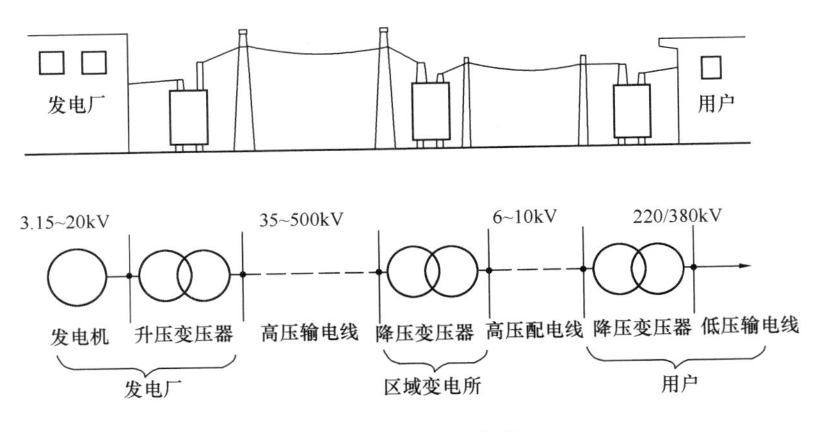

图 9-1　电力系统示意图

9.1.2　电源

电力系统中的电源主要指发电厂。其作用是将自然界蕴藏的各种其他形式的能源转换为电能并向外输出。按其所利用的能源不同，可分为水力发电厂、火力发电厂、核能发电厂、风力发电厂、潮汐发电厂、地热发电厂等，其能量转换过程基本都是：各原能源→机械能→电能。

（1）火力发电

火力发电的燃料可以是煤炭、石油、天然气等，甚至可能是城市垃圾焚烧。其基本原理是在锅炉里产生高温高压水蒸气推动汽轮机发电。火力发电的优点是初期投资少，建设周期短并靠近电力用户；缺点是能耗高，成本大且污染比较严重。

(2) 水力发电

水力发电的基本原理是利用江河水力(具有势能)推动水轮机发电。其优点是利用广泛、可再生、无污染,某些大型的水电项目还具有防洪、灌溉、航运等综合效益。缺点是电源往往远离用电负荷密集的地区,且可能造成一定程度的生态破坏。

(3) 核能发电

利用核燃料(如铀235和铀238)在核反应堆发生核裂变反应放出的巨大热量,将水加热为高温高压蒸汽推动汽轮机发电。优点是核燃料体积小,运输量小,无灰渣;缺点是一旦核物质泄漏会造成放射性污染。

(4) 风力发电

通过风轮(螺旋桨叶)带动发电机发电。优点是灵活分散且可再生,特别适合无电网覆盖且缺乏燃料、交通不便的沿海岛屿、草原牧区等。缺点是噪声较大且对无线通信有一定的干扰。

(5) 地热发电

原理同火力发电相似,但不需要燃料和锅炉,蒸汽来自地热资源,直接推动汽轮机发电。

(6) 潮汐发电

原理同水力发电相似,利用海湾、河口等作为储水库,修建拦水堤坝,涨潮时保存海水,落潮时放出海水,利用潮位落差推动水轮机发电。优点是可再生,无污染,不占耕地,而且不像江河水电站易受枯水季节影响。

(7) 太阳能发电

一种是利用光电半导体的光电效应发电,另一种是将阳光聚焦到蒸汽锅炉,产生蒸汽推动汽轮机发电。太阳能发电方式往往容量较小,发电量不高。

除上述几种电源外,建筑物通常还利用柴油发电机组作为应急电源或备用电源。

当前,我国绝大部分电能来自火力发电和水力发电。我国十分重视新能源和可再生能源的发展,近些年来,风力发电、太阳能光伏发电、核能发电等装机容量不断扩大,占比显著提高。

9.1.3 电力网

(1) 电压等级

《标准电压》GB/T 156—2017中规定,标准电压包括以下等级:

0.4kV, 3kV, 6kV, 10kV, 20kV, 35kV, 66kV, 110kV, 220kV, 330kV, 500kV, 750kV, 1000kV。

就整个电力网而言,0.4kV作为低压配电电压,3kV、6kV、10kV作为中压配电电压,35kV、66kV、110kV作为高压配电电压,220kV、330kV、500kV作为高压输电电压,750kV及以上作为超高压输电电压(我国还有±800kV特高压直流输电)。整个电力网的电压等级不宜过多,多一级电压就会多一级变电站和相应的电力设备以及电网网损,造成资源能源的浪费;电压等级也不宜过少,如果电网电压过少会造成输电容量无法合理分配，并且变电站高压侧出线太多给布线带来困难。我国城市电力网目前一般采用五级电压，即0.4kV/10kV/35kV/110kV/220kV或330kV。

对于建筑电气而言，电压大于等于1kV都称为高压，小于1kV称为低压。

（2）电网设施

电网设施包括整个输配电环节上的各级变电站（所），开闭所，电力线等。其中电力线包括架空线路和埋地电缆线路，对于35kV及以上的架空线路需要考虑高压电力线走廊的位置和宽度。

（3）接线方式

电力网中线路的接线方式有放射型、环型、网孔型等。

9.2 建筑供配电系统基本概念

对于建筑电气而言，电源可泛指城市电网中的任一点，如变电所的一路出线，一台变压器，一根电缆的π型接线转接箱等。建筑供配电系统包括从电源进户起到用电设备的输入端止的整个电路，主要功能是完成在建筑内接受电能、变换电压，分配电能、输送电能的任务。其设计内容主要包括建筑电力负荷级别、供电电源和电压级别、配电方式、电气设备以及配电线路的选择和确定。

9.2.1 负荷分级及供电要求

根据电力负荷供电可靠性及中断供电所造成的损失或影响程度，分为特级负荷、一级负荷、二级负荷和三级负荷，并对各级负荷的供电电源提出要求，作为供配电系统设计的主要依据。

1）特级负荷

（1）中断供电将危害人身安全，造成人身重大伤亡；

（2）中断供电，将在经济上造成特别重大损失；

（3）在建筑中具有特别重要作用及重要场所中不允许中断供电的负荷。

特级用电负荷应由三个电源供电，并符合下列要求：三个电源应由满足一级符合要求的两个正常电源和一个应急电源组成。应急电源的容量应满足全部特级用电负荷的供电要求。应急电源的切换时间和供电时间应满足特级用电负荷的要求。应急电源应是与电网在电气上独立的各种电源，如蓄电池、柴油发电机、UPS等。

2）一级负荷

（1）中断供电将造成人身伤害；

（2）中断供电将在经济上造成重大损失；

（3）中断供电将影响重要用电单位的正常工作，或造成公共场所秩序严重混乱。

例如重要的交通枢纽、重要的通信枢纽、重要的经济信息中心、国宾馆、承担重大国事活动的会堂、国家级大型体育中心，以及经常用于重要国际活动的大量人员集中的公共场所等的重要用电负荷。

一级负荷应由两个电源供电，当其中一个电源发生故障时，另一个电源应不致同时受到破坏。每个正常电源的容量应满足全部一级用电负荷的供电要求。两个正常电源宜同时工作，也可一用一备。

3）二级负荷

（1）中断供电将造成较大经济损失；

（2）中断供电将影响重要用电单位的正常工作或造成公共场所秩序混乱。

二级负荷的供电电源应保证当电力变压器发生故障或线路常见故障时不致中断供电（或中断后能迅速恢复）。一般宜采用两回线路供电，负荷较小或地区供电条件的困难时，允许由一回 6kV 及以上的架空线供电。

4）三级负荷

不属于一级和二级的负荷定为三级负荷。

三级负荷可按约定供电，单电源供电即可。

民用建筑中常用重要用电负荷的分级应符合表 9-1 的规定。

民用建筑重要用电负荷分级　　**表 9-1**

负荷级别	建筑物名称	电力负荷名称
特级	高度超过 150m 的建筑物	消防系统用电，安防系统用电，应急照明、航空障碍照明用电
一级	高度 100～150m 的建筑物	消防系统用电，安防系统用电，值班照明、警卫照明、航空障碍照明用电，主要通道及楼梯间照明用电，客梯用电，排污泵、生活水泵用电
一级	一类高层民用建筑	消防系统用电，安防系统用电，值班照明、警卫照明、航空障碍照明用电，客梯用电，排污泵、生活水泵用电
二级		主要通道及楼梯间照明用电
二级	二类高层民用建筑	消防系统用电，主要通道及楼梯间照明用电，客梯用电，排污泵、生活水泵用电

9.2.2　电压选择和电能质量

1）电压等级

电气设备都是设计在额定电压下工作的。电气设备的额定电压就是保证设备正常运行且能获得最佳经济效果的电压。我国标准规定的电网和用电设备额定电压等级为：低压配电电压应采用 220V/380V，高压供电电压为 6kV、10kV、35kV、110kV 等。

2）电压选择

用电单位的供电电压应根据用电容量、用电设备特性、供电距离、供电线路的回路数、用电单位的远景规划、当地公共电网现状以及经济合理性等因素综合考虑决定。我国《民用建筑电气设计标准》GB 51348—2019 规定：用电设备容量在250kW以上时应以高压10kV供电，用电设备容量在250kW以下时，一般应以低压方式供电，低压配电电压应采用220V/380V。当线路电流不超过30A时，可用220V单相供电。

多数大中型民用建筑以10kV电压供电，少数特大型民用建筑可由35kV电压供电。

3）电能质量

电力系统的电压和频率直接影响电气设备的运行，所以说，电压和频率是衡量电能质量的两个基本参数。我国一般交流电力设备的额定频率为50Hz，称之为“工频”，频率的偏差一般不得超过±0.5Hz，频率的调整主要依靠发电厂。

对于民用供电系统来说，提高电能质量主要是提高电压质量的问题，一般影响电压质量的因素主要有以下几种：

（1）电压偏移——用电设备的端电压与其额定电压有偏差。常用设备电压偏移的范围为：一般电动机和一般工作场所照明为－5％～＋5％，视觉要求较高的室内场所为－2.5％～＋5％。电压偏低会明显缩短电动机的使用寿命，影响白炽灯的发光效率，导致荧光灯不易点燃。电压偏高会不同程度缩短白炽灯、荧光灯和电机的寿命。常用的减少电压偏移的方法有：正确选择变压器的变比，合理补偿无功功率，尽量使三相荷载平衡。

（2）电压波动——即瞬时的电压偏移，一般是由于负荷急剧变动引起。电压波动对照明的影响最为明显，使照明灯发出明显闪烁，对人眼造成刺激。此外，电压波动也可影响电机的正常起动，使电子计算机无法正常工作，A级计算机允许的电压波动范围为－5％～＋5％。常用的抑制电压波动的措施有：采用专线或专用变压器对负荷变动剧烈的大型电气设备单独供电；设法增大供电容量，减小系统阻抗；在系统电压波动严重时，减小或切除引起波动的负荷。荧光灯、电动机等非线性元件的使用所产生的高次谐波也是影响电能质量的因素之一。

（3）供电可靠性

供电可靠性可通过停电时间的长短来描述，为了定量描述供电可靠性，引入供电可靠率的概念。供电可靠率定义为一年内电力部门对某用户供电时间减去平均停电时间，再除以应供电时间得到的百分比。目前，我国电网供电可靠率的平均水平大约是99.96％。

9.3　用电负荷计算

9.3.1　基本概念

供配电系统要能够在正常条件下可靠地运行，系统中的配电线路，控制和保护设备都必须合理选择，选择的条件一般依据工作电压的要求和负荷电流的要求。用电负荷的计算主要是指满足负荷电流要求的计算，它将为系统中的电气设备、配电线路、控制和保护设备的合理选择提供依据。

1）负荷种类

由于用电系统和设备的工作制不尽相同，有的是长期连续运行，有的是短时间工作，还有的是反复短时间间歇工作，所以造成用电负荷是随着时间波动变化的。对负荷分类的目的就是满足不同需要的条件下的计算数值作为选择各电气设备的依据。

（1）计算负荷

计算负荷也称为最大负荷，是指消耗电能最多的 30 分钟时间内的平均功率。因为电气设备连续运行半个小时一般就能达到稳定的温升，所以用最大负荷来作为按发热条件选择电气设备的依据。计算负荷是负荷计算的基本依据，计算负荷确定得是否合理，直接影响到电气设备和导线的选择是否合理，如果计算负荷确定得过小，将增加电能损耗，产生过热，引起绝缘过早老化，甚至烧毁设备；如果计算负荷确定过大，又将使控制设备和导线选择过大，造成投资和有色金属的浪费。各计算负荷的表示方法和单位分别是：

有功计算负荷 P_{js}，千瓦（kW）　　无功计算负荷 Q_{js}，千乏（kVar）

视在计算负荷 S_{js}，千伏安（kVA）　　计算电流 I_{js}，安培（A）

（2）尖峰负荷

指连续 1 秒到 2 秒时间内的最大平均负荷，可看作短时最大负荷。它用来作为校核电路中的电压波动，从而选择熔断器和自动开关等保护元件和设备依据。相应的有 P_{jf}、Q_{js}、S_{js}和 I_{js}。

（3）平均负荷

指电气系统和设备在某段时间内所消耗的电能除以该段时间所得到的平均功率值。它用来计算某段时间内的用电量并确定补偿电容的大小。相应的有 P_p、Q_p、S_p和 I_p。

平均负荷与最大负荷（计算负荷）的比值称为负荷系数或负荷率，它可以反映负荷波动的程度。

2）需要系数 K_x

每个用电设备的安装容量就是其铭牌上标的额定容量 P_e，即该用电设备在额定条件下的最大输出功率。建筑内所有用电设备的总容量为 P_s，$P_{js}=P_s=\Sigma P_e$。考虑到在线路中传输的能量损失，$P_{js}=\eta \cdot P_s$；又考虑到全部电气设备并不是同时运行，计入同时运行系数 K_t，$P_{js}=K_t \cdot \eta \cdot P_s$；再考虑到并不是所有的电气设备都是在额定条件下满负荷运行，计入系数 K_f，$P_{js}=K_f \cdot K_t \cdot \eta \cdot P_s=K_x \cdot P_s$。由此可见，需要系数 K_x的确定十分复杂，实际上它与用电设备组的工作性质、设备台数、设备功率和线路损耗等因素有关，也与工人技术熟练程度和生产组织有关。因此，需要系数 K_x一般通过实测来确定，以便尽可能符合实际。对不同类型的建筑和不同类型的用电设备，整理出相应的需要系数表，可供设计中查用。表 9-2 列出了部分民用建筑主要用电设备的需要系数。

3）有功功率，无功功率，视在功率和功率因数

对于纯电阻负载来说，电压和电流是同相位的，消耗在负载上的功率全部用来做功，即电能全部转换成热能，电阻负载的额定功率就等于有功功率 P。而交流电路中的纯电感负载，只能将电能转化为磁场能，再反变为电能回馈到电源，在此过程中并不做功，记为无功功率 Q。在实际的电气系统中，由于大量电感性负载的存在（如交流电机）使得整个电路中产生无功电流和无功功率，使供电线路造成电压降并消耗电能。这种电气设备的额定功率并不是完全做功的，包括有功功率和无功功率两个部分，其数值等于有功功率和无功功率的几何平均值。这时设备的额定功率就是视在功率 S，即 $P_e=S$。功率因数定义为有功功率 P 和视在功率 S 的比值，用来反映无功功率损耗情况。功率因数有瞬时功率因数、平均功率因数和最大负荷时功率因数。由于在进行供电设计时的计算负荷均为半小时最大负荷（即年最大负荷），因此，在负荷计算中所指的功率因数一般为最大负荷时功率因数。表 9-2 列出了民用建筑主要用电设备的功率因数。

部分建筑用电设备的需要系数和功率因数　　表 9-2

序号	用电设备分类	K_x	$\cos\varphi$	$\tan\varphi$
1	通风和供暖用电			
	各种风机，空调器	0.7～0.8	0.8	0.75
	恒温空调箱	0.6～0.7	0.95	0.33
	冷冻机	0.85～0.9	0.8	0.75
	集中式电热器			0
	分散式电热器（20kW 以下）	0.85～0.95		0
	分散式电热器（100kW 以上）	0.75～0.85		0
	小型电热设备	0.3～0.5	0.95	0.33
2	给排水用电			
	各种水泵（15kW 以下）	0.75～0.8	0.8	0.75
	各种水泵（17kW 以上）	0.6～0.7	0.87	0.57
3	起重运输用电			
	客梯（1.5t 及以下）	0.35～0.5	0.5	1.73
	客梯（2t 及以上）	0.6	0.7	1.02
	货梯	0.25～0.35	0.5	1.73
	输送带	0.6～0.65	0.75	0.88
	起重机械	0.1～0.2	0.5	1.73
4	锅炉房用电	0.75～0.85	0.85	0.62
5	消防用电	0.4～0.6	0.8	0.75
6	厨房及卫生用电			
	食品加工机械	0.5～0.7	0.8	0.75
	电饭锅、电烤箱	0.85	1.0	0
	电炒锅	0.7	1.0	0
	电冰箱	0.60～0.7	0.7	1.02
	热水器（淋浴用）	0.65	1.0	0
	除尘器	0.3	0.85	0.62
7	动力用电			
	打包机	0.20	0.5	1.73
	洗衣房动力	0.65～0.75	0.35	2.68
	天窗关闭机	0.1	0.5	1.73

续表

序号	用电设备分类	K_x	$\cos\varphi$	$\tan\varphi$
8	通信及信号设备			
	载波机	0.85～0.95	0.8	0.75
	收讯机	0.8～0.9	0.8	0.75
	发讯机	0.7～0.8	0.8	0.75
	电话交换台	0.75～0.85	0.8	0.75
	客房床头电气控制箱	0.15～0.25	0.6	1.33

9.3.2 负荷计算的方法

影响用电负荷的因素很多，实际负荷情况很复杂，而且也不是固定不变的。因而必须选择正确的负荷计算方法，以使计算结果尽量符合实际。负荷计算的方法有需要系数法、单位建筑面积安装功率法、二项式法和利用系数法等。在民用建筑电气设计中，一般可采用需要系数法和单位建筑面积安装功率法。

1）按需要系数法确定计算负荷

（1）用电设备组的需要系数

即为用电设备组在最大负荷时需要的有功功率与其设备容量的比值，即：$K_x=P_{js}/P_N$。由此可得，确定用电设备组有功计算负荷的基本公式为：

$$P_{js}=K_x\cdot P_N \tag{9-1}$$

式中 P_N——用电设备组的总设备容量，P_N的计算应先根据用电设备的工作性质进行分类，除去备用和不同时工作的，其余设备的额定功率相加即可得到；

K_x——该用电设备组的需要系数，它与用电设备组的工作性质、设备台数、设备功率和线路损耗等因素有关，也与工人技术熟练程度和生产组织有关。

在求出有功计算负荷后，可按下列各式分别求出其余计算负荷：

无功计算负荷：$$Q_{js}=P_{js}\cdot\tan\varphi\quad(\text{kVar}) \tag{9-2}$$

视在计算负荷：$$S_{js}=P_{js}/\cos\varphi\quad(\text{kVA}) \tag{9-3}$$

或 $$S_{js}=\sqrt{P_{js}^2+Q_{js}^2}\quad(\text{kVA})$$

计算电流：三相负荷时：$$I_{js}=S_{js}/\sqrt{3}U_N\quad(\text{A}) \tag{9-4}$$

单相负荷时：$$I_{js}=S_{js}/U_L\quad(\text{A}) \tag{9-5}$$

当单相负荷接入三相电路中时，应尽量做到在三相内均匀分配。当单相负荷的总容量超过计算范围内三相对称负荷总容量的15%时，应将单相负荷换算为等效三相负荷，其等效三相负荷应取最大相负荷3倍。

以上各式中 $\cos\varphi$——用电设备组的功率因数；

$\tan\varphi$——用电设备组的功率因数所对应角度的正切值；

U_N——三相用电设备的端电压（民用建筑中一般为380V）；

U_L——单相用电设备的端电压（民用建筑中一般为220V）。

（2）多组用电设备组的计算负荷（配电干线或变电所）

$$P_{js}=K_{\Sigma P}\Sigma(K_x\cdot P_N) \tag{9-6}$$
$$Q_{js}=K_{\Sigma q}\Sigma(K_x\cdot P_N\cdot\tan\varphi) \tag{9-7}$$
$$S_{js}=\sqrt{P_{js}^2+Q_{js}^2} \tag{9-8}$$

式中　$K_{\Sigma P}$——有功功率的同时系数，一般取：0.8～0.9；

$K_{\Sigma q}$——无功功率的同时系数，一般取：0.93～0.97。

（3）用电设备容量P_N的确定

a. 动力设备容量P_N（只考虑工作设备，不包括备用设备和不同时工作设备）

长期工作的动力设备容量，就是其铭牌额定容量；短期和反复短期动力设备的容量，应根据其工作状态换算至标准状态下。

b. 照明设备容量P_N

白炽灯等热辐射光源取其铭牌额定功率；气体放电灯、金属卤化物灯除灯泡的功率外，还应考虑镇流器的功率损耗，如荧光灯应增加20%，高压水银灯一般应增加8%等。

2）按单位面积功率法确定计算负荷

（1）基本公式

$$P_{js}=\frac{K_S\cdot A}{1000}\quad(\mathrm{kW}) \tag{9-9}$$

式中　P_{js}——有功计算负荷（kW）；

A——建筑面积（m^2）；

K_S——用电指标（W/m^2）。

K_S的确定要建立在科学调查的基础上，表9-3列出了部分民用建筑的用电指标。

各类建筑的用电指标　　**表9-3**

建筑类别	供电指标（W/m^2）
1. 公寓	30～50
2. 旅馆	40～70
3. 办公	40～80
4. 商业	
一般	40～80
大中型	70～130
5. 体育	40～70
6. 剧场	50～80
7. 医院	40～70
8. 大专院校	20～40
9. 中小学	12～20
10. 展览馆	50～80
11. 演播室	250～500
12. 汽车库	8～15

注：1. 当空调冷水机组采用直燃机时，用电指标比采用电动压缩机制冷时的用电指标降低25～35VA/m^2；表中所列上限值是按空调采用电动压缩机制冷时的数值；

2. 表中用电指标为W/m^2，考虑功率因数和变压器负荷率，折合成变压器容量VA/m^2时，乘以系数1.5。

（2）根据上述公式确定有功计算负荷后，再根据式（9-2）～式（9-5）确定其他各项计算负荷。

3）无功功率补偿

采用高压供电的用电单位，功率因数应在0.9以上；低压供电的用电单位，功率因数应为0.85以上。当达不到上述要求时，就应进行无功补偿。通过无功补偿，可以有效地降低电力系统的电能损耗和电压损耗，不仅可以节约电能，提高电压质量，还可以选用较小的导线或电缆，节约有色金属。

进行无功补偿就是要提高功率因数。如图9-2所示，在有功功率 $\dot{P}_{js}$ 基本不变的情况下，将功率因数 $\cos\varphi$ 提高到 $\cos\varphi'$，无功功率 Q_{js} 和视在功率 S_{js} 将相应减小，从而负荷电流 I_{js} 也减小。

无功补偿的办法之一就是装设并联电容器，其补偿容量应根据下式来确定：

$$Q_c = Q_{js} - Q'_{js} = P_{js}(\tan\varphi - \tan\varphi') \tag{9-10}$$

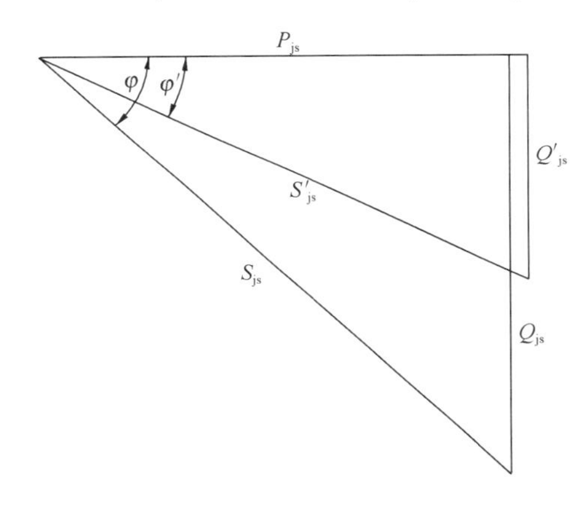

图9-2　功率因数提高与无功和视在功率变化的关系

9.4　低压配电线路

9.4.1　低压配电系统的接线方式

低压配电系统的接线方式有三种，分别是放射式、树干式和混合式。

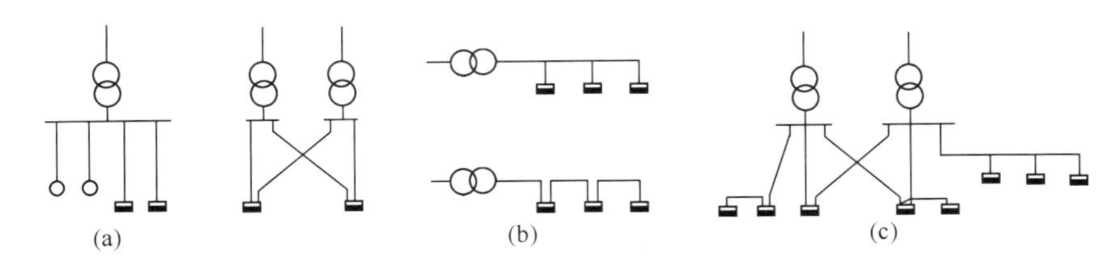

图9-3　低压配电系统的接线方式
（a）放射式；（b）树干式；（c）混合式

1）放射式

如图9-3（a）所示，从低压母线到用电设备或二级配电箱均由独立的线路直接供电，沿线不支接其他负荷。这种接线方式的优点是线路敷设简单，且当其中的一路发生故障时，不影响其他干线的供电，供电可靠性高。其缺点是低压母线出线回路较多，耗用的电缆或导线较多。这种方式适用于负荷比较集中，容量较大的场所或重要的用电设备。

2）树干式

如图 9-3（b）所示，在低压母线所引出的配电干线上可以直接连接 3～5 个分配电箱或用电设备，每个用电负荷从该干线上直接接出分支线。这种供电方式的可靠性比放射式差，干线发生故障时影响范围大，但敷设简单，低压母线出线回路少，可以节省导线和控制设备。一般适用于用电设备分布较广且布置较均匀，容量不大，对供电无特殊要求的场所。

3）混合式

如图 9-3（c）所示，是上述两种接线方式的组合，这种系统的灵活性好，也最为常用。对建筑物内的重要部分可用放射式供电，一般负荷采用树干式供电。民用建筑供电中一般多采用混合式的接线方式。几种常用的低压配电干线接线方案如图 9-4 所示。

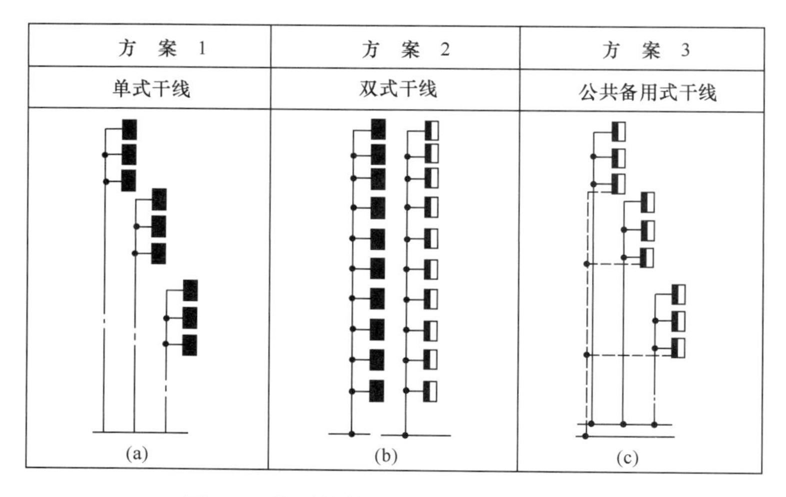

图 9-4　常用的低压配电干线接线方案图

图 9-4（a）适用于用电负荷较小的高层建筑，干线采用电缆或导线穿管敷设，工程造价较低，供电可靠性较差。图 9-4（b）适用于用电负荷较大的建筑，配电干线可采用硬母线或预分支电缆方式配线。图 9-4（c）采用公用备用电源干线作为重要部位的电力负荷的备用电源，比上述两个方案提高了用电的可靠性。

9.4.2　电线、电缆的选择和敷设

在建筑电气系统中，导线在建筑物内用量最大，分布最广。合理地选择导线，不但可以节省有色金属，而且可以有效地保证供电质量和安全。选择导线主要是确定导线型号和导线截面。

1）电线、电缆型号的选择

电线、电缆的型号用来反映导线的导体材料和绝缘方式，型号选择就是导体材料和绝缘方式的选择。导体材料有铝芯和铜芯两种，铜的导电性略好于铝，但价格较贵。绝缘材料有橡皮和塑料两种。橡皮的缺点是不耐油，不耐酸碱，比较适合作为户外线路绝缘材料；塑料价格低廉，但低温时容易变硬变脆，高温时又容易软化。

（1）常用的电线型号、名称及用途如表 9-5 和表 9-6 所示。

橡皮绝缘线 表 9-5

型号	名称	用途
BLXF（BXF）	铝（铜）芯氯丁橡皮线	固定敷设，尤其适用于户外
BLX（BX）	铝（铜）橡皮线	固定敷设

聚氯乙烯绝缘电线 表 9-6

型号	名称	用途
BV BLV BVV BLVV	铜芯聚氯乙烯绝缘电线 铝芯聚氯乙烯绝缘电线 铜芯聚氯乙烯绝缘聚氯乙烯护套电线 铝芯聚氯乙烯绝缘聚氯乙烯护套电线	用于交流 500V 及以下或直流 1000V 及以下的电器设备及电气线路，可明敷、暗敷、护套线可以直接埋地
BVR	铜芯聚氯乙烯软电线	同 BV 型，安装要求柔软时用

（2）常用的电缆型号、名称及用途如表 9-7 和表 9-8 所示。

聚氯乙烯绝缘聚氯乙烯护套电力电缆 表 9-7

型号	名称	使用条件
VV VLV	聚氯乙烯绝缘聚氯乙烯护套电力电缆	可敷设在室内隧道及管道中，电缆不能承受机械外力作用
VV_{22} VLV_{22}	聚氯乙烯绝缘，钢带铠装聚氯乙烯护套电力电缆	可敷设在室内、隧道、地下、矿井中，电缆可承受机械外力，但不能承受拉力

聚氯乙烯绝缘聚氯乙烯护套控制电缆 表 9-8

型号	名称	使用条件
KVV	铜芯聚氯乙烯绝缘、聚氯乙烯护套控制电缆	可敷设在室内、电缆沟、管道等固定场合
KVV_{22}	铜芯聚氯乙烯绝缘、聚氯乙烯护套钢带铠装控制电缆	可敷设在室内、电缆沟、管道、直埋等固定场合，可承受较大机械外力

（3）根据周围的环境选择导线的型号和敷设方式，如表 9-9 所示。

导线的敷设环境和方式　　表 9-9

环境特征	线路敷设方式	常用导线、线缆型号
正常干燥环境	1. 绝缘线、瓷珠、瓷夹板或铝皮卡子明配线	BBLX、BLXF、BLV、BLVV、BLX、BBX、BXF、BV、BVV、BX
	2. 绝缘线、裸线、瓷瓶明配线	BBLX、BLXF、BLV、BLX、LJ、BBX、BXF、BV、BX
	3. 绝缘线穿管明敷或暗敷	BBLX、BLXF、BLV、BLX、BBX、BXF、BV、BX
	4. 电缆明敷或放在沟中	ZLL、ZL、VLV、ZLQ
潮湿或特别潮湿的环境	1. 绝缘线瓷瓶明配线（敷设高度大于 3.5m）	BBLX、BLXF、BLV、BLX、BBX、BXF、BV、BX
	2. 绝缘线穿塑料管，厚壁钢管明敷和暗敷	BBLX、BLXF、BLV、BLX、BBX、BXF、BV、BX
	3. 电缆明敷	ZLL、VLV、YJV、XLV
多尘埃环境（包括火灾及爆炸危险尘埃）	1. 绝缘瓷珠、瓷瓶明配线	BBLX、BLXF、BLV、BLVV、BLX、BBX、BXF、BV、BVV、BX
	2. 绝缘线穿塑料管，厚壁钢管明敷和暗敷	BBLX、BLV、BLXF、BLX、BBX、BV、BXF、BX
	3. 电缆明敷设或放在沟中	ZLL、ZL、VLV、YJV、XLV、ZLQ
有腐蚀性的环境	1. 绝缘线瓷珠、瓷瓶明配	BLV、BLVV、BV、BVV
	2. 绝缘线穿塑料管，厚壁钢管明敷和暗敷	BBLX、BLXF、BLV、BV、BLX、BBX、BXF、BX
	3. 电缆明敷	VLV、YJV、ZLL
有火灾危险的环境	1. 绝缘线，瓷瓶明配	BBLX、BLV、BLX、BBX、BV、BX
	2. 绝缘线穿钢管明敷或暗敷	BBLX、BLV、BLX、BBX、BV、BX
	3. 电缆明敷或放在沟中	ZLL、ZLQ、VLV、YJV、XLV
有爆炸危险的环境	1. 绝缘线穿钢管明敷或暗敷	BBX、BV、BX、BBLX、BLV、BLX
	2. 电缆明敷	ZL、ZQ、VV

2）导线和电缆截面的选择

导线和电缆线芯截面的选择应满足下列几个要求：

在额定电流下，导线和电缆的温升不应超过允许值；

在额定电流下，导线和电缆上的电压损失不应超过允许值；

导线的截面不应小于最小允许截面，对于电缆不必校验机械强度；

导线和电缆，还应满足工作电压的要求。

（1）按导线和电缆截面必须满足的发热条件选择

电流通过导线（或电缆，下略）时，导线因具有电阻而发热，导线的温度随之升高。通过相同的电流时，截面大的导线发热量小，截面小的导线发热量大。一般导线的最高容许工作温度为 65℃，超过这一温度时，可能因导线绝缘的损坏而造成短路，情况严重时还可能把导线熔断和酿成火灾。

通常把导线在规定的温度条件下，导线能够连续承受而不致使其稳定温度超过规定值的最大电流，称作导线的允许载流量。这里所指的温度条件是指导线未通过电流时的环境起始温度，按规定，选择导线所用的环境温度：室外，采用当地最热月平均气温；室内，可取当地最热月平均气温加 5℃。例如，当环境温度为 30℃时，导线容许的温升是 65℃－30℃＝35℃，再根据导线的工作电流（或计算电流）就可以查出所需的导线截面。表 9-10 中列出了常用导线不同敷设方法时的允许载流量。

（2）按线路允许的电压损失选择

当电流通过导线时，由于线路中存在电阻，必将引起电压损失（电压降）。线路越长，负荷越大，则电压损失也越大。用电设备对电压变化的影响甚为敏感。如白炽灯，当电压较额定值（目前通用的额定电压是 220V）低 5%时，光通量要减少 18%，而当电压较额定值高 5%时，灯泡使用寿命将降低一半。因此，规定在照明电路中由变压器低压侧到室内最末一支电灯的容许电压损失，不得超过额定电压的 5%；由进户线到室内最末一支电灯的电压损失应小于 2.5%。因此，室内线路容许的电压损失值便要相应地减少。如进户线处的电压已低于额定电压的 3%，则室内线路电压损失的容许值为 5%－3%＝2%。

线路中的电压损失百分值（或叫相对电压损失）ΔU（%），可按下述公式计算：

a. 单相 220V 两线制

$$\Delta U=\frac{2P\cdot L}{r\cdot S\cdot U^{2}}\times 100\% \qquad (9\text{-}11)$$

式中　ΔU——电压损失占额定电压的百分数（%）；

P——用电设备的功率（W）；

L——线路长度，即起点至终点的距离（m）；

r——导线的导电率［铜线的 $r=54\text{m}/(\text{mm}^2\cdot\Omega)$；铝线的 $r=32\text{m}/(\text{mm}^2\cdot\Omega)$］；

S——导线截面（mm^2）；

U——线路额定电压（V）。

当用荧光灯时，其功率因数为 0.45～0.6，则电压损失按式（9-11）计算后，再加大约 10%。

b. 三相 380/220V 三线制和各线负荷均匀的四线制：

$$\Delta U=\frac{P\cdot L}{r\cdot S\cdot U^{2}}\times 100\% \qquad (9\text{-}12)$$

式中　U——线路额定电压，为 380V；

其他符号的意义同前式。

为了简化计算，将设备功率（kW）和线路长度（m）和乘积称为“负荷矩”，将导线截面、负荷矩和电压损失三者的关系列于表 9-11 与表 9-12。只要已知负荷矩，即可按容许的电压损失值查表确定导线截面，或按已选定的导线截面来校核电压损失值。

常用导线不同敷设方法时的允许载流　　　表 9-10

导线截面 (mm²)	线芯结构			导线明敷设				橡皮绝缘导线多根同穿在一根管内时允许负荷电流（A）												塑料绝缘导线多根同穿在一根管内时允许负荷电流（A）											
	股数	单芯直径 (mm)	成品外径 (mm)	25℃		30℃		25℃						30℃						25℃						30℃					
				橡皮	塑料	橡皮	塑料	穿金属管			穿塑料管			穿金属管			穿塑料管			穿金属管			穿塑料管			穿金属管			穿塑料管		
								2 根	3 根	4 根	2 根	3 根	4 根	2 根	3 根	4 根	2 根	3 根	4 根	2 根	3 根	4 根	2 根	3 根	4 根	2 根	3 根	4 根	2 根	3 根	4 根
1.0	1	1.13	4.4	21	19	20	18	15	14	12	13	12	11	14	13	11	12	11	10	14	13	11	12	11	10	13	12	10	11	10	9
1.5	1	1.37	4.6	27	24	25	20	20	18	17	17	16	14	19	17	16	16	15	13	19	17	16	16	15	13	18	16	15	15	14	12
2.5	1	1.76	5.0	35	32	33	30	28	25	23	25	22	20	26	23	22	23	21	19	26	24	22	24	21	19	24	22	21	22	20	18
4	1	2.24	5.5	45	42	42	39	37	33	30	33	30	25	35	31	28	31	28	24	35	31	28	31	28	25	33	29	26	29	26	23
6	1	2.73	6.2	58	55	54	51	49	43	39	43	38	34	46	40	36	40	36	32	47	41	37	41	36	32	44	38	35	38	34	30
10	1	1.33	7.8	85	75	79	70	68	60	53	59	52	46	64	56	50	55	49	43	65	57	50	56	49	44	61	53	47	52	46	41
16	1	1.68	8.8	110	105	103	98	86	77	69	76	68	60	80	72	65	71	64	56	82	73	65	72	65	57	77	68	61	67	61	53
25	19	1.28	10.6	115	138	135	128	113	100	90	100	90	80	106	94	84	94	84	75	107	95	85	95	85	75	100	89	80	89	80	70
35	19	1.51	11.8	180	170	168	159	140	122	110	125	110	98	131	114	103	117	103	92	133	115	105	120	105	93	124	107	98	112	98	87
50	19	1.81	13.8	230	215	215	201	175	154	137	160	140	123	163	144	128	150	131	115	165	146	130	150	132	117	154	136	121	140	123	109
70	49	1.33	17.3	285	265	266	248	215	193	173	195	175	155	201	180	162	182	163	145	205	183	165	185	167	148	192	171	154	173	156	138
95	84	1.20	20.8	345	320	322	304	260	235	210	240	215	195	241	220	197	224	201	182	250	225	200	230	205	185	234	210	187	215	192	173
120	133	1.08	21.7	400	375	374	350	300	270	245	278	250	227	280	252	229	260	234	212	285	266	230	265	240	215	266	248	215	248	224	201
150	37	2.24	22.0	470	430	440	402	340	310	280	320	290	265	318	290	262	299	271	248	320	295	270	305	280	250	299	276	252	285	262	234
185				540	490	504	458	385	355	320	360	330	300	359	331	299	336	308	280	380	340	300	355	375	280	355	317	280	331	289	261

注：导电线芯最高允许工作温度＋65℃。

单相 **220V** 两线制铜导线负荷矩（kW·m）

与电压损失百分值对照表（$\cos\varphi=1$）　**表 9-11**

截面(mm²) ΔU（%）	1.5	2.5	4	6	10	16
0.2	3.5	5.8	9.4	13.8	23.5	38.4
0.4	6.9	11.5	18.7	28	47	77
0.6	10.4	17.2	28	42	71	115
0.8	13.9	23	37	55	94	154
1.0	17.3	28.8	47	69	118	191
1.2	20.7	35	56	83	142	231
1.4	24.3	40	65	96.6	165	269
1.6	27.7	46	75	111	188	308
1.8	31.2	52	84	124	212	346
2.0	34.6	58	94	139	235	384
2.2	38	63	103	152	260	453
2.4	42	69	113	166	283	462
2.6	45	75	122	179	306	500
2.8	48	80	131	194	329	539
3.0	52	86	141	207	353	577
3.2	55	92	150	222	377	616
3.4	58	98	159	235	400	655
3.6	62	104	169	250	425	693
3.8	66	110	178	263	447	732
4.0	69	115	187	278	471	771
4.2	73	121	197	291	495	808
4.4	76	127	206	305	518	847
4.6	80	132	215	318	542	885
4.8	83	138	225	333	565	924
5.0	87	144	234	346	590	963

三相 **380/220V** 三线制或各相负荷均匀的四线制铜导线负荷矩（kW·m）

与电压损失百分值对照表（$\cos\varphi=1$）　**表 9-12**

截面(mm²) ΔU（%）	1.5	2.5	4	6	10	16	25	35	50	70	95	120
0.2	20.6	34.3	55.7	82.5	140	229	356	495	720	973	1343	1674
0.4	41.2	69	111	165	222	456	711	990	1140	1946	2685	3348
0.6	61.8	103	167	247	427	685	1068	1586	2160	2919	4028	5022
0.8	82.3	137	223	330	570	982	1442	1981	2880	3893	5370	6696
1.0	103	173	278	413	713	1141	1779	2476	3601	4866	6713	8370
1.2	124	206	335	496	855	1369	2135	2970	4320	5839	8055	10044

续表

截面(mm^2) ΔU（%）	1.5	2.5	4	6	10	16	25	35	50	70	95	120
1.4	144	240	390	578	998	1598	2491	3466	5040	6812	9398	11718
1.6	165	274	446	661	1141	1862	2846	3961	5760	7785	10741	13392
1.8	186	308	502	743	1284	2054	3202	4456	6481	8758	12083	15066
2.0	200	343	557	825	1427	2282	3559	4951	7199	9731	13426	16740
2.2	229	377	613	908	1569	2510	3914	5446	7915	10705	14768	18414
2.4	247	411	669	990	1712	2738	4270	5942	8640	11709	16111	20088
2.6	268	446	724	1073	1854	2967	4626	6437	9354	12659	17454	21762
2.8	289	480	780	1155	1997	3195	4986	6932	10074	13624	18796	23436
3.0	309	514	835	1239	2139	3422	5337	7427	10794	14597	20139	25110
3.2	330	548	892	1321	2282	3651	5692	7922	11514	15590	21481	76784
3.4	351	583	948	1403	2380	3819	6050	8418	12235	16542	22824	28458
3.6	371	617	1003	1486	2520	4108	5405	8918	12955	17517	24166	30132
3.8	392	651	1059	1586	2660	4335	6761	9408	13676	18489	25512	31806
4.0	412	685	1115	1651	2800	4564	7116	9902	14392	19462	26851	33480
4.2	433	720	1170	1733	2940	4792	7472	10397	15116	20436	28194	35154
4.4	453	754	1226	1816	3080	5020	7825	10893	15837	21409	29537	36828
4.6	474	788	1281	1899	3226	5248	8185	11388	16555	22382	30879	38502
4.8	495	823	1337	1982	3360	5477	8540	11883	17275	23355	32222	40176
5.0	515	857	1393	2063	3501	5704	8896	12378	17997	24329	33564	41850

（3）按机械强度选择

导线在敷设时和敷设后受到的拉力，与线路的敷设方式有关。为了不使导线断裂，保证供电安全，选择导线截面时必须考虑具有足够的机械强度。

表9-13列出了在不同的敷设方式下，根据机械强度允许导线的最小截面。

通常导线的选择应同时满足上述三个条件的要求，所以应按三种条件计算所得的最大截面，作为选择导线的依据。这样选定的导线，才能同时满足温升、电压损失和机械强度的要求。根据设计经验，低压动力线路因其负荷电流较大，所以一般先按发热条件来选择截面，再校验其电压损耗和机械强度。对于照明负荷线路，当负荷较集中、线路较短时一般先按发热条件来选择；当负荷分布较广、线路较长时，先按电压损失条件来选择，然后校验其发热条件和机械强度。按以上经验选择，通常容易满足要求，较少返工。

3）导线和电缆的敷设

导线和电缆的敷设方式应根据建筑物的性质、要求、用电设备的分布及环境特征等因素确定。应避免因外部热源、灰尘聚集及腐蚀或污染物的存在而带来的对布线系统影响，并应防止在敷设及使用过程中因受冲击、振动和建筑物的伸缩、沉降等各种外界应力作用而带来的损害。

绝缘导线最小允许截面（mm^2）　　**表 9-13**

序号	用途敷设方式	线芯的最小截面		
		铜芯软线	铜线	铝线
1	照明用灯头线 （1）屋内 （2）屋外	 0.4 1.0	 1.0 1.0	 2.5 2.5
2	移动式用电设备 （1）生活用 （2）生产用	 0.75 1.0	—	—
3	架设在绝缘支持件上的绝缘导线其支持点间距 （1）2m及以下，屋内 （2）2m及以下，屋外 （3）6m及以下 （4）15m及以下 （5）25m及以下	—	 1.0 1.5 2.5 4 6	 2.5 2.5 4 6 10
4	穿管敷设的绝缘导线	1.0	1.0	2.5
5	塑料护套线沿墙明敷设	—	1.0	2.5
6	板孔穿线敷设的导线	—	1.5	2.5

（1）导线的敷设

导线的敷设按敷设位置可分为：

明敷——导线直接或者在线管、线槽等保护体内，敷设于墙壁、顶棚的表面。

暗敷——导线在线管、线槽等保护体内，敷设于墙壁、顶棚、地坪及楼板等内部。

导线的敷设按保护方式可分为：

直敷布线——一般适用于正常环境室内场所和挑檐下室外场所。直敷布线一般应采用护套绝缘电线。

金属管布线——一般适用于室内、外场所，但对金属管有严重腐蚀的场所不宜使用，表 9-14 列出了 BV、BLV 型绝缘导线允许穿管根数及相应的最小管径。

硬质塑料管布线——一般适用于室内场所和有酸碱腐蚀性介质的场所，但在易受机械损伤的场所，不宜采用明敷设。

金属线槽布线——一般适用于正常环境的室内场所明敷，但对金属线槽有严重腐蚀的场所不应采用。

塑料线槽布线——一般适用于正常环境的室内场所，在高温和易受机械损伤的场所不宜采用。

（2）电缆的敷设

a. 埋地敷设：施工简单、投资省、散热条件好，应优先考虑采用。埋深不应小于 0.7m，并应敷于冻土层之下，上下各铺 100mm 厚的软土或砂层，上盖保护板，不得在其他管道上面或下面平行敷设。电缆在沟内应波状放置，预留 1.5%的长度，以免冷缩受拉。无铠装电缆引出地面时，高度 1.8m 以下部分应穿钢管或加罩保护，以免机械损伤（电气专用房间除外）。电缆应与其他管道设施保持规定的距离。在含有腐蚀性物质的土壤中或有地电流的地方，电缆不宜直接埋地。如必须埋地时，宜选用塑料护套电缆或防腐电缆。

b. 电缆沟敷设：室内电缆沟的盖板应与室内地面齐平。在易积水、灰处宜用水泥砂浆或沥青将盖板缝隙抹死。经常开启的电缆沟盖板宜采用钢盖板。

室外电缆沟的盖板宜高出地面100mm，以减少地面水流入沟内。当有碍交通和排水时，采用有覆盖层的电缆沟，盖板顶低于地面300mm。

沟盖板一般采用钢筋混凝土盖板，每块重量以两人能提起为宜，一般不超过50kg。

沟内应考虑分段排水，每50m设一个集水井，沟底向集水井应有不小于0.5%的坡度。

电缆沟进户处应设有防火隔墙。

c. 电缆穿管敷设：管内径不能小于电缆外径的1.5倍。管的弯曲半径为管外径的10倍，且不应小于所穿电缆的最小弯曲半径。电缆穿管时，若无弯头，长度不宜超过50m；有一个弯头时不宜超过20m；有两个弯头时，应设电缆井，电缆中间接线盒应放在电缆井内，接线盒周围应有火灾延燃设施。

电缆在室内埋地、穿墙或穿楼板时，应穿管保护。水平明敷时距地应不小于2.5m。垂直明敷时，高度1.8m以下部分应有防止机械损伤的措施。

BV、BLV型绝缘导线允许穿管根数及相应的最小管径表　　表9-14

截面(mm^2)	二根单芯				三根单芯				四根单芯				五根单芯				六根单芯			
	PC	FPC	MT	SC	PC	FPC	MT	SC	PC	FPC	MT	SC	PC	FPC	MT	SC	PC	FPC	MT	SC
1	16	—	16	15	16	16	16	15	16	—	16	15	16	16	16	15	16	16	16	15
1.5	16	16	16	15	16	16	16	15	16	12	16	15	20	20	20	15	20	20	20	15
2.5	16	16	16	15	16	16	16	15	16	16	20	15	20	20	20	15	20	20	20	20
4	16	16	16	15	16	16	16	15	20	20	20	15	20	25	25	20	25	25	25	20
6	16	16	16	15	20	20	20	15	20	20	25	20	25	25	25	20	25	—	25	20
10	20	16	25	20	25	—	25	25	32	25	32	25	32	—	32	32	40	—	40	32
16	25	25	25	20	32	—	32	25	40	—	40	32	40	—	40	32	40	—	50	40
25	32	—	32	25	40	—	40	32	40	—	50	40	50	—	50	40	50	—	50	50
35	40	—	40	32	40	—	50	40	50	—	50	50	70	—	50	50	70	—	—	50
50	40	—	50	32	50	—	50	50	70	—	—	50	80	—	—	70	80	—	—	70
70	50	—	50	50	70	—	—	70	80	—	—	70	80	—	—	80	—	—	—	80
95	70	—	—	50	80	—	—	70	—	—	—	80	—	—	—	100	—	—	—	100
120	70	—	—	70	80	—	—	70	—	—	—	80	—	—	—	100	—	—	—	100
150	—	—	—	70	—	—	—	80	—	—	—	100	—	—	—	100	—	—	—	100

注：表中代号：MT为电线管；SC为焊接钢管；PC为硬塑料管；FPC为半硬塑料管。MT、PC及FPC按外径标称；SC按内径标称。当采用铜芯导线穿管时，$25mm^2$时及以上的导线应按表中管径加大一级。

9.4.3　电力平面图

电力平面图是表示建筑物内电力设备和配电线路平面布置的图纸，主要表现电力线路的敷设位置、敷设方式，导线型号、截面、根数，线管的管径和种类，各种用电设备（照明灯、插座、吊扇）及配电设备（配电箱、开关）的型号、数量、安装方式和相对位置。

1）室内配电线路表示方法

电力线路在平面图中采用线条与文字标注相结合的方法，表示出线路的走向、线路的用途、线路的编号，导线的型号、根数、规格。

（1）室内线路配线方式代号如表9-15所示。

线路配线方式代号　　表9-15

中文名称	拼音代号（旧）	英文代号（新）
瓷夹配线	CJ	PL
塑料夹配线	VJ	PCL
瓷瓶配线	CP	K
钢管配线	G	SC（G）
电线管配线	DG	T（TC）
硬塑料管配线	VG	PC
铝卡片配线	QD	AL
金属线槽配线	GC	MR
塑料线槽配线	XC	PR
电缆桥架配线	—	CT
钢索配线	S	M
明敷	M	E
暗敷	A	C

（2）线路敷设部位代号如表9-16所示。

线路敷设部位代号　　表9-16

中文名称	拼音代号（旧）	英文代号（新）
地面（板）	D	F
墙	Q	W
柱	Z	CL
梁	L	B
构架	—	R
顶棚	P	C
吊顶	P	SC

（3）线路敷设表示方法

电力及照明线路在平面图中一般采用“单线图”表示手法，为表示导线的根数，通常在“单线”上打短斜线并标注数字来表示，例如：

$\overset{n}{—\!\!/\!\!—}$ 表示 n 根导线($n \geqslant 3$)；—— 表示2根导线。

一般在“单线”旁直接标注电力线路安装代号。其基本格式可表示为：

$$A—B—C \times D—E—F$$

其中　A—线路编号或线路用途，B—导线型号，C—导线根数，D—导线截面(mm^2)，E—配线方式和穿管管径，F—敷设部位

例如：N_1—BV—3×2.5—SL20—FC 表示 N_1 回路，导线型号为BV，导线

根数为 3 根，导线截面为 2.5mm²，穿管径为 20mm 的钢管沿地板暗敷。

2）电力设备（配电箱）标注

设备标注的格式为：

$$A\frac{B}{C} \text{或} A\frac{B-C}{D(E\times F)-G}$$

其中　A—设备编号，B—设备型号，C—设备功率，D—导线型号，E—导线根数，F—导线截面，G—导线敷设方式

例如：配电箱盘标注有 $2\frac{XRM301\text{-}06\text{-}2B}{10}$，表示 2 号照明配电箱，暗装，功率为 10kW。

电力平面图中配电箱、插座、开关、灯具等的图例见表 9-17。图 9-5 是某建筑地下室水泵房的电力平面图。

配电箱、插座、开关、灯具等的图例表示　　表 9-17

图例	名称	图例	名称	图例	名称
	屏、台、箱、柜一般符号		明装单相二孔插座		拉线开关
	动力配电箱		明装单相三孔插座		明装单控开关
	照明配电箱		明装三相四孔插座		暗装单控开关
	事故照明配电箱		暗装单相二孔插座		暗装两控开关
	多种电源配电箱		暗装单相三孔插座		暗装双控开关
	荧光灯　一般符号		暗装三相四孔插座		深照型灯
	双管荧光灯		壁灯		广照型灯
	顶棚灯		球型灯		

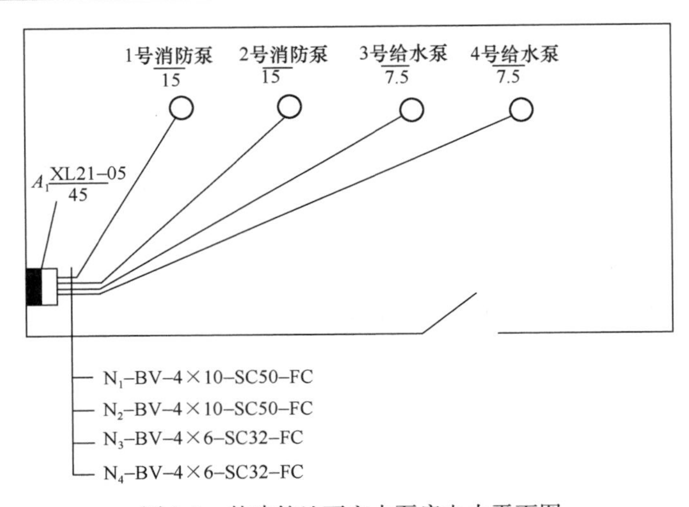

图 9-5　某建筑地下室水泵房电力平面图

9.5 低压电器和配电箱(盘)

9.5.1 低压电器

建筑供配电系统中的低压电器可分为低压配电电器和低压控制电器两大类。

低压配电电器包括断路器、熔断器、负荷开关、转换开关等，主要用于低压配电线路中，对电路和设备进行保护以及通断、转换电源或负载。

低压控制电器包括接触器、控制继电器、变阻器等，主要用于控制用电设备，使其达到预期要求的工作状态。

低压电器的额定电流应等于或大于所控制回路的预期工作电流。电器还应能承载异常情况下可能通过的电流，保护装置应在其允许的持续时间内将电路切断。

1）负荷开关

具有简单的灭弧装置，其灭弧能力有限，在电路正常工作时，用来接通或切断负荷电流，但在电路短路时，不能用来切断巨大的短路电流。

2）低压断路器（自动空气开关）

在现代的民用建筑中大量应用。其动作情况是手动合闸，自动跳闸，故同时可用作线路的故障（过载、短路、欠压、失压等）保护。选择低压断路器时应考虑以下几个因素：

（1）按工作条件选择低压断路器的型号和结构。在低压配电、电机控制和建筑照明线路中常用框架式和塑料外壳式。

（2）按线路的额定参数选择低压断路器的额定电压和额定电流。低压断路器的额定电压应大于或等于装设它的线路额定电压，其额定电流应大于或等于线路的计算电流。

（3）根据不同使用场合选用脱扣器的类型。一般均附有过流脱扣器，以保护短路和大的过载电流。控制电动机时，应有欠压、失压保护，故需失压脱扣器。若控制鼠笼式电动机，为使电动机在启动时不跳闸，又能起过载和短路保护作用，应设置热脱扣器或有延时的过电流脱扣器。

3）隔离开关

隔离开关灭弧能力微弱，一般只能用来隔离电压，不能用来接通或切断负荷电流。隔离开关的主要作用是当电气设备需停电检修时，用它来隔离电源电压，并造成一个明显的断开点，以保证检修人员工作的安全。

4）熔断器

俗称保险丝，是广泛应用于供电系统中的保护电器，也是单台用电设备的重要保护元件之一。熔断器串接于被保护的电路中，当电路发生短路或严重过载时，自动熔断，从而切断电路。熔断器不能在正常工作时切断和接通电路，且一般只能一次利用，不能恢复。熔断器按结构可分为插入式、旋塞式和管式三种。

熔断器应根据以下条件选择：

（1）根据供电对象和线路的特性选择熔断器的类型。

（2）根据线路负载电流选择熔断器的熔体，一般要求在正常工作、电动机起动或有尖峰电流时，熔体不应熔断。

（3）熔断器的额定电压不应低于线路额定电压。

5）电表

主要指电能计量的电度表。包括静止式交流有功电度表、多费率电能表、电子式载波电度表、预付费电度表、多功能电度表等多种形式。其主要功能包括：单相、三相有功电能计量，包括分时段分费率计度；IC卡预付费用电，当剩余电量达到报警值，跳闸断电提醒用户购电；防窃电；超负荷自动断电等。除了计量电能，有些电表还可通过交流采样技术分别测量电网中的电流、电压、功率、功率因数、相位相序、频率等多种参数，甚至还具有事件记录、负荷曲线记录并输出的功能。随着建筑智能化程度的不断提高，通过电表上的固定接口就可以对电表进行通信、完成编程设置和抄表，实现远程集中抄表。

9.5.2 配电箱（盘、柜）

上述低压电器，均应安装在配电箱（盘、柜，下略）内。而所有的配电箱均要在建筑内占据一定的空间位置，或放置在专门的电气房间中。配电箱可选用成套产品，也可在现场制作安装。在现代民用建筑中，一般均根据设计图纸成套订购。

1）配电箱的设置原则

（1）经济性：应尽量位于用电负荷的中心，以缩短配电线路，减少电压损失。一般规定，单相配电箱供电半径约30m，三相配电箱供电半径约60～80m。

（2）可靠性：供电总干线中的电流，一般不应大于60～100A。每个配电箱的单相分支线，不应超过6～9路，每路分支线上设一个自动空气开关。每支路所接设备（如灯具和插座等）总数不应超过20个。每支路的总电流不宜大于15A。

（3）技术性：在每个分配电箱的供电范围内，各相负荷的不均匀程度不应大于30%。在总箱供电范围内，各相负荷的不均匀程度不应大于10%。

（4）维护方便：多层或高层建筑标准层中，各层配电箱的位置应在相同的平面位置处，以有利于配线和维护。应设置在操作维护方便、干燥通风、采光良好处，但又要注意不影响建筑美观，并应和结构合理配合。

室内配电箱的位置、数量主要由用户决定（即供电应尽量满足用电要求）。

2）配电箱的安装

配电箱的安装有明装和暗装两种。明装配电箱一般挂墙安装，明装配电柜一般落地安装；暗装配电箱嵌在建筑物墙壁内安装，箱门与墙面取平，导线用暗管敷设，若不加说明，底口距地面的高度一般为1.4m。暗装配电箱的部位在建筑设计中应预留洞口。

9.5.3　开关及插座

1）照明开关

主要指照明系统的灯具开关。照明开关的种类很多，按使用方式分拉线式和跷板式等；按安装方式分明装和暗装；按外壳防护形式分普通式、防水防尘式、防爆式等。按同一面板上的开关数量分单联、双联、三联等；按控制方式分单控、双控、三控等。图 9-6 中，两个开关共同控制一个灯具，构成双控开关。

出于安全的考虑，照明开关必须安装在相线（火线）上，严禁安装在零线上（图 9-6）。照明开关在室内的安装位置要求便于寻找和操作，一般应布置在门旁开门一侧，距门框边缘 0.15～0.2m，距地面高度约 1.3m。

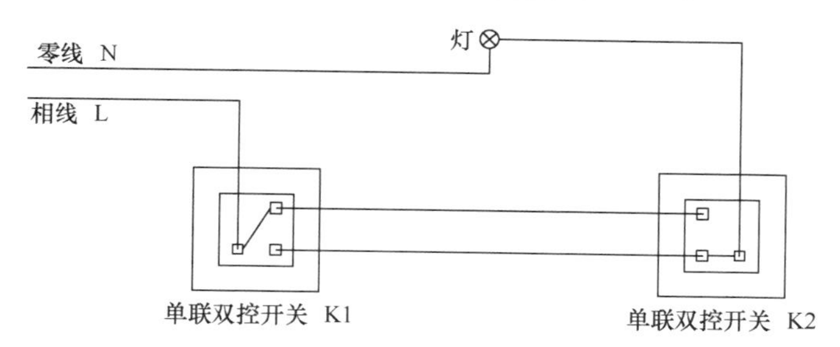

图 9-6　单联双控开关接线图

2）插座

插座主要用来插接移动电器设备和某些家用电器设备。按相数分单相插座和三相插座；按安装方式分明装和暗装；按防护方式分普通式、防水防尘式、防爆式等。

由于民用建筑中，绝大多数电器设备均使用单相交流电，因而两孔或三孔的单相插座最为常见。四孔的三相插座多用于动力设备插座接线如图 9-7 所示。

插座的安装位置以用电安全方便使用为原则，一般室内插座安装高度 0.3m，空调插座距地 2m 以上；潮湿场所采用密封型并带保护地线触头的插座，安装高度不低于 1.5m；托儿所、幼儿园及小学等儿童活动场所安装高度不小于 1.8m。

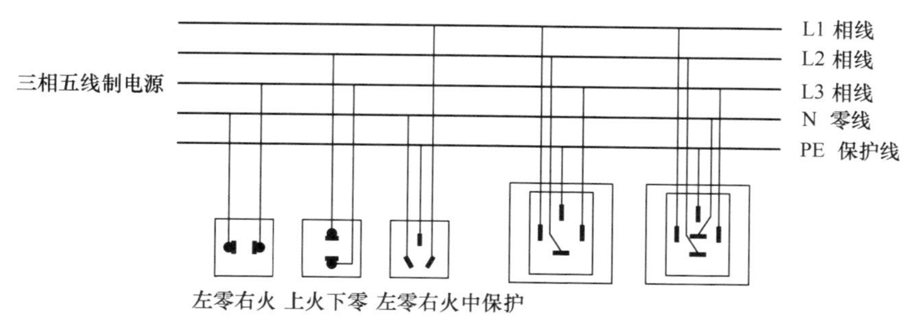

图 9-7　各类插座接线图

9.6　变配电所和自备应急电源

变电站是连接发电厂、电网和电力用户的中间环节，主要有汇集和分配电能、控制操作、升降电压等功能。在民用建筑中，高压进线一般为 10kV，因此民用建筑的电源一般为 10kV 变配电所（室）。用户变配电室的 0.4kV 出线接入建筑内的配电箱或用电设备。

自备应急电源可采用蓄电池组或柴油发电机组，靠近变配电室设置。蓄电池组一般用于仅有事故照明的负荷，对设有消防电梯、消防水泵的负荷则采用柴油发电机组。自备应急电源与工作电源应防止并列运行。

9.6.1　变配电室（所）的位置和形式

1）变配电室（所）的选址要求

（1）深入或接近负荷中心；

（2）进出线方便；

（3）接近电源侧；

（4）设备吊装、运输方便；

（5）不应设在有剧烈振动或有爆炸危险介质的场所；

（6）不宜设在多尘、水雾（如大型冷却塔）或有腐蚀性气体的场所，如无法远离时，不应设在污染源的下风侧；

（7）不应设在厕所、浴室、厨房或其他经常积水场所的正下方或贴邻。如果贴邻，相邻隔墙应做无渗漏、无结露等防水处理；

（8）变配电所为独立建筑物时，不宜设在地势低洼和可能积水的场所；

（9）高层建筑地下层变配电所的位置，宜选择在通风、散热条件较好的场所；

（10）变配电所位于高层建筑（或其他地下建筑）的地下室时，不宜设在最底层。当地下仅有一层时，应采取预防洪水、消防水或积水从其他渠道淹渍配变电所的措施；

（11）民用建筑宜集中设置变配电所，当供电负荷较大，供电半径较长，也可分散设置；高层建筑可分设在避难层、设备层及屋顶层等处。

2）变配电室（所）的形式

根据本身结构及相互位置的不同，变配电所可分为不同的形式，如图 9-8 所示。

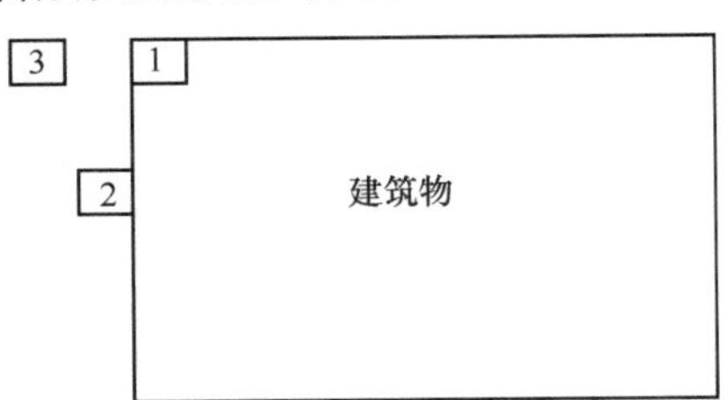

图 9-8　变配电所的形式
1—建筑内变电所；2—建筑物外附式变电所；3—独立式变电所

（1）建筑物内变电所

位于建筑物内部，可深入负荷中心，减少配电导线、电缆，但防火要求高。高层建筑的变配电所一般位于地下室，不宜设在地下室的最底层。

(2) 建筑物外附式变电所

附设在建筑物外，不占用建筑的面积，但建筑处理较复杂。

(3) 独立式变电所

独立于建筑物之外，一般向分散的建筑供电及用于有爆炸和火灾危险的场所。独立变电所最好布置成单层，当采用双层布置时，变压器室应设在底层，设于二层的配电装置应有吊运设备的吊装孔或平台。

各室之间及各室内均应合理布置，布置应紧凑合理，便于设备的操作、巡视、管理、维护、检修和试验，并应考虑增容的可能性。

(4) 箱式变电所

箱式变电所又称作组合式变电所，是由厂家将高压设备、变压器和低压设备按一定的接线方案成套制造，并整体设置在一起。它的优点是占地面积较小，可以深入负荷中心，安装速度快，省去了土建和设备安装。

9.6.2 变压器台数和容量的确定

变配电室内电力变压器台数和容量的选择主要取决于负荷计算的结果，也和负荷种类与符合季节变化波动情况相关。

下列情况下，一般要求安装2～3台变压器：

(1) 给大量一级和二级负荷供电的变配电室，为保证到可靠性要求；

(2) 负荷季节性变化较大的用户，工作台数根据负荷大小投运；

(3) 集中供电负荷巨大，单台容量不足。

不考虑上述情况，也可安装单台变压器，例如农村电网，往往架设单台杆上变压器，就能满足供电需求。

电力变压器的额定容量等级规格是按照R10优先系数（即按10的开10次方的倍数来确定）。10kV变压器的容量等级为：50kVA、80kVA、100kVA、125kVA、160kVA、200kVA、250kVA、315kVA、400kVA、500kVA、630kVA、800kVA、1000kVA、1250kVA、1600kVA。单台变压器选择容量时，最大一般不超过1000kVA。

9.6.3 变配电室平面布置

变配电室一般由高压开关室、变压器室和低压配电室三部分组成，如图9-9所示。

高压开关室的结构形式主要取决于高压开关柜的形式、尺寸和数量，同时要求充分考虑运行维护的安全和方便，留有足够的操作维护通道，但占地面积不宜过大，建筑费用不宜过高。高压开关室的耐火等级不应低于二级。

高压开关室对有关专业的要求如下：

(1) 门应为向外开的防火门，应能满足设备搬运和人员出入要求；

(2) 条件具备时宜设固定的自然采光窗，窗外应加钢丝网或采用夹丝玻璃，防止雨、雪和小动物进入，窗台距室外地坪宜不小于1.8m；

(3) 需要设置可开启的采光窗时，应采用百叶窗内加钢丝网（网孔不大于

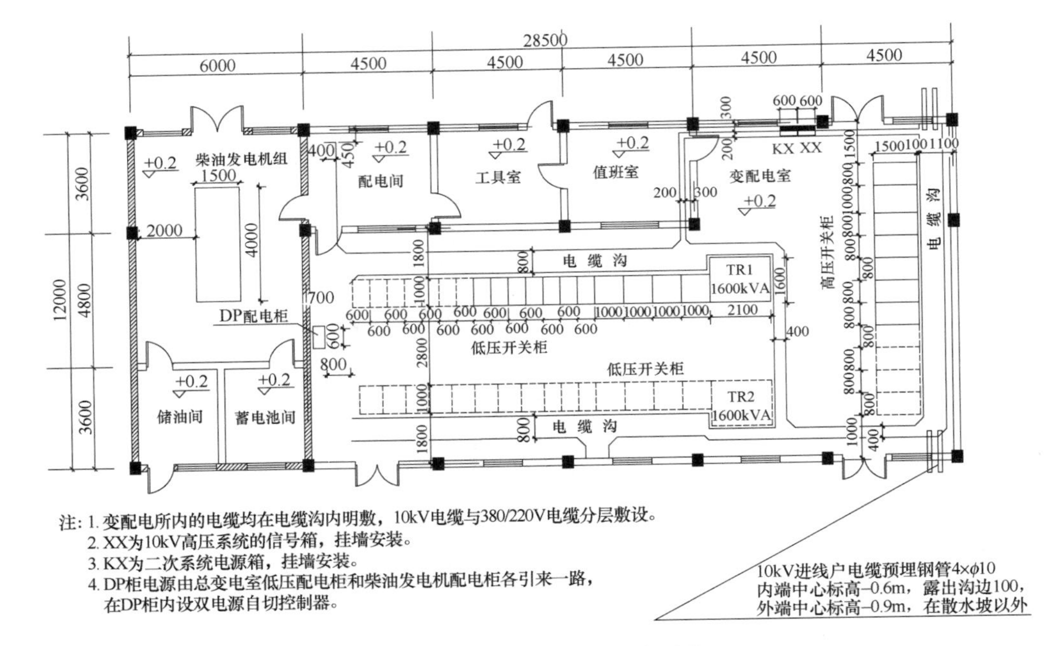

图 9-9　10kV 变配电室平面图

10mm×10mm)，防止雨、雪和小动物进入；

(4) 一般为水泥地面，应采用高强度等级水泥抹平压光；

(5) 在严寒地区，当室内温度影响电气设备和元件正常运行时，应有供暖措施；

(6) 平面设计时，宜留有适当数量的开关柜的备用位置；

(7) 高压开关柜底应做电缆沟，尺寸根据开关柜尺寸确定。

电力变压器放置在变压器室内，主要有油浸式电力变压器和干式电力变压器。目前广泛采用 SC 型号的干式电力变压器，与油浸式电力变压器相比，具有体积小、重量轻，防潮、安装容易和运输方便等优点。

变压器室对有关专业的要求如下：

(1) 变压器室的大门一般按变压器外形尺寸加 0.5m。当一扇门的宽度为 1.5m 及以上时，应在大门上开一小门，小门宽 0.8m，高 1.8m；

(2) 屋面应有隔热层及良好的防水、排水设施，一般不设女儿墙；

(3) 一般不设采光窗；

(4) 进风窗和出风窗一般采用百叶窗，须采取措施防止雨、雪和小动物进入室内；

(5) 地坪一般为水泥压光；

(6) 干式变压器的金属网状遮挡高度不低于 1.7m。

低压配电室主要放置低压配电柜，向用户（负载）输送、分配电能。低压配电室的布置应根据低压配电柜的形式、尺寸和数量确定。

低压配电室对有关专业的要求：

(1) 低压配电室的高度应与变压器室综合考虑，以便变压器低压出线；

（2）低压配电柜下应设电缆沟，沟内应水泥抹光并采取防水、排水措施，沟盖板宜采用花纹钢盖板；

（3）地坪应用高强度水泥抹平压光，内墙面应抹灰并刷白；

（4）一般靠自然通风；

（5）可设能开启的自然采光窗，并应设置纱窗；

（6）当兼做控制室或值班室时，在供暖地区应供暖。

9.6.4　发电机房

发电机房宜靠近一级负荷或变配电所设置，可布置于坡屋裙房的首层或附属建筑物内，并应避开主要出口通道。条件困难时，发电机房也可布置在地下室，但应处理好通风、防潮、机组的排烟、消音和减振等。属于一类防火建筑的柴油发电机房，应设卤代烷或二氧化碳等固定灭火装置及火灾自动报警装置；二类防火建筑的柴油发电机房，应设火灾自动报警装置和手提式灭火装置。

发电机房一般由发电机间、控制和配电室、燃油储藏室、备品备件储藏间等组成。建筑设计时可根据具体情况对上述房间进行取舍、合并或增添。

9.7　电梯

本节可根据课时安排，列入选学内容，详见教材电子版附件。

本章思考题：

1. 城市电网电压一般有几个等级？建筑电气设备的额定电压一般是多少？
2. 特级、一级、二级和三级负荷的供电要求分别是什么？
3. 如何估算建筑用电负荷？
4. 照明开关在室内的安装位置有何要求？为什么要求开关必须安装在相线（火线）上而禁止安装在零线上？
5. 10kV 用户变配电室的土建形式有哪些？变压器的台数和容量应如何选择？

第 10 章　电气照明

10.1　照明基本知识

10.1.1　光度单位

光是以电磁辐射形式传播的辐射能。电磁辐射的波长范围很广，只有波长在380nm 至 780nm 的这部分电磁辐射能够引起人的光视觉，称为可见光。

照明的设计和评价离不开光的定量分析和说明，这就需要借助于一系列的物理光度量单位来描述光源和光环境的特征。常用的基本光度单位有光通量、发光强度、照度和亮度。

1）光通量 Φ

辐射体在单位时间内以电磁辐射的形式向外辐射的能量称为辐射功率和辐射通量（W）。光源的辐射通量中可被人眼感觉的可见光能量（波长 380～780nm），按照国际约定的人眼视觉特性评价换算为光通量，其单位为流明（lm）。

光通量表明光源的发光能力。例如，一只电功率为 8W 的白炽灯发射的光通量为 320lm，而一只 8W 的节能灯发射的光通量为 680lm，是白炽灯的 2 倍多，这是由它们的光谱分布特性决定的。

2）发光强度 I

点光源在给定方向的发光强度，是光源在这一方向上单位立体角元内发射的光通量，符号为 I，单位为坎德拉（cd），其表达式为：

$$I = \frac{\mathrm{d}\Phi}{\mathrm{d}\Omega} \tag{10-1}$$

发光强度常用于说明光源和照明灯具发出的光通量在空间各个方向或选定方向上的分布密度。如果一只 40W 的白炽灯泡发出 370lm 的光通量，则它的平均发光强度为 31cd。

如果在裸灯泡上面装一个白色搪瓷平盘灯罩，灯正下方发光强度能提高到 80～100cd，如果配上一个更合适的镜面反射罩，则灯下方的发光强度可以高达数百坎德拉。在这几种情况下，灯泡发出的光通量并没有变化，只是光通量在空间的分布更集中了。

3）照度 E

照度是受照平面上接受的光通量的面密度，符号为 E。若照射到表面一点面元上的光通量为 $\mathrm{d}\Phi$（lm），该面元的面积为 $\mathrm{d}A$（m^2），则有：

$$E = \frac{\mathrm{d}\Phi}{\mathrm{d}A} \tag{10-2}$$

照度的单位是勒克斯（lx）。1lx 等于 1lm 的光通量均匀分布在 $1m^2$ 表面上所产生的照度，即 $1lx=1lm/m^2$。勒克斯是一个较小的单位，例如：夏季中午阳光下，地平面上的照度可达 10^5lx；在装有 40W 白炽灯的书写台灯下的桌面照度平均为 200～300lx；月光下的照度只有几个勒克斯。

4）亮度 L

发光体在视线方向上单位面积发出的发光强度就是亮度。其定义为：

$$L_{\theta}=\frac{I_{\theta}}{dA\cdot\cos\theta} \tag{10-3}$$

亮度的单位是尼特（nt），$1nt=1cd/m^2$。亮度还有一个较大的单位为熙提（sb），$1sb=10^4nt$，相当于 $1cm^2$ 面积上发光强度为 1cd。太阳的亮度高达 2×10^5sb，白炽灯灯丝亮度为 300～500sb，而普通荧光灯的表面亮度只有 0.6～0.8sb。

10.1.2　照明质量评价

照明质量的评价是利用一些具体的物理指标，建立了人体对光环境的主观评判与客观量之间的关系，这是照明设计的依据。

1）照度水平

（1）照度标准

不同工作性质场所对照度值的要求不同，适宜的照度应当是在某具体工作条件下，大多数人都感觉比较满意而且保证工作效率和精度均较高的照度值。但提高照度水平对视觉功效只能改善到一定程度，并非照度越高越好。所以，确定照度水平要综合考虑视觉功效、舒适感与经济、能耗等因素。

由于人主观效果上明显感觉到照度的最小变化，照度值大约相差 1.5 倍。因此，照度标准值按照 0.5lx、1lx、3lx、5lx、10lx、15lx、20lx、30lx、50lx、75lx、100lx、150lx、200lx、300lx、500lx、750lx、1000lx、1500lx、2000lx、3000lx、5000lx 分级。

《建筑照明设计标准》GB 50034—2013 中对不同作业和活动推荐的照度标准见表 10-1。

建筑室内照度标准值　　表 10-1

房间或场所			参考平面及其高度	照度标准值（lx）	UGR	Ra
居住建筑	起居室	一般活动	0.75m 水平面	100	—	80
		书写、阅读		300 *		
	卧室	一般活动	0.75m 水平面	75	—	80
		床头、阅读		150 *		
	厨房	一般活动	0.75m 水平面	100	—	80
		操作间	台面	150 *		
	餐厅		0.75m 水平面	150	—	80
	卫生间		0.75m 水平面	100	—	80
	注：* 宜用混合照明					

续表

房间或场所			参考平面及其高度	照度标准值（lx）	UGR	Ra
商业建筑	一般商店营业厅		0.75m水平面	300	22	80
	高档商店营业厅		0.75m水平面	500	22	80
	一般超市营业厅		0.75m水平面	300	22	80
	高档超市营业厅		0.75m水平面	500	22	80
	收款台		台面	500	—	80
图书馆	国家、省市及其他重要图书馆的阅览室		0.75m水平面	500	19	80
	老年阅览室		0.75m水平面	500	19	80
	珍善本、舆图阅览室		0.75m水平面	500	19	80
	陈列室、目录室、出纳厅		0.75m水平面	300	19	80
	书库		0.25m垂直面	50	—	80
	工作间		0.75m水平面	300	19	80
学校建筑	教室		课桌面	300	19	80
	实验室		实验桌面	300	19	80
	美术教室		桌面	500	19	80
	多媒体教室		0.75m水平面	300	19	80
	教室黑板		黑板面	500	—	80
办公建筑	普通办公室、会议室		0.75m水平面	300	19	80
	高档办公室		0.75m水平面	500	19	80
	设计室		实际工作面	500	19	80
	营业厅		0.75m水平面	300	22	80
	接待、前台、文件整理、复印、发行室		0.75m水平面	300	—	80
	资料、档案室		0.75m水平面	200	—	80
	一般阅览室		0.75m水平面	300	19	80
影剧院建筑	门厅		地面	200	—	80
	观众厅	影院	0.75m水平面	100	22	80
		剧场	0.75m水平面	200	22	80
	观众休息厅	影院	地面	150	22	80
		剧场	地面	200	22	80
	排演厅		地面	300	22	80
	化妆室	一般活动室	0.75m水平面	150	22	80
		化妆台	1.1m高处垂直面	500	—	80
旅馆建筑	客房	一般活动区	0.75m水平面	75	—	80
		床头	0.75m水平面	150	—	80
		写字台	台面	300	—	80
		卫生间	0.75m水平面	150	—	80
	中餐厅		0.75m水平面	200	22	80

续表

房间或场所		参考平面及其高度	照度标准值（lx）	UGR	Ra
旅馆建筑	西餐厅、酒吧间、咖啡厅	0.75m 水平面	100	—	80
	多功能厅	0.75m 水平面	300	22	80
	门厅、总服务台	地面	300	—	80
	休息厅	地面	200	22	80
	客房层走廊	地面	50	—	80
	厨房	台面	200	—	80
	洗衣房	0.75m 水平面	200	—	80
医院建筑	治疗室	0.75m 水平面	300	19	80
	化验室	0.75m 水平面	500	19	80
	手术室	0.75m 水平面	750	19	80
	诊室	0.75m 水平面	300	19	80
	候诊室、挂号厅	0.75m 水平面	200	22	80
	病房	地面	100	19	80
	护士站	0.75m 水平面	300	—	80
	药房	0.75m 水平面	500	19	80
	重症监护室	0.75m 水平面	300	19	80
展览馆展厅	一般展厅	地面	200	22	80
	高档展厅	地面	300	22	80
	注：高于 6m 的展厅 Ra 可降低到 60				

表 10-1 中，UGR 为统一眩光值，它是用来定量评价房间或场所的不舒适眩光，其计算方法详见《建筑照明设计标准》GB 50034—2013。Ra 为显色指数。此外，《建筑环境通用规范》GB 55016—2021 对于备用照明和安全照明的照度标准值也提出相关规定。

（2）照明功率密度值

为了实现照明节能，《建筑照明设计标准》GB 50034—2013 和《建筑节能与可再生能源利用通用规范》GB 55015—2021 还规定了房间照明功率密度限值。照明功率密度（LPD）是指单位面积上的照明安装功率（包括光源、镇流器或者变压器）。房间照明功率密度不宜大于表 10-2 给出的房间照明功率密度限值。

建筑照明功率密度值　　　　**表 10-2**

房间或场所		照度标准值（lx）	照明功率密度限值（W/m^2）
居住建筑	起居室	100	≤5.0
	卧室	75	
	厨房	150	
	餐厅	100	
	卫生间	100	

续表

房间或场所			照度标准值（lx）	照明功率密度限值（W/m²）
办公建筑	普通办公室、会议室		300	≤8.0
	高档办公室、设计室		500	≤13.5
	服务大厅		300	≤10.0
教育建筑	教室、阅览室、实验室、多媒体教室		300	≤8.0
	美术教室、计算机教室、电子阅览室		500	≤13.5
	学生宿舍		150	≤4.5
商店建筑	一般商店营业厅		300	≤9.0
	高档商店营业厅		500	≤14.5
	一般超市营业厅、仓储式超市、专卖店营业厅		300	≤10.0
	高档超市营业厅		500	≤15.5
旅馆建筑	客房	一般活动区	75	≤6.0
		床头	150	
		卫生间	150	
	中餐厅		200	≤8.0
	西餐厅		150	≤5.5
	多功能厅		300	≤12.0
	客房层走廊		50	≤3.5
	大堂		200	≤8.0
	会议室		300	≤8.0
医院建筑	治疗室、诊室		300	≤8.0
	化验室		500	≤13.5
	候诊室、挂号厅		200	≤5.5
	病房		200	≤5.5
	护士站		300	≤8.0
	药房		500	≤13.5
	走廊		100	≤4.0

注：当一般商店营业厅、高档商店营业厅、专卖店营业厅需装设重点照明时，该营业厅的照明功率密度限值可增加5W/m²。

（3）照度均匀度

一般照明应均匀照亮整个假定工作面。照度均匀度为工作面上的最低照度与平均照度之比，其数值不应小于0.7。

作业面邻近周围的照度均匀度不应小于0.5；连续长时间视觉作业的场所，其照度均匀度不应低于0.6；教室书写板板面平均照度不应低于500lx，照度均匀度不应低于0.8；手术室照度不应低于750lx，照度均匀度不应低于0.7；对光特别敏感的展品展厅的照度不应大于50lx，年曝光量不应大于50klx·h；对光敏感的展品展厅照度不应大于150lx，年曝光量不应大于360klx·h。

此外，房间或场所的通道和其他非作业区域的一般照明的照度值不宜低于作业区域一般照明照度值的1/3。

2）亮度比

室内主要表面应有合理的亮度分布，它是对工作面照度的重要补充。

在工作房间，作业近邻环境的亮度应当尽可能低于作业本身亮度，但应不低于作业亮度的1/3。而周围视野（包括顶棚、墙、窗户等）的平均亮度，应不低于作业亮度的1/10。灯和白天的窗户亮度，则应控制在作业亮度的40倍以内。

为使视野内亮度分布控制在眼睛能适应的水平上，创造良好平衡的适应亮度以提高视觉敏锐度、对比灵敏度和眼睛的视功能效率，同时避免视野内不同亮度分布影响视觉舒适度，以及由于眼睛不断地适应调节引起视疲劳的过高或过低的亮度对比，相关标准中给出房间表面反射比（表10-3）。

房间表面反射比 **表10-3**

表面名称	反射比	表面名称	反射比
顶棚	0.6～0.9	地面	0.1～0.5
墙面	0.3～0.8	作业面	0.2～0.6

3）光源色温与显色性

光源的颜色质量常用光源的色温和光源的显色性表达。色温是光源的表观颜色的度量，光源的显色性是指光源对其所照射的物体的颜色的影响作用。光源的颜色质量必须用这两个物理量同时表示，缺一不可。

显色性用显色指数来度量，显色指数符号为Ra，其大小从0到100。一般情况下，光源显色指数在80～100之间，其显色性优良；在60～79之间，其显色性一般；当显色指数小于60时，其显色性较差。对于长期工作或停留的房间或场所，照明光源的显色指数（Ra）不宜小于80。在灯具安装高度大于6m的工业建筑场所，Ra可低于80，但必须能够辨别安全色。对辨色要求高的场所，照明光源的一般显色指数Ra不应低于90。常用房间或场所的显色指数最小允许值还应符合规范的具体规定（表10-1）。

需要指出，光源显色性的好坏不仅关系到是否能够真实地显现被照射物体的颜色，也影响照明能耗。研究表明，在办公室使用显色性好的光源，达到与显色性差的光源同样满意的照明效果，照度可减少25%，节能效果显著。

当一个光源的光谱与黑体在某一温度时发出的光谱相同或相近时，黑体的热力学温度就称为该光源的色温。黑体辐射的光谱功率分布完全取决于它的温度。在800～900K温度下，黑体辐射呈红色；3000K为黄白色；5000K左右呈白色，接近日光的颜色；在8000～10000K之间为淡蓝色。随着色温的提高，人所要求的舒适照度也相应提高。表10-4给出了天然光源与人工光源的色温。

照明设计中，光色的选择十分重要。通常照明设计中涉及色温范围为2000～6500K。在低照度空间中，使用色温较低的白炽灯较好。在明亮的办公空间宜采用色温较高的荧光灯。室外夜景照明设计中，对于历史悠久的建筑物多采用色温低的暖色光照明（如埃菲尔铁塔用暖黄色高压钠灯照明）；对于新建筑则往往用白色光照明（如金属卤化物灯），使其突出醒目。

天然光源与人工光源的色温　　表 10-4

光源	色温（K）
蜡烛	1900～1950
高压钠灯、日出	2000
白炽灯	2700～2900
荧光灯	3000～7500
月光	4100
正午阳光	5300～5800
昼光（日光＋晴天天空）	5800～6500
全阴天空	6400～6900
蓝天	10000～26000

室内照明常用的光源按它们的相关色温可以分成三类（表 10-5）。其中第 1 类适用于住宅、特殊作业或寒冷地区；第 2 类在办公空间应用最广；第 3 类只应用于高照度水平，特殊工作或热带气候。

灯的色表类别　　表 10-5

色表类别	色　表	相关色温（K）	适用场所举例
1	暖	＜3300	客房、卧室、病房、酒吧、餐厅等
2	中间	3300～5300	办公室、教室、阅览室、诊室等
3	冷	＞5300	热加工车间、高照度场所

4）眩光

（1）人工光环境直接眩光限制

由于视野中的亮度分布或亮度范围的不适宜，或者存在极端的对比，以致引起不舒适感觉或降低观察细部或者目标的能力的视觉现象称为眩光。眩光可以损害视觉（称为失能眩光），也可能造成视觉上的不舒适感觉（称为不舒适眩光）。这两种眩光有时分别出现，但是多半同时存在。对于室内光环境来说，控制不舒适眩光很重要。《建筑照明设计标准》GB 50034—2013 对公共建筑和工业建筑常用房间或场所的不舒适眩光采用统一眩光值（UGR）评价。UGR 的规定，参见表 10-1。

限制人工光环境直接眩光的措施有：

a. 限制产生眩光的灯具的亮度。限制范围是从通过观察者眼睛的下垂线算起，由 45°至限制眩光临界角 γ 范围内的亮度（图 10-1），γ 是观察点同最远处灯具的连线与下垂线间的角度，最大值为 90°。

b. 选择适当的透光材料。如采用均匀透射材料或用不透光材料做成一定几何形状的灯罩，将高亮度光源遮蔽。

c. 控制遮光角。遮光角是指光源最边缘一点和灯具出口的连线与水平线之间的夹角。《建筑照明设计标准》GB 50034—2013 采用限制灯具的最小遮光角来限制眩光。表 10-6 给出了灯具最小遮光角的规定。

(2) 光的方向性和扩散性

首先，要防止遮挡形成的不利阴影；同时，为了表现物体的立体感，要精心设计，使立体物体的明亮部分与最暗部分的亮度比为 3∶1。通常从斜向来的定向照射，可强调物体的粗糙、凹凸等质感。

高亮度的光源被光泽的镜面材料或半光泽表面反射到人的眼睛里，也会产生干扰和不适。这种反射在作业内部呈现时叫作“光幕反射”。在作业范围以外的视野中出现时叫作反射眩光。光幕反射是在一个漫反射作业上叠加镜面反射的现象，它减弱作业与背景之间的亮度对比，使得部分或全部看不清作业细节，降低了可见度。

防止和控制光幕反射和反射眩光的措施：

a. 将光源移出干扰区（图 10-2），或者使作业区避开来自光源的规则反射光；

b. 工作面宜为低光泽度和漫反射的材料；

c. 使用面积大、亮度低的灯具；

d. 要照亮顶棚和墙表面，但避免出现光斑。

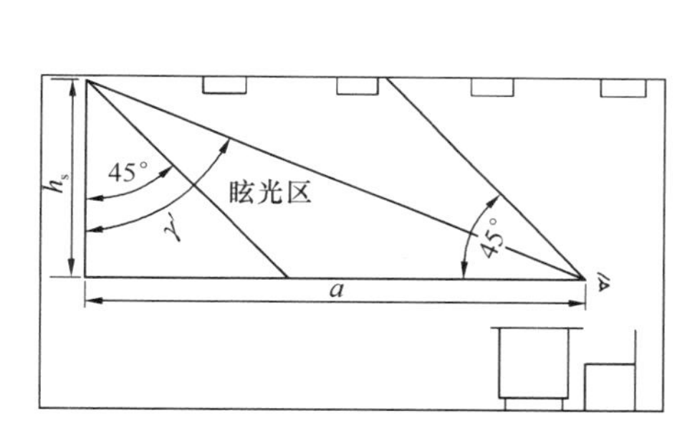

图 10-1 眩光临界角 γ 范围

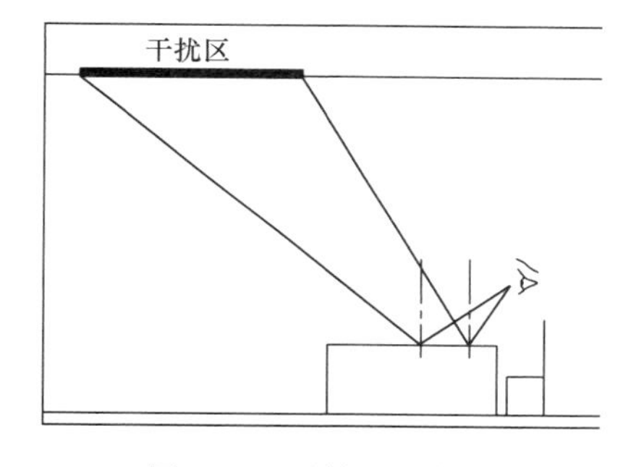

图 10-2 干扰区示意图

对开启型灯具最小遮光角的要求 表 10-6

灯的亮度（$10^3 cd/m^2$）	最小遮光角（°）	灯的亮度（$10^3 cd/m^2$）	最小遮光角（°）
1～20	10°	50～500	20°
20～50	15°	≥500	30°

10.2 人工光源

10.2.1 常用照明光源的光特性

1879 年，爱迪生发明了具有实用价值的碳丝白炽灯，使人类从漫长的火光照明进入电气照明时代。20 世纪 30 年代初，低压钠灯研制成功。1938 年，欧洲和美国研制出荧光灯，发光效率和寿命均为白炽灯的 3 倍以上，这是电光源技术的一大突破。1940年代高压汞灯进入实用阶段。1950年代末，体积和光衰极小的卤钨灯问世，改变了热辐射光源技术进展滞缓的状态，这是电光源技术的又一重大突破。1960年代开发了金属卤化物灯和高压钠灯。1980年代出现了细管径紧凑型节能荧光灯、小功率高压钠灯和小功率金属卤化物灯，使电光源进入了小型化、节能化和电子化的新时期。近些年来，以LED灯为代表的新型电光源，价格不断下降，技术更加成熟，已广泛应用于室内和室外照明系统。未来电光源的发展趋势主要是提高发光效率，开发体积小的高效节能光源，改善电光源的显色性，延长寿命。常用光源的主要光特性如表10-7所示。

一些常用光源的主要光特性指标　　表10-7

光源	光效（lm/W）	显色指数Ra	色温（K）	色表	频闪效应	平均寿命（h）
白炽灯	6.5～20	95～99	2800	暖色	无	1000
卤钨灯	20～40	95～99	2800～3300	暖色	无	2000～5000
暖白色荧光灯	30～80	59	2900	暖色	有	5000
冷白色荧光灯	20～50	98	4300	中间色	有	5000
日光色荧光灯	25～72	77	6500	冷色	有	5000
三基色荧光灯	93	80～98	全系列	全系列	有	12000
紧凑型荧光灯	55～65	85	全系列	全系列	有	8000
高压汞灯	40～60	21～45	3300～4300	冷色	有	6000
高压钠灯	100～120	21/60/85	1900～2500	暖色	有	24000
低压钠灯	200	48	1900	暖色	有	28000
金属卤化物灯	75～95	65～92	3000～5600	冷色	有	6000～20000
氙灯	24～50	94	5000～6000	冷色	有	1000
无极灯	65	85	3000～4000	中间色	无	40000～80000
微波硫灯	164	80	5600	冷色	无	>15000
白色LED灯	15	85	6000	冷色	无	10000

10.2.2 常用的照明光源简介

按照光源发光的形式的不同，照明光源可分为热辐射光源和气体放电光源两大类。热辐射光源有白炽灯和卤钨灯；气体放电光源有荧光灯、高压汞灯、高压钠灯、金属卤化物灯和氙灯等。

1）白炽灯

白炽灯的特点是：有高度的集光性，便于控光，适用频繁开关，点燃与熄灭性能寿命影响很小，辐射光谱连续，显色性好。缺点是光效较低。白炽灯适用于家庭、旅馆、饭店以及艺术照明、信号照明、投光照明以及不许有频闪效应的工作场所等。

白炽灯有良好的调光性能，常被作为剧场舞台布景照明。白炽灯发出的光与天然光相比偏红色，如要用在肉店照明，红光多反而成了优点，因为它可以使肉色更鲜艳；却不适宜于布店照明，因为它的光色会使人发生错觉，感到红布更红，蓝布变紫。

为了适应不同场合的需要，白炽灯有各种不同的形状，如反射型灯和异型装饰灯等。

由于白炽灯光效太低，不利于节约能源，我国已将白炽灯列为淘汰产品。反射型白炽灯和特殊用途白炽灯（如用于科研医疗、火车船舶航空器、机动车辆、家用电器等）被列为豁免产品。

2）卤钨灯

卤钨灯的特点是：由于卤钨循环使灯的寿命有所提高，平均寿命为 2000h，是白炽灯的 2 倍；因灯管工作温度提高，辐射的可见光增加，使得发光效率提高，光效可达 20～40lm/W；工作温度高，光色得到改善，显色性也好。

卤钨灯体积小、效率较高、功率集中，因而可使照明灯具尺寸缩小，便于光的控制。卤钨灯的显色性好，其色温特别适用于电视播放照明，并用于绘画、摄影和建筑物的投光照明等。卤钨灯广泛用作电影摄影、放映、剧场、广场、展览展示中、商场、会议室等场所照明。

近年来，在家庭、商业、广告及室内外装饰方面采用了较先进的新型节能光源——冷光束卤钨灯。其优点是光束区温度低、光效高、显色性好、寿命长、节能效果明显以及定向照明等。

3）荧光灯

荧光灯具有发光效率高，表面亮度低，光色好，表面温度低等优点。常用的日光色荧光灯接近于自然光，适用于办公室、会议室、教室、绘图室、设计室、图书馆的阅览室、展览橱窗等场所。冷白色光源的光效较高，光色柔和，使人有愉快、舒适、安详的感觉，适宜用于商店、医院、办公室、饭店、餐厅、候车室等场所。暖白色与白炽灯光色相近，红光部分较多，给人以温暖、健康、舒适的感觉，适用于家庭、住宅、宿舍、医院、宾馆的客房等场所。

近年来，紧凑型荧光灯发展很快。紧凑型荧光灯的玻璃管直径比传统的直管荧光灯细，管内壁涂上三基色荧光粉，与白炽灯和传统的直管形荧光灯相比，有以下几个特点：

（1）光效高。光效在 55～65lm/W 之间。

（2）光色多。通过改变三基色的荧光粉中单色粉的配比，可以很方便地得到色温为 2500～6000K 中各种光色，既有保持白炽灯光色的暖色光，又有与日光光色一样的冷白光。故比传统的直管形荧光灯的光色多得多。

（3）显色性好。显色指数均在 80 以上，显现各种物体真实颜色的程度要比传统直管型荧光灯好得多。

（4）紧凑、体积小。例如 11W 的 H 形荧光灯总长度为 234mm，而普通直管 12W 荧光灯的长度达 450mm。由于体积小，可以直接代替装饰性或一般照明灯具中的白炽灯。

（5）使用方便。附件全部装在灯泡内，可直接替换白炽灯。

（6）亮度适中。表面的亮度约为白炽灯灯丝的 1/100，有利于减少眩光。

4）荧光高压汞灯

荧光高压汞灯有频闪，光色为蓝绿色，用荧光高压汞灯照射到绿色树叶上可使树叶颜色更加鲜亮，但照到其他物体会使颜色失真为灰色。因此，这种光源一般多用于厂房、体育设施、街道等处照明。

5）高压钠灯

高压钠灯光效高，寿命长，色温低，透雾性强，光色为暖黄色，显色性差，广泛用于街道、广场和大厂房照明。

6）金属卤化物灯

金属卤化物灯尺寸小、功率大、光效高、光色好（从暖黄色到日光色均有）所需启动电流小、抗电压波动稳定性比较高，是一种比较理想的光源。常用于体育馆、高大厂房、繁华街道及车站、码头、立交桥的高杆照明，对于要求高照度、显色性好的室内照明，如美术馆、展览馆等，也常采用，可以满足拍摄彩色电视及电视转播的要求。

7）氙灯

氙灯光色接近日光色，显色性好、功率大、体积小，紫外线辐射强。因此，氙灯常用于广场、机场、车站、港口大面积照明场所（探照灯）。通常氙灯悬挂高度较高，如3000W氙灯，安装高度不低于12m。

8）高强度气体放电灯（HID灯）

HID灯是高压汞灯、高压钠灯、金属卤化物灯、氙灯的总称，HID灯主要用于大空间照明和城市景观照明。

9）LED灯

LED灯是一种半导体发光光源，1969年第一盏红色LED灯诞生。传统LED灯为红、绿、橙色单色光源，主要用于指示照明。蓝色LED的发明，使其可以组合出白色光，改善了光色，提高显色性。1999年白色LED灯问世，随即应用于室内照明。目前，LED照明灯主要以大功率白光LED单灯为主。

LED灯一般采用冷光源，眩光小，无辐射，使用中不产生有害物质，而且使用寿命很长，可达数万小时以上。LED的工作电压低，采用直流驱动方式，超低功耗，电光功率转换接近100%，在相同照明效果下比传统光源节能80%以上，例如10W的LED日光灯就可以替换40W的普通荧光灯或节能灯。LED灯的光谱中没有紫外线和红外线，而且使用后作为废弃物可回收，没有污染，不含汞元素，可以安全触摸，属于典型的绿色照明光源。

因此，LED灯已被广泛用于建筑照明和室外照明，如投光灯、吊顶灯、日光灯、太阳能路灯等。

10）其他光源

（1）无极灯。利用电磁感应原理使汞原子电离产生紫外线，激发荧光物质发光。也称为感应荧光灯。这种光源光效约为65lm/W，显色指数为85。

（2）微波硫灯。利用微波电磁场激发硫原子而发光。它也是一种无电极放电灯。这种光源发光效率高，消除了汞金属对环境的污染，是一种绿色照明产品。

（3）光纤照明。实际上是一种组合照明系统，它由光源、集光器、光导纤维和配光器组成。光纤照明常用的人工光源是卤钨灯和金属卤化物灯，也可以利用天然光作为光源。

10.2.3 光源的选择与使用场所

选择光源时，应在满足显色性、启动时间等要求条件下，再根据光源、灯具及镇流器等的效率、寿命和价格等进行综合技术经济分析比较后确定，如表10-8所示。

光源的使用场所　　表10-8

光源名称	适用场所	举例
白炽灯	（1）照明开关频繁，要求瞬时起动或避免频闪效应的场所； （2）识别颜色要求较低或艺术需要的场所； （3）局部照明、应急照明； （4）需要调光的场所； （5）需要防止电磁波干扰的场所	住宅、旅馆、饭馆、美术馆、博物馆、剧场、办公室、层高较低及照度要求也较低的厂房、仓库及小型建筑等
卤钨灯	（1）照度要求较高，显色性要求较好，且无振动的场所； （2）要求频闪效应小的场所； （3）需要调光的场所	剧场、体育馆、展览馆、大礼堂、装配车间、精密机械加工车间
荧光灯	（1）悬挂高度较低、要求照度又较高的场所； （2）识别颜色要求较高的场所； （3）在无天然采光或天然采光不足而人需要长期停留的场所	住宅、旅馆、饭馆、商店、办公室、阅览室、学校、医院、理化计量室、精密产品装配
荧光高压汞灯	（1）照度要求较高，但对光色无特殊要求的场所； （2）有振动的场所（自镇流式高压汞灯不适用）	大中型厂房、仓库、动力站房、露天堆场及作业场地、厂区道路或城市一般道路等
金属卤化物灯	高大厂房，要求照度较高，且光色较好场所	大型精密产品总装车间、体育馆或体育场等
高压钠灯	（1）高大厂房，照度要求较高，但对光色无特别要求的场所； （2）有振动的场所； （3）多烟尘场所	铸钢车间、铸铁车间、冶金车间、机加工车间、露天工作场地、厂区或城市主要道路、广场或港口等

10.3 灯具

灯具是光源、灯罩及附件的总称。灯具起着固定与保护光源，控制并重新分配光在空间的分布，防止眩光等作用，此外，有些灯具还兼有装饰的功能。灯具分为功能灯具和装饰灯具两大类。

10.3.1 灯具的光学特性

1）灯具的配光特性

各种灯具分配光通的特性可以由各种灯具的配光曲线和空间等照曲线来表示。

灯具的配光曲线是表示灯具的发光强度在空间分布状况。以灯具中的光源为球心，通过球心和光轴线的剖面作为绘制配光曲线的平面。以光源为极坐标的原点，以光轴线为0°轴，圆的半径长短表示发光强度的大小。在这个极坐标平面上，把灯具从0°开始的各个张角的发光强度绘制在图上，即成为一个灯具的完整的配光曲线，如图10-3所示。

已知对称计算点的投光角 α，利用配光曲线可查到相应的发光强度。然后，再利用距离平方反比定律，即可求出点光源在计算点上形成的照度。

2）灯具的遮光角

遮光角是指投光边界线与灯罩开口平面的夹角 γ。一般灯具的遮光角愈大，则配光曲线愈狭小，在要求配光分布宽广，且又要避免直接眩光时，应该在灯具开口处用能够透射光线的玻璃灯罩，也可以用各种形状的格栅。

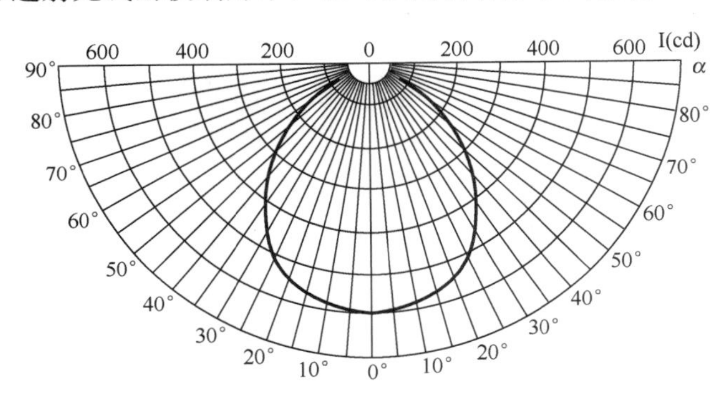

图10-3 16W荧光灯的配光曲线

3）灯具的效率

灯具效率 η 是指灯具向空间投射的光通量与光源发出的光通量之比。任何材料制成的灯罩，对于投射在表面上的光通量都要被它吸收一部分，光源本身也要吸收少量的反射光，余下的才是灯具向周围空间投射的光通量，所以灯具的效率 η 总是小于1。灯具的效率取决于灯罩开口的大小和灯罩材料的光反射比和光投射比。灯具的效率是反映灯具的技术经济效果的指标。

10.3.2 灯具的分类

灯具的分类通常以灯具的光通量在空间上下部分的分配比例分类，或者按灯具的安装方式来分类等。

1）按光通量在空间分配特性分类

根据照明灯具光通量在上下空间的分配比例，灯具可分为直接型、半直接型、漫射型、半间接型和间接型5种，它们分别如表10-9所示。

灯具的分类　　表 10-9

类型	直接型	半直接型	漫射型	半间接型	间接型
光通量分布	上半球：0～10% 下半球：100%～90%	上半球：10%～40% 下半球：90%～60%	上半球：40%～60% 下半球：60%～40%	上半球：60%～90% 下半球：40%～10%	上半球：90%～100% 下半球：10%～0
灯罩材料	不透光材料	半透光材料	漫射透光材料	半透光材料	不透光材料

（1）直接型灯具的光通量利用率最高，工作环境照明应当优先采用这种灯具。但是，直接型灯具的上半部几乎没有光线，顶棚很暗，与明亮的灯光容易形成对比眩光。而且直接型灯具的光线集中，方向性较强，产生的阴影也较浓。

（2）半直接型灯具能将较多的光线照射到工作面上，又能发出少量的光线照射顶棚，减小了灯具与顶棚间的强烈对比，使室内环境亮度更舒适。

（3）均匀漫射型灯具是用漫射透光材料制成封闭式的灯罩，将光线均匀地投向四面八方，如乳白玻璃球形灯。均匀漫射型灯具对工作面而言，光通量利用率较低，但造型美观，光线柔和均匀。

（4）半间接型灯具上半部用透光材料，下半部用漫射透光材料制成。由于大部分光线投向顶棚和上部墙面，增加了室内的间接光，光线更为柔和宜人。在使用过程中，上半部容易积灰尘，影响灯具的效率。半间接型灯具主要用于民用建筑的装饰照明。

（5）间接型灯具将光线全部投向顶棚，使顶棚成为二次光源。因此，室内光线扩散性极好，光线均匀柔和，几乎没有阴影和光幕反射，也不会产生直接眩光。但光通量损失较大，不经济。使用这种灯具要注意经常保持房间表面和灯具的清洁，避免因积尘污染而降低照明效果。间接型灯具适用于剧场、美术馆和医院的一般照明。

2）按安装方式分类

根据安装方式的不同，灯具大致可分为如下几类：

（1）壁灯：壁灯是将灯具安装在墙壁上、庭柱上，有托架式和嵌入式两种，主要用于局部照明、装饰照明或不适应在顶棚安装灯具或没有顶棚的场所。

壁灯还可分为封闭灯罩型壁灯，半封闭灯罩型壁灯两类。一定要注意壁灯安装高度，防止人眼直接看到光源，要注意遮光。

（2）筒灯：口径很小，嵌入天花板内的灯具称为筒灯。筒灯可以有效防止眩光，与吊顶结合具有很好的装饰效果。筒灯光源可用白炽灯、紧凑的荧光灯和小型 HID 灯。

（3）吊灯：吊灯是从天花板垂吊的灯具。吊灯是最普通的一种灯具安装方式，也是运用最广泛的一种。它主要是利用吊杆、吊链、吊管、吊线来吊装灯具，以达到不同的效果。利用吊杆式荧光灯组成一定规则的图案，不但能满足照明功能上的要求，而且还能形成一定的装饰艺术效果。

带有反光罩的吊灯，配光曲线比较好，照度集中，适应于顶棚较高的场所，如教室、办公室、设计室。吊线灯适用住宅、卧室、休息室、小仓库、普通用房等。吊管、吊链花灯，适用于有装饰性要求的房间，如宾馆、餐厅、会议厅、大展厅等。

（4）吸顶灯：安装在天花板上的一种固定灯具。吸顶灯明亮、简洁、较容易融入空间。因而吸顶灯应用广泛。

（5）射灯：安装在天花板上，使受照对象比周围更加明亮地浮现在人们的眼前，选择高反射镜面材料和灯丝很小的卤钨灯可以提高射灯聚光效果。射灯有直接式、滑轨式、软轨式、夹接式等安装方式等，射灯多用于餐厅、服装店等商业设施，安装时灯具不要太显眼。

（6）放置式灯具：主要包括落地灯、台灯、床头灯等，这种灯具灯罩通常有伞形、球形、反射型、火炬形等。

（7）滑轨照明灯具：安装在滑轨上可移动灯具。滑轨安装在天花板上，多用射灯，也有用直接荧光灯或吊灯的，这种灯具较适合于商业空间及对照明表现要求高的住宅。

（8）格栅荧光灯盘：这是一种嵌入式灯具，曲面格栅可外露，或用乳白色灯罩，光源选用直管或紧凑型荧光灯。

10.3.3　建筑化照明装置

建筑化照明就是利用整体规模的光源，对天花板及墙面进行间接照明，这种照明充分表现了建筑空间的规模，装饰效果好，因此被逐渐用于室内照明设计中。

1）暗槽灯照明

将光源隐藏在沿墙边暗槽中，以照亮天花板面的建筑化照明（图 10-4），这种照明使天花板得到均匀的光亮，突出强调了天花板面的明亮轮廓。

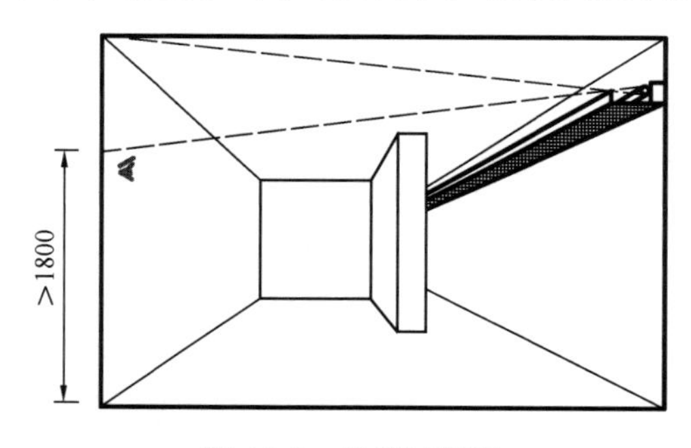

图 10-4　暗槽灯照明

暗槽照明设计时考虑照明与艺术效果的兼顾。为了使墙面和顶棚亮度更加均匀，光源应与顶棚和墙面保持一定距离，其安装尺寸如表 10-10 所示。暗槽的灯如带反射器，反射器轴线与水平线的夹角一般取 20°左右，这样效果较佳。暗槽照明光源的距离有一定要求，白炽灯光源的间距一般为 0.25～0.35m，荧光灯两灯管间的空隙距离以 0.1m 左右为宜。

暗槽照明的合适尺寸 表 10-10

光源距顶棚 H（mm）	310	380～510	530～760
光源距墙壁 L（mm）	64	90	115

2）光檐照明

光檐照明是在天花板和墙壁连接的地方内置光源，以均匀照亮墙面和窗帘的照明。为了不直接看见光源，往往需要增大遮光板的遮光角度，或安装格栅和乳白灯罩等，如图 10-5 所示。

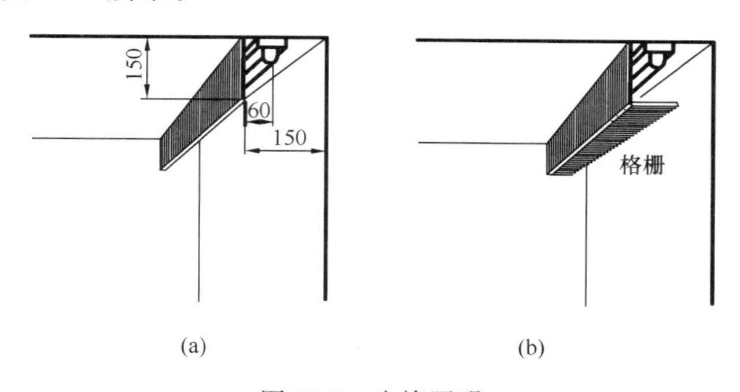

图 10-5 光檐照明

（a）无遮光光檐照明；（b）有遮光光檐照明

3）发光顶棚

利用扩散透光材料（如乳白玻璃、晶体玻璃、磨砂玻璃、有机玻璃、棱镜、栅格等）制作的发光装置，光源安装在顶棚上面夹层或顶棚中的照明装置称之为发光顶棚。发光顶棚的光源可以是白炽灯或荧光灯。由于荧光灯光效高，亮度均匀，故较常用。这种装置的特点是发光表面亮度低而面积大，所以照明质量高、照度均匀、光线柔和无强烈阴影，无直射眩光和反射眩光，有合适的垂直照度和水平照度之比值等。发光顶棚是现代室内照明设计中广泛采用的照明装置之一。

4）光梁和光带

将发光表面（灯具表面）在顶棚上排列成带状，若此发光表面与顶棚表面平齐的称为光带，其发光表面有开启式、栅格式、扩散透光玻璃式等各种结构形式。若发光表面凸出于顶棚表面，其发光面一般为扩散透光材料，则称为光梁。

光梁与光带在照度与照明扩散、均匀度方面仅次于发光顶棚，但方向性却优越于发光顶棚。对于方向性要求较好的场所，如浮雕场所等采用光梁或光带比采用发光顶棚效果好。光梁和光带可以构成各种图案，丰富室内建筑构图。光梁和光带的光源通常为单列或多列布置的荧光灯管，其透光表面可以用磨砂玻璃、有机玻璃或栅格结构。

10.4 建筑照明设计

本节可根据课时安排，列入选学内容，详见教材电子版附件。

10.5　城市夜景照明设计

本节可根据课时安排，列入选学内容，详见教材电子版附件。

本章思考题：

1. 什么是“眩光”？照明设计中应如何防止眩光？
2. 室内常用的电光源有哪些？
3. 哪些建筑或场所内应选择间接型灯具？为什么？

第 11 章　安全用电和建筑防雷

11.1　安全用电

11.2　建筑物防雷

本章可根据课时安排，列入选学内容，详见教材电子版附件。

第 12 章　建筑弱电系统

12.1　信息系统

建筑内的信息系统有很多子系统，包括：电话通信系统、有线广播和扩声系统、有线电视系统、计算机网络系统、呼叫系统、公共显示系统等。它们都属于“弱电”系统，主要对信息进行传递、控制和管理，保证信息能够准确接收、传输和显示，以满足人们对各种信息的需要。

12.1.1　电话通信系统

1）电话通信系统的组成

电话通信系统有三个组成部分：电话交换设备、传输系统和用户终端设备。交换设备主要就是电话交换机，是接通电话用户之间通信线路的专用设备。电话交换机的发展很快，它从人工电话交换机发展到自动电话交换机，又从电子式自动电话交换机发展至如今普遍应用的数字程控电话交换机。数字式程控交换机的工作原理是预先把电话交换的功能编制成相应的程序，并把这些程序和相关的数据都存入存储器中，当用户呼叫时，由处理机根据程序所发出的指令来控制交换机的操作，以完成通信接续功能。

电话传输系统按传输媒介分为有线传输和无线传输。建筑内通信系统主要指有线传输。有线传输按信息工作方式又可分为模拟传输和数字传输两种。模拟传输是将信息转换成为与之相应大小的电流模拟量进行传输，例如普通电话就是采用模拟语言信息传输。

用户终端设备，以前主要指电话机，随着通信技术的迅速发展，现在又增加了许多新设备，如传真机、计算机终端等。可以直接实现用户对信息的需求。

2）电话通信系统的配线方式

在民用建筑中，电话通信系统实际上可根据有无程控交换机分为两类：一类为无中继线，全体用户均为直拨电话的系统，用户电话线经适当处理后直接进入市话网络，称为直接配线方式；另一类则设有专用的程控交换机，由市话网引来电缆（包括中继线和直拨电话），先经总配线架再进入程控交换机（中继线）或直接经总配线架—各楼层分线箱—用户（直拨和分机配线），称为交接配线方式。前一类系统多应用于住宅建筑和较小规模商业建筑；后一类多应用于综合性办公楼、大型宾馆等终端用户业务量较大、信息功能较复杂的建筑。图 12-1 为典型的电话通信系统。

3）电话通信系统的室内线路

建筑内电话系统的室内线路有明线和暗线两种敷设方式，除了既有的标准不

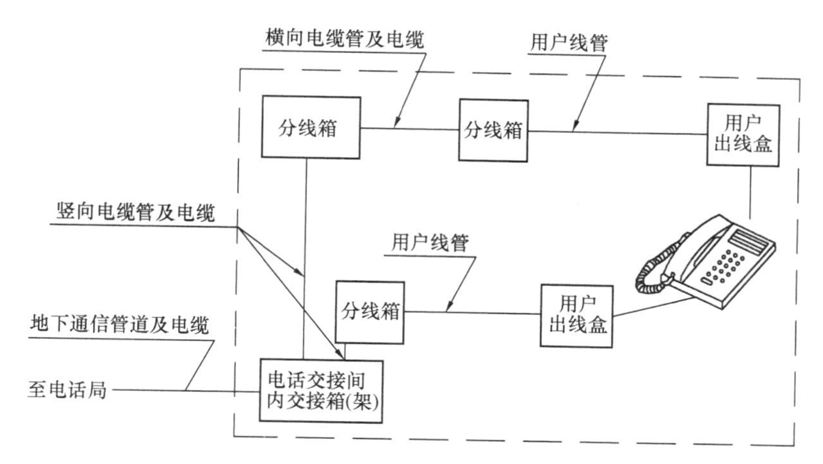

图 12-1　电话通信系统原理图（无交换机）

高的建筑使用明线外，一般新建与改建的民用建筑都采用暗线方式。在进行电话系统暗配线设计时，一般应注意：

（1）在考虑线路和交接箱、上升电缆、分线箱的容量时，应该以楼房用户的最大可能使用量作为依据。

（2）在有用户交换机的建筑物内一般将配线架设在电话站（机房）内，在无用户交换机的建筑物内，一般在首层或二层设交接箱。

（3）高层建筑中应设置弱电专用竖井，从电话站（机房）或交接箱出来的分支电缆一般采用桥架、线槽或钢管敷设至电气竖井，分支电缆在竖井内应穿钢管、线槽或电缆桥架沿墙明敷至各层分线箱。各层分线箱一般就安装在弱电竖井里，一般为挂墙明装，距地 2.0m 左右。在多层建筑中，一般采用电缆穿管暗敷方式，电缆管上升点的位置应选在：靠近各层分线箱；各层的上升点位置无其他设施并且建筑结构容许设置；上升点应与强电、煤气、给水排水管线保持一定的距离。

（4）室内配线宜采用全铜芯电线或电缆，常用的电话线和电话电缆型号有 RVB 型（扁型无护套软线）、RVVB 型（扁型护套软线）和 HPVV 型（聚氯乙烯绝缘和护套的电话屏蔽线）等。

4）电话机房的位置选择和有关专业的要求

选择机房位置时应考虑：

（1）总机房的位置一般宜选在二楼或一楼并邻近道路，以便引线，应避免将总机室设在地下室，以防设备受潮。

（2）总机房最好放在分机用户负荷的中心位置，以节省用户线路的投资。

（3）总机房注意不要设置在厕所、浴室、开水房、卫生间、洗衣房和食堂餐厅等易于积水的房间附近，也不要设于变配电室、空调机房、通风机房等有电磁或噪声影响的房间的附近。

对相关专业的要求有：

（1）电话机房内的技术用房一般情况下均应做架空活动防静电地板，吊顶应尽量采用铝合金吊顶顶棚。

（2）交换机室要求地面平整，直接通往室外的窗和门都应严密防尘。

（3）蓄电池室的地板、墙面、门窗等表面均应采用耐酸腐蚀的材料。

（4）电话机房应满足一定的温、湿度要求。

（5）电话机房的通信用接地（包括直流电源接地、电信设备机壳或机架接地、入站通信电缆的金属护套或屏蔽层的接地等）均应与专用的通信接地装置相连。

12.1.2　共用天线电视系统

共用天线电视系统（CATV），具有接收、整理、传输和分配电视信号的功能，能向电视用户提供稳定的、强度合适的不失真信号。CATV 系统一般由前端、干线传输和用户分配三个部分组成。前端部分主要包括电视接收天线、频道放大器、调制器和混合器等设备。

干线传输系统是把前端接收处理、混合后的电视信号，传输给用户分配系统的一系列传输设备。一般在较大型的 CATV 系统中才有干线部分。

用户分配部分是 CATV 系统的末端部分，主要包括放大器、分配器、分支器、系统输出端以及电缆线路等。在建筑中所指的电视系统一般就是指的 CATV 系统中的用户分配系统，因此本书只对用户分配系统做简要介绍。共用天线电视系统组成如图 12-2 所示。

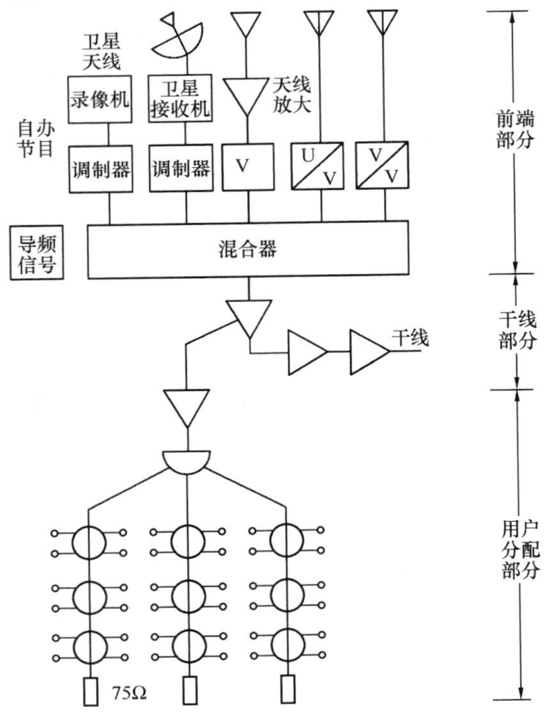

图 12-2　CATV 系统的组成

1）用户分配系统设备

（1）放大器

放大器是将信号放大并保持一定电平输出的器件。前端用的放大器称为天线放大器，线路用的放大器称为线路放大器。建筑中一般使用的是线路放大器中的干线放大器或分配放大器，用来补偿同轴电缆对信号的损耗或分配分支的损耗，以满足用户电视机输入电平的需要。

（2）分配器

分配器是用来分配电视信号并保持线路匹配的装置。分配器具有分配隔离和阻抗匹配的作用。分配器按其输出路数多少可分为二分配器、三分配器、四分配器等。

（3）分支器

分支器是从干线（或支线）上取出一小部分信号传送给电视机用户的设备，它的作用是以较小的插入损耗从传输干线或分配线上分出部分信号经衰减后送至各用户，它由一个主输入端、一个主输出端和若干分支输出端构成。根据分支器的分支输出端的个数可以分为一分支器、二分支器、四分支器等。

（4）用户接线盒

也称用户终端，它将电缆分配系统与用户电视机连接在一起，通常包括面板、接线盒，其特性阻抗为 75Ω。

（5）同轴电缆

同轴电缆由同轴的内外导体构成，芯线一般为铜线，外导体一般为铜网加铝箔。同轴电缆的性能，不仅直接影响到信号的传输质量，还会影响使用寿命和工程造价。在 CATV 工程中，常用 SYKV 型同轴电缆（聚氯乙烯护套聚乙烯藕状介质射频电缆）。干线一般采用 SYKV-75-12 型，分支干线多用 SYKV-75-12 和 SYKV-75-9 型，用户配线多用 SYKV-75-5 型。在实际使用中还需根据电平衰减情况来确定。

2）用户分配系统的方式

在用户分配系统中，信号分配方式有分配—分支方式、分配—分配方式、分支—分支方式等。其中分配—分支方式（如图 12-3 所示）因为其与住宅建筑的布局配合方便、扩充性强、用户之间影响小、维修方便等优点在住宅建筑中广泛应用。在分配—分支方式中，为了使各用户端电平接近，应选用不同损耗的分支器。为防止干线出现空载的状态，在每一干线终端都接有 75Ω 的匹配电阻。

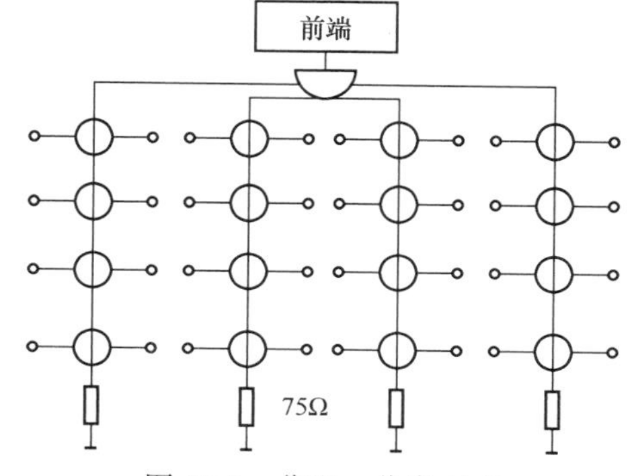

图 12-3　分配—分支方式

3）用户分配系统设计时应注意的问题

（1）用户电平是用户分配系统设计的重要依据。用户电平太高，电视机的高频放大部分均工作在非线性区内，会产生互扰调制和交扰调制；用户电平太低，又会形成雪花干扰。按《有线电视系统工程技术规范》GB 50200—94 规定，用户端的电平范围应为 60～80dB。

(2) 分配器的输出端不适合直接用于用户终端。在系统中当其输出端有空余时，必须接 75Ω 匹配电阻。

(3) 在建筑中用分支器进行系统分配时，一般在接近前端箱的地方分支衰减量应取大一些，距离前端箱较远处分支衰减量应小一些，以保证各个部位的用户端电平基本保持一致。

(4) 对任何一用户，各个频道的电视信号电平差应在±2dB 内。

12.1.3 公共广播系统

1) 系统功能和组成

在民用建筑中，公共广播系统是指面向公众区（广场、车站、码头、商场、餐厅、走廊、教室等）和宾馆客房的广播音响系统。它包括业务广播、背景音乐和紧急广播功能，平时播放背景音乐和其他节目，出现火灾等紧急情况时，强制切转换为紧急广播。这种系统中的传声器（话筒）与向公共进行广播的扬声器一般不在同一房间内，而且其服务范围广，传输距离长。因此，虽然公共广播也是一个扩声系统，但它对音质的要求往往不如专业扩声系统那么高，而注重强调系统功能的可靠性和实用性。

公共广播系统的基本结构如图 12-4 所示。

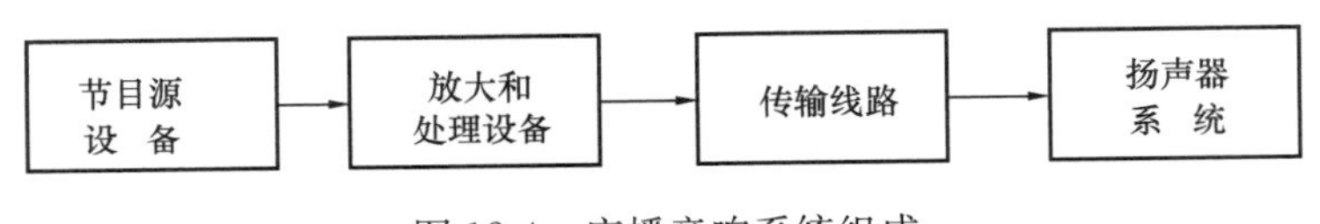

图 12-4 广播音响系统组成

2) 公共广播系统的传输方式

公共广播系统一般有高电平传输、低电平传输和调频载波传输三种方式：

(1) 高电平传输方式

该方式从机房的功率放大器到各个分散的扬声器是采用高电平传输的，一般为 120V、100V 或 70V。高电平传输的优点是线路损耗小、负载联接方便，并接在线路上的扬声器只需加线路变压器即可。在这种情况下，当所接扬声器的阻抗相同时，其分配到的功率也相同。高电平传输又称定压传输，是最为常用的传输方式，目前以 70V 和 100V 的产品最常见。

(2) 低电平传输方式

这种方式的传输线路只向终端功率放大器（含一组扬声器）传送约等于 1V 的线路信号，经功放后再以低电平方式送到扬声器组。它可避免大功率音频电流的远距离传输，但只适用于控制室距终端较远，而终端各个区域的扬声器又相对集中的情况。

(3) 调频载波传输方式

它采用调频方法将音频信号调制成调频信号，然后经同轴电缆网络（可利用

CATV 网络）传送到多个终端，在终端通过调频接收机接收。这种方式可以同时传送几套音频节目，用户选择节目方便，一般适用于宾馆的客房内广播，而不适合公共场所的广播。

3）扬声器

公共广播系统广泛使用吸顶式和壁挂式扬声器，通常把它们安装在走廊、大堂、电梯间、办公室、写字间的顶棚或墙壁上。单只吸顶式扬声器的额定功率一般取 3W，按顶棚 3～3.5m 高度计，其在人耳高度（约 1.6m）处所产生的声压级已足够，如图 12-5 所示。扬声器的间距则取决于对声压不均匀度的要求，这可根据扬声器的辐射角 α（一般指在指向性图中由轴向分别向两边各降低 10dB 的夹角）、顶棚和人耳的高度，上述参数可通过简单的计算而得到。大多数锥形纸盒扬声器的 $\alpha=90°$，当顶棚高度 $h=3\text{m}$，人耳高度 l 取 1.6m，声压不均匀度不大于 7dB 时，扬声器间距 $L=2(h-l)\tan45°\approx2.8\text{m}$。实际上，一般要求声压不均匀度为 10dB 或更低些，此时，以同样高度的顶棚扬声器间距可增至 4m 左右或更多。在停车场、设备机房、地下室或潮湿的地方不适合安装吸顶式扬声器，可安装挂墙式小型号角扬声器，其功率一般为 5～10W。

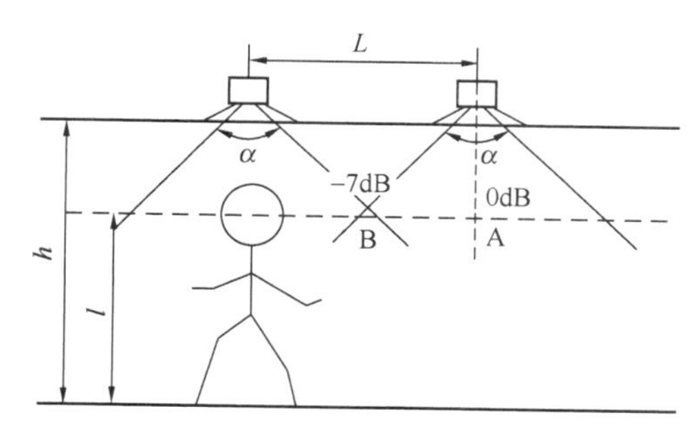

图 12-5　天花板扬声器间距

4）背景音乐功能

背景音乐的主要作用是掩盖噪声并创造一种轻松和谐的气氛。背景音乐通常是把记录在磁带、唱片上的节目，经过重放设备使其输出分配到各个走廊、门厅和房间内的扬声器。其声源位置较隐蔽，音量较小，一般采用单声道音乐，而不是立体声。

背景音乐的乐曲应是抒情风格的或是轻快的，一般认为某些民歌、抒情乐曲、室内乐、舞曲或古典音乐等改编的轻音乐风格的乐曲，能提高背景音乐的效果。

5）紧急广播功能

在民用建筑中，公共广播系统往往与火灾事故广播合用，平时为各广播区域提供背景音乐广播或寻呼广播服务，火灾发生时则提供消防报警紧急广播。这种背景音乐广播和紧急广播功能的结合，有利于设备的充分利用和节约投资，但火灾应急广播与公共广播系统合用时应符合以下要求：

（1）火灾时，应能在消防控制室将火灾疏散层的扬声器和公共广播扩音机强制转入火灾应急广播状态。

（2）消防控制室应能监控用于火灾应急广播时的扩音机工作状态，并能开启扩音机进行广播。

（3）床头控制柜设有扬声器时，应有强制切换到应急广播的功能。

（4）火灾应急广播应设置备用扩音机，其容量不应小于火灾应急广播扬声器最大容量总和的1.5倍。

(5) 如客房床头柜扬声器无紧急播放火灾事故广播功能时，宜在客房外的走廊上设置实配功率不小于3W的扬声器，且扬声器的间距不超过10m。

12.1.4　计算机网络系统

计算机网络是由多台独立的计算机按照约定的协议，通过传输介质连接而成的集合。传输介质可以是电缆或光缆等有线介质，也可以是电波或光波等无线介质。计算机网络能使在地理上分散的计算机连接起来互相交换数据，还能实现硬件、软件和信息等资源的共享。按照网络覆盖的范围分为局域网（LAN）、城域网（MAN）、广域网（WAN）。计算机网络是一个复杂的系统，但基本上是由计算机与外部设备、网络互联设备、传输介质、网络协议和网络软件组成。

网络中的计算机包括主机、服务器、工作站和客户机等，主要作用是处理数据。外部设备包括终端、打印机、海量存储设备等。

网络互联设备负责控制数据的发送、接收或转发，包括网卡、集线器、路由器、中继器、网桥等。

传输设备构成网络中各设备之间的物理通信线路，用于传输数据信号。有线传输介质包括同轴电缆、双绞线、光缆等；无线传输介质包括微波、红外线、激光等。

网络协议是网络中各通信方共同遵守的一组通信规则。例如，应按什么格式组织和传输数据，如何区分不同性质的数据等。

12.1.5　视频安防监控系统

视频安防监控系统主要用于工业、交通、商业、金融、医疗卫生、军事及安全保卫等领域，是现代化管理、监测、控制的重要手段之一。它能实时、形象、真实地反映监控的对象，能够及时获取大量丰富的信息，有效提高管理效率和自动化水平。

一般的视频安防监控系统由摄像、传输、控制、图像处理和显示四个部分组成，摄像部分的作用是把系统所监视的目标的光、声信号变成电信号，送入系统中的传输分配部分进行传送，其核心是电视摄像机。摄像机的种类很多，不同的系统可以根据不同的使用目的选择不同的摄像机及镜头。摄像机通常安装在可水平和垂直回转的摄像机云台上。

传输分配部分的主要作用是将摄像机输出的视频和音频信号馈送到中心机房或监控室。传输分配部分一般有馈线（同轴电缆），视频分配器、视频电缆补偿器、视频放大器等设备。

控制部分的作用是在监控室通过有关设备对摄像机、云台和传输分配部分的设备进行远程控制。其功能主要是实现对摄像机的电源、旋转广角变焦的控制和实现对云台远程的驱动。

图像处理和显示部分实现对传输回来的图像综合的切换、记录、重放、加工、复制和利用监视器进行图像重现。

监控电视系统的组成部分和工作流程如图 12-6 所示。

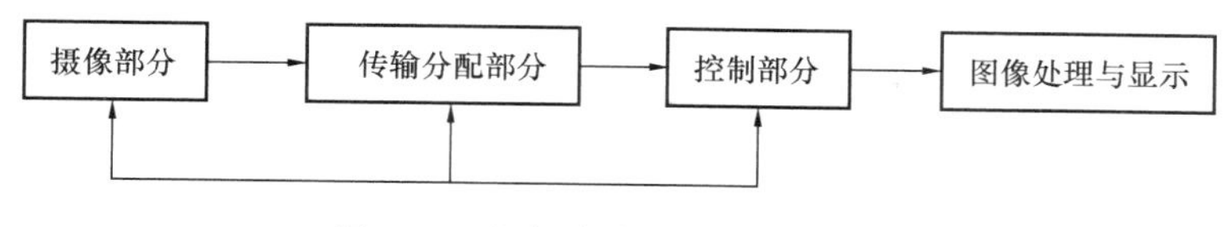

图 12-6　视频安防监控系统的组成

12.1.6　电子巡查系统

电子巡查系统可以有效地提高建筑的安全性，加强对巡查人员的保护，帮助管理人员分析巡查人员的表现。电子巡查系统规定保安人员必须在规定的巡查路线上，按规定的次序，在指定的时间向中央控制室发回信号以表示正常，如果信号没有发回控制室或未按规定发回控制室，系统就会认为是不正常，以此来实现电子巡查。

12.1.7　入侵报警系统

入侵报警系统就是利用探测装置对建筑内外的重要区域进行设防。在探测到有非法侵入时，系统会及时报警。例如玻璃破碎报警器及门磁开关可有效探测罪犯从外部的侵入，安装在建筑重要房间内的红外探测器和运动探测器可感知人员在楼内的活动。在此系统中，探测器是最重要的设备，应根据其保护的地点、保护的对象等条件来选择。

12.1.8　公共信息显示系统

对下列场所应设置公共显示装置：

（1）体育馆（场）应设置计时记分装置；

（2）民用航空港、中等以上城市火车站、大城市的港口码头、长途汽车客运站，应设置班次动态显示牌；

（3）大型商业、金融营业厅，宜设置商品、金融信息显示牌；

（4）中型以上火车站、大型汽车客运站、客运码头、民用航空港、广播电视信号大楼，以及其他有统一计时要求的工程，宜设置时钟系统。对旅游宾馆宜设世界时钟系统。

12.1.9　出入口控制系统

出入口控制系统是安全技术防范领域的重要组成部分，是现代信息科技发展的产物，是数字化社会的必然需求，是人们对社会公共安全与日常管理的双重需要。是发展最快的新技术应用之一。

出入口控制系统（ACS）是利用自定义符识别或模式识别技术对出入口目标进行识别并控制出入口执行机构启闭的电子系统或网络。

出入口控制系统主要由识读部分、传输部分、管理/控制部分和执行部分以及相应的系统软件组成。

出入口控制系统有多种构建模式。按其硬件构成模式划分，可分为一体型和分体型；按其管理/控制方式划分，可分为独立控制型、联网控制型和数据载体传输控制型。

12.1.10　停车库（场）管理系统

智能停车库（场）管理系统普通应用于住宅小区、商场、企事业单位等。随着停车库（场）管理的智能化程度越来越高，停车更加方便快捷，不仅提高了工作效率，也大大节约了人力物力，降低了运营成本。停车库（场）管理系统包括车辆人员身份识别、车辆资料管理、车辆的出入情况、位置跟踪和收费的管理等。

停车场管理系统配置包括停车场控制器、自动吐卡机、远程遥控、远距离卡读感器、感应卡（有源卡和无源卡）、自动道闸、车辆感应器、地感线圈、通信适配器、摄像机、传输设备、停车场系统管理软件等。

停车场管理系统设立在小区内，有若干入口和出口。所有出入口都要求联网，实现数据通信，并采用统一的计算机管理。

12.2　火灾报警与消防联动控制

12.2.1　系统概述

火灾自动报警系统是建筑防火体系的重要组成部分之一，它通过探测伴随火灾产生和发展而出现的烟、光、温度等参数，早期发现火情，及时发出声、光等报警信号，同时协调组织消防给水系统、防排烟系统，迅速进行建筑内人流疏散和灭火。

火灾自动报警与联动控制包括火灾自动报警系统和消防联动控制灭火系统。火灾自动报警控制器是火灾报警系统的核心部分，是分析、判断、记录和显示火灾的部件，它通过火灾探测器在规定的时间内向监视现场发出巡测信号，监视现场的烟雾浓度、温度等，报警控制器上可以显示火灾区域或楼层房号的地址编码，并打印报警时间、地址。联动控制器是在火灾报警控制器的控制下，执行自动灭火的程序。当确认火灾后，联动控制器启动喷淋泵、消防泵进行灭火；启动送风机、排烟风机创造疏散条件；按程序放下防火卷帘门，关闭烟道防火阀，实现防火分区的功能等。

12.2.2　设置条件

根据《建筑防火通用规范》GB 55037—2022，需要设置火灾自动报警的建筑有：

1）民用建筑或场所

（1）商店建筑、展览建筑、财贸金融建筑、客运和货运建筑等类似用途的建筑；

（2）旅馆建筑；

（3）建筑高度大于100m的住宅建筑；

（4）图书或文物的珍藏库，每座藏书超过 50 万册的图书馆，重要的档案馆；

（5）地市级及以上广播电视建筑、邮政建筑、电信建筑，城市或区域性电力、交通和防灾等指挥调度建筑；

（6）特等、甲等剧场，座位数超过 1500 个的其他等级的剧场或电影院，座位数超过 2000 个的会堂或礼堂，座位数超过 3000 个的体育馆；

（7）疗养院的病房楼，床位数不少于 100 张的医院的门诊楼、病房楼、手术部等；

（8）托儿所、幼儿园，老年人照料设施，任一层建筑面积大于 $500m^2$ 或总建筑面积大于 $1000m^2$ 的其他儿童活动场所；

（9）歌舞娱乐放映游艺场所；

（10）其他二类高层公共建筑内建筑面积大于 $50m^2$ 的可燃物品库房和建筑面积大于 $500m^2$ 的商店营业厅，以及其他一类高层公共建筑。

2）工业建筑或场所

除散装粮食仓库、原煤仓库可不设置火灾自动报警系统外，下列工业建筑或场所应设置火灾自动报警系统：

（1）丙类高层厂房；

（2）地下、半地下且建筑面积大于 $1000m^2$ 的丙类生产场所；

（3）地下、半地下且建筑面积大于 $1000m^2$ 的丙类仓库；

（4）丙类高层仓库或丙类高架仓库。

12.2.3　火灾报警与消防联动控制系统的类型及系统组成

1）系统类型

根据建筑工程的建设规模和用途以及建筑物的防火等级，火灾报警与联动控制系统可分为下列四种基本形式：

（1）区域系统

本系统用于局部性重点保护对象的火灾报警与消防联动控制，一般应用于区域保护方式或场所保护方式的火灾报警与消防联动控制。这种系统可由一台或几台各自独立的区域报警控制器，组建各自独立报警、独立消防联动控制的区域火灾自动报警系统，从而对某一个局部范围或设施进行报警或控制。该系统由一个专门有人值班的房间或场所管理。多用于图书馆、电子计算机房等建筑物内的火灾报警与控制。

（2）集中系统

本系统用于对整个建筑物进行火灾自动报警和控制。有无区域报警和集中报警控制器之分。

在消防控制室内设一到两台报警控制器，对整个建筑物实施监控，中间楼层不设区域报警控制器，但应装设楼层显示器和复示盘等。这种系统适合于无服务台（或楼层值班室）的写字楼、商业楼、综合办公楼等建筑。

（3）区域—集中系统

适用于规模较大、保护控制对象较多并有条件设置区域报警控制器的大型高层建筑，如有服务台的宾馆等场所。

（4）控制中心系统

本系统适用于规模大、需要集中管理的群体建筑或超高层建筑。如有若干个消防控制室组建的且在防火上互有关联的群体建筑，则应设消防控制中心。主要担当总体灭火的联络与调度。

2）系统组成

火灾自动报警及联动控制系统由火灾信号检测部分、火灾报警控制器及联动控制器、消防联动执行机构几大部分组成。

（1）火灾信号检测部分

它由各种探测器、手动报警器、自动喷淋系统的水流指示器、消火栓按钮等组成，其任务是检测火灾信号，并将信号传送给火灾自动报警器。

手动报警按钮、水流指示器、消火栓按钮等均可输出开关量信号，各类火灾探测器可根据要求输出开关量信号或模拟量信号，在一般情况下可采用开关量信号输出的探测器，在要求比较高的场合可采用模拟量输出的火灾探测器。

（2）火灾报警控制器及联动控制器

这部分是火灾报警及联动控制的中枢。它用来接收、处理、存储、显示火灾信号并发出联动控制指令。

火灾报警控制器是系统的核心设备，有区域报警控制器、集中报警控制器和通用报警控制器之分，按设备结构形式可分为壁挂式、台式或柜式。系统较小的用壁挂式（通常不多于128点），大型系统采用柜式或台式。与之配套的设备还有消防联动控制器、外设驱动电源、火灾应急广播设备、消防电话总机、多种探测器接口、火灾显示屏、火灾讯响器及打印机等。

（3）消防联动执行机构

它的任务是执行火灾自动报警联动控制器的指令，使各种执行机构自动完成事先按程序确定的指令内容，如启动消防泵、排烟风机，接通消防广播，切除相关的非消防电源等。

除以上三大部分以外，火灾自动报警及联动控制系统还包括一些附属设备，如专用主机电源、外控设备集中供电电源等。

12.2.4 火灾探测器

在火灾报警系统中，探测器是关键的元件，探测器的选用是否合理，关系到整个系统的可靠性，所以应根据可能发生的火灾特点和需设置的部位来选择探测器。常用的火灾探测器主要有以下几种：

（1）感烟探测器

根据其工作原理的不同，又可分为离子感烟探测器和光电感烟探测器。在火灾初期有引燃阶段，会产生大量的烟和少量的热，在很少或没有火焰辐射的场所宜选用感烟探测器。但不宜用于在正常情况下有烟滞留，有大量粉尘、水需要滞留等不利于感烟元件工作的场所。

（2）感温探测器

感温探测器是一种对警戒范围内某点周围的温度达到或超过预定值时发生响应的火灾探测器。其特点是结构简单、可靠性高，但灵敏度较低。感温探测器可分为点型和线型两大类，点型又可分为定温、差温、差定温三种，线型可分为缆式线型定温探测器和空气管式探测器。

感温探测器适用于相对温度长期大于95%、可能发生无烟火灾且有大量粉尘、正常情况下有烟和蒸气滞留、厨房、锅炉房、汽车库房等场所。

（3）可燃气体探测器

在可燃性气体可能泄漏的危险场所应安装可燃气体探测器。

（4）火焰探测器

火灾时会有强烈的火焰辐射，在需要对火焰作出快速反应的场所应安装火焰探测器，常用的火焰探测器有感光探测器，它对可燃物燃烧时的辐射光谱进行探测。

12.2.5　消防控制室

1）功能

消防控制室是设有火灾自动报警控制器和消防控制设备，专门用于接收、显示、处理火灾报警信号、控制有关消防设施的房间。建筑消防系统的显示、控制等日常管理及火灾状态下应急指挥，以及建筑与城市远程控制中心的对接等，均需在消防控制室内完成。

2）设置要求

（1）仅有火灾自动报警系统但无消防联动控制功能时，可设消防值班室，也可与经常有人值班的部门合设（如门卫）。

（2）具有两个及以上消防控制室时，应确定主消防控制室和分消防控制室。

（3）消防系统规模大，需要集中管理的建筑群及建筑高度超过100m的高层民用建筑，应设置消防控制中心。

3）位置选择

（1）消防控制室应设置在建筑物的首层或地下一层，距通往室外出入口不应大于20m。

（2）内部和外部的消防人员能容易找到并可以接近的房间部位，并应设在交通方便和发生火灾时明火不易蔓延到的部位。

（3）消防控制室应远离强电磁场干扰，不应设于厕所、锅炉房、浴室、汽车库、变压器室等的隔壁和上、下层相对应的房间。

（4）有条件时宜与防灾监控、广播、通信设施等用房相邻近。

（5）应适当考虑长期值班人员房间的朝向。

4）设备布置要求

（1）设备面盘前的操作距离：单列布置时不应小于1.5m；双列布置时不应小于2m。

（2）在值班人员经常工作的一面，控制屏（台）至墙的距离不应小于3m。

（3）控制屏（台）后的维修距离不宜小于1m。

（4）控制屏（台）的排列长度大于4m时，控制屏（台）两端应设置宽度不小于1m的通道。

（5）集中报警控制器（或火灾通用报警控制器）安装在墙上时，其底边距地高度应为1.3～1.5m，靠近其门轴的侧面距墙不应小于0.5m，正面操作距离不应小于1.2m。

12.3　智能建筑简介

本节可根据课时安排，列入选学内容，详见教材电子版附件。

本章思考题：

1. 什么是“弱电”？常见建筑弱电系统有哪些？
2. 火灾探测器有哪些类型？分别适用于什么建筑或场所？

第5篇 绿色建筑与建筑设备

绿色建筑在建成后的使用全过程中，在满足建筑使用功能的前提下，应合理高效地利用水、能源、材料和其他资源，使能源和资源的利用程度达到最高，而废物和污染物的排放降低至最低。要达到这一目标，建筑设备在绿色建筑中的作用至关重要。

建筑设备在主动创造建筑内热湿环境、光环境、声环境和空气环境的同时，必然要耗能。建筑物应用各种技术与设备按照人的意愿创造不同于自然环境的室内环境，这些通过各种建筑设备对室内环境进行反自然规律的干预和改造必然要消耗能量。建筑完全不耗能是不可能的，所谓的“零能耗”即低能耗，它不是完全不消耗能量，而是将原来的低能耗与可再生资源的运用结合起来，实现相对意义上的零能量消耗。即首先将建筑的能耗降下来，并且再充分利用地热能、太阳能、风能等可再生能源。在建筑的围护结构、能源和设备系统、照明、智能控制、可再生能源利用等方面，应综合选用各项节能技术，使建筑的能耗水平远远低于常规建筑物。

同时，建筑绝对避免对周边环境的影响也是不可能的，但研究如何减少其对周边环境的影响非常必要。例如：在常规能源系统的优化利用方面，可在满足建筑功能和使用者健康舒适要求的基础上，通过减少建筑采暖、空调等设备对常规能源的需求量来减少因使用常规能源而对环境造成的污染；在可再生能源的利用上，可通过增加太阳能等可再生能源使用比例，调整和优化建筑能耗结构，减少化石能源的消耗，从而减轻能源使用对空气环境造成的污染。

总之，应该采取有效绿色措施来改善建筑的各项性能，合理应用可再生能源，并提高采暖、空调等耗能系统的效率，最大限度地减少建筑对资源能源的需求和对环境的污染，最终实现建筑节能节水节材和绿色低碳环保的可持续发展目标。

本篇思政内容：

1. 思政元素

建筑师的职业素养和科学精神。

2. 思政结合内容

结合本篇学习的内容，从绿色建筑和建筑设备的关系角度，谈谈应如何理解和把握建筑“新八字方针”——适用、经济、绿色、美观？

3. 思政融入方式

组织课堂讨论或完成课程论文。

第 13 章　节水技术

13.1　节水卫生器具

节水卫生器具是指与同类器具（设备）相比，具有显著节水功能的用水器具（设备）或其他检测控制装置。其特点有：一是在较长时间内免除维修，不发生跑、冒、滴、漏的无用耗水现象；二是设计先进合理，制造精良，使用方便，比传统用水器具设备的耗水量明显减少。在城市生活用水中，由于用水点多而分散、单个用水量小的特点，节水主要通过卫生器具的使用来完成。因此节水器具的开发、推广和管理对于节约用水的工作十分重要。节水卫生器具种类很多，主要包括龙头阀门类、淋浴器类、水位和水压控制类以及水装置设备类等。

卫生器具的节水方法主要有：

（1）限定水量：如限量水表；

（2）限定水位或水位实时传感、显示：如水位自动控制装置；

（3）防漏：如低位水箱的各类防漏阀；

（4）限制水流量或减压：如各类限流、节流装置，减压阀；

（5）限时：如各类延时自闭阀；

（6）定时控制：如定时冲洗装置；

（7）改进操作或提高操作控制的灵敏性：前者如冷热水混合器，后者如自动水龙头、电磁式淋浴节水装置；

（8）适时调节供水水压或流量：如水泵机组调速给水设备。

13.1.1　节水型水龙头（水嘴）

过去大量使用的螺旋升降式铸铁水嘴（水龙头）价格便宜，但使用寿命短，功能单一，橡胶垫圈作为密封材料也容易磨烂，造成滴漏，甚至水龙头无法关上，浪费了大量自来水。目前，陶瓷密封片水嘴已逐渐取代了铸铁水龙头，并且控制方式不断改进，以适应节水的要求。

1）陶瓷密封片系列水嘴

国家规定自 2000 年起禁止使用螺旋升降式铸铁水嘴，采用陶瓷片密封水嘴。该水嘴是用优质黄铜作为体材，选用精密陶瓷磨片为密封元件，90°开关，密封性能好，耐磨、耐腐蚀、开关快速、无锈水和水锤声，如图 13-1 所示，适用于家庭、公共场所，且较为经济。

2）感应式水龙头

全自动感应水龙头是采用红外线感应原理或电容感应效应及相应的控制电路

执行机构（如电磁阀开关）的连续作用设计制造而成。感应式水龙头有龙头过滤网，感应距离可自动调节，具有自动出水及关水功能，清洁卫生，用水节约。它有交直流两种供电方式，适用于医院或其他特定场所，以避免交叉感染或污染，如图 13-2 所示。

图 13-1　陶瓷密封片水嘴

图 13-2　感应式水龙头

3）延时自闭水龙头

延时自闭水龙头，可用于陶瓷洗面盆立式安装，也可以像普通龙头横式安装，多数采用直动式水阻尼结构，靠弹簧张力封闭阀口。使用时，按下按钮，弹簧被压缩，阀口打开，水流出；手离按钮，阻尼结构使弹簧缓慢释放，延时数秒，然后自动关闭，如图 13-3 所示。节水型延时自闭水龙头一次给水时间为 4～6 秒，给水量不大于 1L。其最大优点是可以减少水的浪费，据估计其节水效果可达 30%，但要求较大的可靠性，需加强管理。它适用于公共场所如医院、车站等地。

4）磁控水龙头

磁控制水龙头是以 ABS 塑料为主材料并由包有永久高效磁铁的阀芯和耐水胶圈为配套件制作而成。工作原理是利用磁铁本身具有的吸引力和排斥力启闭水龙头，控制块与龙头靠磁力传递，整个开关动作为全封闭动作，具有耐腐蚀、密封好、水流清洁卫生、节能和磁化水等优点。水龙头启闭快捷轻便，控制块可固定在龙头上或另外携带，对控制外来用水有很好的作用，从而克服了传统龙头因机械转动而造成的跑、冒、滴、漏现象。它适用于宾馆、饭店等高档场所，如图 13-4 所示。

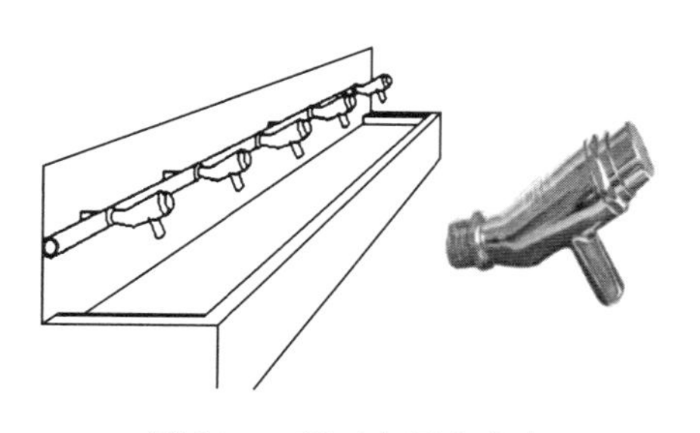

图 13-3　延时自闭水龙头

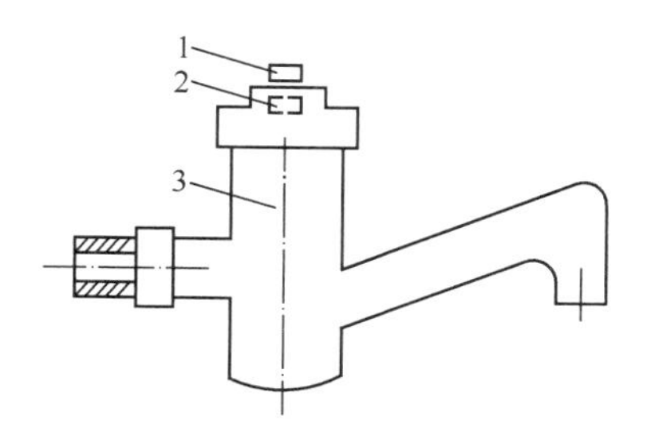

图 13-4　磁控水龙头

1—控制磁铁；2—同心磁铁；3—阀体

13.1.2　节水型便溺器具

1）坐/蹲便器

（1）节水型坐/蹲便器

坐便器或蹲便器是卫生间必备设施。住宅坐便器用水量一般占到家庭用水量的30%～40%，因此节水性能非常重要。随着技术的发展，坐便器的一次冲洗用水量已由最初的17L减少到目前的3～6L。

按照《节水型卫生洁具》GB/T 31436—2015规定，节水型坐便器和蹲便器的用水量均小于等于5L，双冲式坐/蹲便器的全冲水用水量最大限定值不得大于6L，其半冲水量的平均值不得大于全冲水量最大限定值的70%。

坐便器按冲洗的水力原理分为直冲式和虹吸式两大类。直冲式是依靠水流的落差水头冲洗。直冲式坐便器价格便宜、冲水量小，但噪声大、受污染面积大、冲洗效果较差，一般用于要求不高的公共厕所。

虹吸式坐便器利用存水弯处建立的虹吸作用将污物吸走。便器内的存水弯是一个较高的虹吸管，虹吸管的断面略小于盆内出水口断面，当便器内水位迅速升高到虹吸顶部并充满虹吸管时，产生虹吸作用将污物吸走。虹吸式坐便器特点是卫生、冲洗干净，但用水量较大。目前广泛用于住宅、宾馆酒店和其他公共建筑中。

（2）感应式坐便器

感应式坐便器是在满足节水型坐便器的条件下改变控制方式，根据红外线感应控制电磁冲水，从而达到自动冲洗的节水效果。适用于公共厕所及防止交叉污染的高级场所，如图13-5所示。

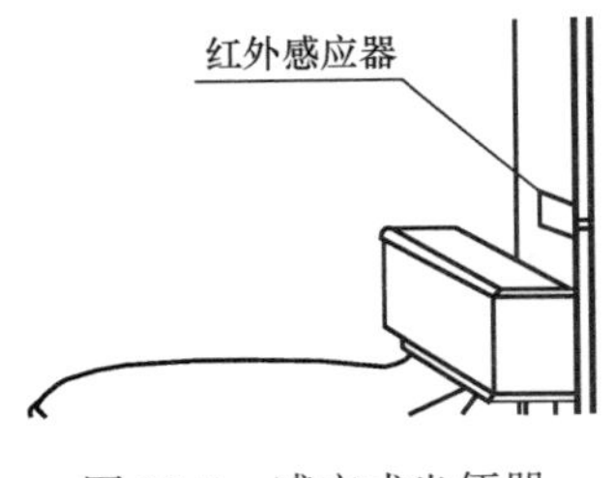

图13-5　感应式坐便器

2）小便器

水冲式小便器分为同时冲洗和个别冲洗两种。节水型小便器用水量不大于3L，高效节水型小便器用水量不超过1.9L。

（1）同时冲洗

a. 感应控制方式，光电传感器可反馈小便器的使用，当达到调整好的时间和设计好的条件时，电磁阀和冲洗阀工作，使数个小便器同时进行冲洗，如图13-6所示。

b. 设时控制方式，使用者可根据白天和黑夜或假日冲洗时间的不同、冲洗间隔和使用情况不同，任意选定冲洗时间，按选定好的时间，由计时器定时统一控制，数个小便器同时进行冲洗。

（2）个别冲洗

采用感应控制方式，即以各小便器安装的红外线等光电传感器，反馈小便器的使用情况，电磁阀及时工作，进行个别冲洗。感应式小便器也是根据红外线感应控制电磁阀冲水，达到冲洗的效果。其他功能与特点同感应坐便器类似。其适用于公共场所的卫生间使用。

此外，有些场所还采用免水冲式小便器。它的表面用不透水保护涂层预涂，以阻止细菌生长和结垢，无需用水冲刷。它的内藏式阻集器装置内充满油质阻集液，比重较轻，比重相对较大的尿液会直接流下去。阻集液同时起到密封作用，异味不会散发到空气中。其日常维护简单，阻集液可定期更换，适用于机关团体、商业、工业、学校、公园、体育场所等处的卫生间使用，如图 13-7 所示。

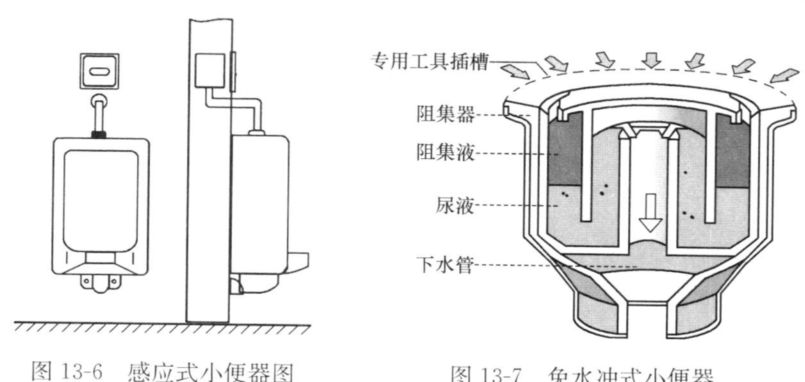

图 13-6　感应式小便器图　　图 13-7　免水冲式小便器

3）沟槽式公厕自动冲洗装置

沟槽式公厕由于它的集中使用性和维护管理方便等独特性能，目前某些学校和公共场所仍在使用，所以，卫生和节水成为主要考核指标。

水力自动冲洗装置由来已久，其最大的缺点是只能单纯实现定时定量冲洗，这样在卫生器具使用的低峰期照样冲洗，造成水的大量浪费。而感应控制冲洗装置采用先进的人体红外感应原理及微机控制，有人使用时，定时冲洗；夜间和节假日无人如厕时，自动停止冲洗。感应式冲洗冲洗器适用于学校、厂矿、医院等单位沟槽式厕所的节水型冲洗设备。应用此装置组成的冲洗系统，不仅冲洗力大，冲洗效果好，而且解决了旧式虹吸水箱长流水不停、用水严重浪费的问题。

13.1.3　节水型沐浴器

沐浴器具是各种浴室的主要洗浴设施。浴室的年耗水量很大，据不完全统计，约占生活用水量的 1/3。过去沐浴设施多采用单手轮或双手轮调节给水，而洗浴又是一种断续的用水方式，用手轮调节水温比较麻烦，一旦打开沐浴开关后，人们不愿频繁地开关操作，这样造成无效给水时间长，既浪费了水，又浪费大量能源。为了改变这一浪费现象，最有效的方法是采用非手控给水，例如，脚踏式沐浴阀，电控、光控、超声控制等多种沐浴阀。

1）机械式脚踏沐浴器

当人站在沐浴喷头下方，利用人的重力直接作用或通过杠杆，链绳等力传递原理开启阀门出水，人离阀闭水自停，达到节水的目的。脚踏沐浴器与传统的沐浴阀相比节水量可达 30%～70%。现推广使用的隔膜式脚踏阀、漏水少、免维修、寿命长，但使用不方便，因此不被广泛使用，仅适用于公共浴室。

2）电磁式沐浴器

电磁式沐浴器也简称“一点通”。整个装置由设于莲蓬头下方墙上（或墙体内）的控制器、电磁阀等组成。使用时只需轻按控制器开关，电磁阀即开启通水（“一点通”以此得名），延续一段时间后电磁阀自动关闭停水，如仍需用水，可再按控制器开关。这种沐浴器节水装置克服了脚踏开关的缺点，脚下无障碍，其节水效果明显。根据已经使用的浴池统计，其节水效率约在48%。

3）红外传感式沐浴器

红外传感式沐浴器类似反射式小便池冲洗控制器，红外发射器和接收控制器装在一个平面上，当人体走进探测有效距离之内，电磁阀开启，喷头出水。人体离开探测区，电磁阀关闭，喷头停止出水。这种沐浴器目前只有单管式，适用于混合水，无需手控，既美观又卫生、安全。

13.2　雨水利用

13.2.1　雨水利用的意义

雨水利用就是通过工程技术措施收集、储存并利用雨水，同时通过雨水的渗透、回灌、补充地下水及地面水源，维持并改善水循环。

雨水利用有以下作用：

1）节约用水

将雨水用作中水原水或中水补充水、城市消防用水、浇洒绿化用水等方面，可有效地节约城市水资源，缓解用水与供水矛盾。

2）提高排水系统的可靠性

强度大、频率高的降雨易形成洪涝灾害。在城市发展过程中，不透水地表面积不断扩大，建筑密度日益提高，使地面径流形成时间缩短，峰值流量不断加大，产生内涝灾害的机会增大、危害加剧。合理有效的雨水利用可减缓或抑制城区雨水径流，提高已有排水管道的可靠性，防止城市洪涝，减少合流制排水管道雨季的溢流污水，减轻污水处理厂负荷，改善受纳水体环境，减少排水管中途泵站以及提升容量等，并使其运行的安全性提高。

3）改善水循环

通过工程设施截留雨水并入渗地下，可增加城市地下水补给量。该措施对维持地下水资源平衡具有十分积极的作用。

4）改善城市水环境

雨水可将城市屋顶、路面及其他地面上的污染物带入受纳水体，对水环境造成极大的威胁，特别是初期雨水，其污染物含量更高，对受纳水体的污染更加严重。雨水利用消减了雨季地面径流的峰值流量，减少了城市排水管道的雨季溢流污水量，可极大地改善受纳水体的环境质量。

5）缓解城市地面沉降

城市过度开采地下水，会导致城市地面沉降。通过工程措施增加城区雨水的入渗量，或将其用作人工回灌水补给地下水，对有效地缓解地面沉降的速度和程度均具有积极作用。

6）具有生态意义

雨水的储留可以加大地面水体的蒸发量，创造湿润的气候条件。减少干旱天气的发生，利于植被的生长，可改善城市的生态环境。

13.2.2 雨水集流技术

1）雨水收集系统

雨水收集系统是将雨水收集、储存并经简易净化后供给用户的系统。依据雨水收集场地的不同，分为屋面集水式和地面集水式两种雨水收集系统。

（1）屋面集雨

屋面集水式雨水收集系统由屋顶集水场、集水槽、落水管、输水管、简易净化装置、储水池和取水设备组成。

屋面雨水一般占城区雨水资源量65%左右，易于收集，但在其他影响条件相同时，屋面材料和屋顶坡度往往影响屋面雨水的水质。因此，集雨屋面要选择适当的材料，一般以瓦质屋面和水泥混凝土屋面为主。而草皮屋顶、石棉瓦屋顶、油漆涂料屋顶的雨水不宜被收集，因为草皮中会积存大量微生物和有机污染物，石棉瓦在水冲刷浸泡下会析出对人体有害的石棉纤维，有些油漆和涂料不仅会使水中有异味，在雨水作用下还会溶出有害物质。屋面雨水的典型收集方式是屋面雨水经雨水斗、雨水立管、独立设置的雨水管道经过滤器过滤后流入储水池。

（2）地面集雨

地面集水式雨水收集系统由地面集水场、汇水渠、简易净化装置、储水池和取水设备组成。

为保证集水效果，场地宜建成有一定坡度的条形集水区，坡度不小于0.005。在低处修建一条汇水渠，汇集来自各条型集水区的降水径流，并将水引至沉砂池。场地地面及汇水渠要做好防渗处理，最简单的办法是用黏土夯实，也可利用场院、道路或其他防水材料等，但应注意不能增加水的污染。

2）雨水储留设施

（1）城市集中储水

城市集中储水是指通过工程设施将城区雨水径流集中储存，以备处理后用于城市杂用水或消防等方面的工程措施。

储留设施有截流坝和调节池等，城市多采用调节池。

雨水调节池具有中水利用、消防储水、初期雨水处理前的储水和调节功能。城市集中储留雨水具有节水和环保双重功效，如德国从20世纪80年代后期开始，修建了大量的雨水调节池来储存、处理和利用雨水，有效地降低了雨水对污水处理厂的冲击负荷和对水体的污染。

（2）分散储水

分散储水是指通过修筑小水库、塘坝、水窖（储水池）等工程设施，把集流场所拦蓄的雨水储存起来，以备利用。

小水库、塘坝及涝池，这类储水设施中的水易于蒸发和下渗，储水效率较低。应采用防渗和抑制蒸发的工程措施。

水窖（储水池）是农村常见的储水设施，有红胶泥水窖、二合土抹面水窖和混凝土薄壳水窖等，详见第16章16.1节。

3）雨水简易净化

除初期雨水外，屋面集水的水质较好，因此多采用粗滤池净化，出水消毒后便可使用。粗滤池一般为矩形池，池子结构可由砖或石料砌筑，内部以水泥砂浆抹面，也可为钢筋混凝土结构。粗滤池顶部应设木制或混凝土盖板。池内填粗滤料，自上而下粒径由小至大，可选石英粗砂和砾石自上而下铺设。

地面集水式雨水收集系统收集的雨水一般水量大，但水质较差，要通过沉沙、沉淀、混凝、过滤和消毒处理后才能使用，实际应用时可根据原水水质和出水水质的要求对上述处理单元进行增减。

13.2.3　雨水渗透回灌

采用各种雨水渗透设施让雨水回灌地下，补充涵养地下水资源，是一种间接的雨水利用技术。雨水渗透可分为分散渗透技术和集中回灌技术两种形式，如图13-8所示。

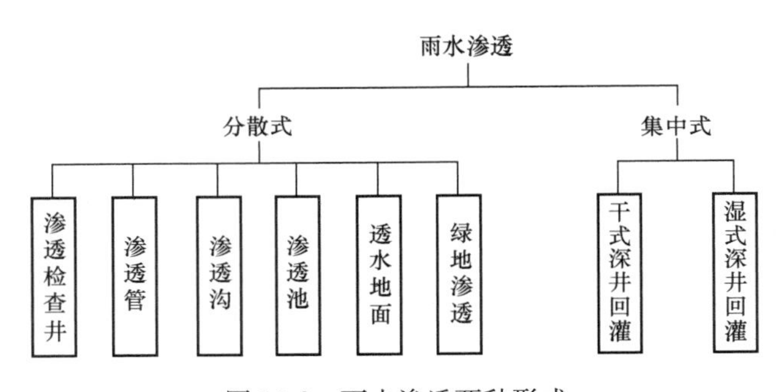

图13-8　雨水渗透两种形式

分散式渗透可应用于城区、生活小区、公园、道路和厂区等各种情况下，规模大小因地制宜，设施简单，可减轻对雨水收集、运输系统的压力，补充地下水，还可以充分利用表层植被和土壤的净化功能减少径流带入水体的污染物。但一般渗透速率较慢，而且在地下水位高、土壤渗透能力差或雨水水质污染严重等条件下应用受到限制。集中式深井回灌容量大，可直接向地下深层回灌雨水，但对地下水位、雨水水质有更高的要求，尤其对地下水做饮用水源的城市应慎重。

1）渗透地面

渗透地面可分为天然渗透地面和人工渗透地面两大类，前者在城区以绿地为主。绿地是一种天然的渗透设施。其主要优点是：透水性好；可减少绿化用水并改善城市环境；对雨水中的一些污染物具有较强的截留和净化作用。其缺点是渗透量受土壤性质的限制。人工透水地面是指城区各种人工铺设的透水性地面，如多孔的嵌草砖、碎石地面等。其主要优点是：能利用表层土壤对雨水的净化能力，对预处理要求相对较低；技术简单，便于管理。其缺点是渗透能力受土质限制，需要较大的透水面积，对雨水径流量的调蓄能力低。在条件允许的情况下，应尽可能多采用透水性地面。

2）渗透管沟

雨水通过埋设于地下的多孔管材向四周土壤层渗透，其主要优点是占地面积少，管材四周填充碎石或其他多孔材料，有较好的调储能力。其缺点是一旦发生堵塞，渗透能力下降，而且不能利用表层土壤的净化功能。渗沟可采用多孔材料制作或做成自然的带植物浅沟，底部铺设透水性较好的碎石层。特别适于沿道路、广场或建筑物四周设置。

3）渗透井

渗透井包括深井和浅井两类，前者适用水量大而集中，水质好的情况，如城市水库的泄洪利用。城区一般宜采用后者，其形式类似于普通的检查井，但井壁做成透水的，在井底和四周铺设碎石，雨水通过井壁、井底向四周渗透。渗透井的主要特点是净化能力低，水质要求高，不能含过多的悬浮固体，需要预处理。其适用于地面和地下可利用空间小、表层土壤渗透性差而下层土壤渗透性好等场合。

4）渗透池（塘）

渗透池的最大优点是渗透面积大，能提供较大的渗水和储水容量；对水质和预处理要求低；具有渗透、调节、净化、改善景观等多重功能。其缺点是占地面积大，在中心城区应用受到限制；设计管理不当会造成水质恶化、蚊蝇滋生和池底部的堵塞。它适用于汇水面积较大、有足够的可利用地面，特别是在城郊新开发区或新建生态小区里应用。通过合理的小区规划，可达到改善生态环境、提供水景观和降低雨水管道负荷等目的。

5）综合渗透设施

可根据具体工程条件将各种渗透装置进行组合。例如在一个小区内可将渗透地面、绿地、渗透池、渗透井和渗透管等组合成一个渗透系统。

13.3 海水利用

本节可根据课时安排，列入选学内容，详见教材电子版附件。

13.4 市政环境节水技术

本节可根据课时安排，列入选学内容，详见教材电子版附件。

13.5 节水意识的形成

本节可根据课时安排，列入选学内容，详见教材电子版附件。

本章思考题：

1. 节水技术大概分为哪几类?
2. 节水型卫生器具有哪些?
3. 城市雨水利用技术有哪些?
4. 请调研五个国内城市的阶梯水价政策，并作比较分析。

第 14 章　建筑节能

14.1　概况

14.1.1　建筑节能的含义

建筑节能是指建筑材料在生产、运输，房屋建筑在施工、拆除及使用过程中，合理地使用、有效地利用能源，以便在满足同等需要或达到相同目的的条件下，尽可能降低能耗，以达到提高建筑舒适性和节省能源的目标。

建筑节能的含义经历了三个阶段：第一阶段，称为在建筑中节约能源；第二阶段，称为建筑中保持能源，意为在建筑中减少能源的散失；第三阶段，称为在建筑中提高能源利用率。在我国，三者统称为建筑节能，但含义应该是上述第三层意思，即在建筑中合理使用或有效利用能源，不断提高能源利用效率。

14.1.2　建筑能耗状况

1）建筑能耗构成

一般而言，建筑能耗指建筑运行阶段能耗，包括维持建筑环境的终端设备用能（如供暖、制冷、通风、空调和照明等）和各类建筑内活动（如办公、炊事等）的终端设备用能。由于建筑物功能不同，因此实现功能的各系统的能耗比例是不一样的。又由于建筑物所处地区的气候不同，建筑设备各系统能耗的比例也会有差别。据统计，我国居住建筑能耗中采暖空调能耗约占生活用能的 60%。在公共建筑的全年能耗中大约 50%～60%用于空调制冷与采暖系统，20%～30%用于照明。城市普通公共建筑的用电消耗为 40～60kWh/m^2，而普通住宅的用电消耗为 10～20kWh/m^2。

2）建筑能耗的特点

（1）夏季空调用电负荷大。1997 年以来，中国每年发电量按 5%～8%的速度增长，工业用电量每年减少 17.9%。由于空调耗电大、使用集中，有些城市的空调负荷甚至占到尖峰负荷的 50%以上。许多城市如上海、北京、济南、武汉、广州等普遍存在夏季缺电现象。

（2）南北方地区气候差异大，仅北方地区采用全面能耗高的冬季采暖。我国东北、华北和西北地区，城镇建筑面积约占全国的近 50%，达 40 多亿 m^2，年采暖用能约 1.3 亿 t 标准煤，占全国能源消费量的 11%。在一些严寒地区城镇建筑能耗已占到当地全社会总能耗的一半以上。

3）建筑能耗的影响因素

（1）室外热环境的影响。建筑物室外热环境，即各种气候因素，通过建筑的围护结构、外门窗及各类开口直接影响室内的气候条件。与建筑物密切相关的气候因素为：太阳辐射、空气温度、空气湿度、风及降水等。冬季晴天多，日照时间长，太阳入射角低，太阳辐射强度大，如果南向窗户阳光射入深度大，可达到提高室内温度、节约采暖用能的效果。

（2）建筑物的保温隔热和气密性。建筑围护结构的保温隔热性能和门窗的气密性是影响建筑能耗的主要内在因素。围护结构的传热热损失约占70%～80%；门窗缝隙空气渗透的热损失约占20%～30%。加强围护结构的保温，特别是加强窗户，包括阳台门的保温性和气密性，是节约采暖能耗的关键环节。

（3）采暖区和采暖度日数：采暖区是指一年内日平均气温稳定低于5℃的时间超过90天的地区。采暖区与非采暖区的界线大体为陇海线东、中段略偏南，西延至西安附近后向西南延伸。

（4）设备因素的影响。建筑设备包括建筑电气、供暖、通风、空调、消防、给水排水、楼宇自动化等，建筑内的能耗设备主要为采暖、空调、照明、热水供应设备等。采暖供热系统是由热源热网和热用户组成的系统。采暖供热系统热效率包括锅炉运行效率和管网运送效率。锅炉运行效率是指锅炉产生的可供有效利用的热量与其燃烧煤所含热量的比值。其中北方地区采暖设备、南方地区空调系统耗能在建筑运行能耗中占主要份额。

4）中国建筑能耗与能效基本情况

（1）建筑能耗大且持续增长。2020年全国建筑全过程能耗总量为22.7亿t标准煤，占全国能源消费总量比重为45.5%。2005～2020年间，我国建筑业全过程能耗总量由9.3亿t标准煤，上升至22.33亿t标准煤，扩大2.4倍，年均增速为6.0%（图14-1）。在2030年建筑碳排放达峰的目标下，到“十四五”末建筑能耗年均增速需要控制在2.2%，我国建筑节能之路仍然任重而道远。

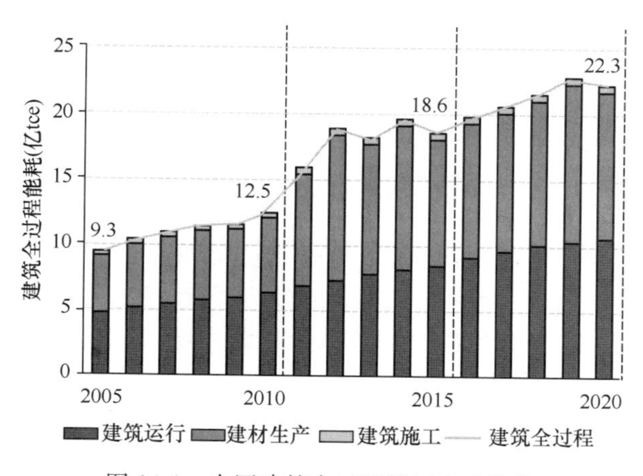

图14-1 中国建筑全过程能耗变动趋势

（2）用能效率低。2020年我国建筑运行能耗约占建筑全过程能耗的47%，这部分主要是供热和空调。北方城市集中供热的热源主要来自各类燃煤和燃气锅炉，其中燃煤供热比重达70%～80%，锅炉的单台热率普遍较小，热效率低，污染严重；供热输配管网保温隔热性能差；整个供热系统的综合效率仅为35%～55%，远低于先进国家 80%左右的水平，而且整个系统的电耗、水耗也极高。公共建筑中央空调系统综合效率也较低。

（3）政策力度大，建筑节能发展迅速。自 1986 年我国发布了首部建筑节能标准以来，我国建筑节能标准不断完善（见表 14-1）。

中国建筑节能标准发展历程　　**表 14-1**

年份	标准名称	适用建筑	意义
1986	《居用建筑节能设计标准（采暖居住筑部分）》JGJ 26—1986	居住建筑	我国建筑节能工作的正式起步
2001	《夏热冬冷地区居住建筑节能设计标准》JGJ 75—2010	居住建筑	对南方建筑节能进行规范
2003	《夏热冬暖地区居住建筑节能设计标准》JGJ 75—2012	居住建筑	
2005	《公共建筑节能设计标准》GB 50189—2005	公共建筑	公共建筑节能正式纳入标准体系
2018	《严寒和寒冷地区居住建筑节能设计标准》JGJ 26—2018	居住建筑	我国建筑节能三步走战略的完成
2019	《温和地区居住建筑节能设计标准》JGJ 475—2019	居住建筑	我国建筑节能标准的建筑类型和气候区的全覆盖
2021	《建筑节能与可再生能源利用通用规范》GB 55015—2021	居住/公共/工业	建筑节能标准地位的提升，建筑领域实施碳达峰战略的第一步

以居住建筑为例，《建筑节能与可再生能源利用通用规范》GB 55015—2021 实施后，我国居住建筑主要围护结构的热工性能与气候接近的国家（地区）水平基本持平（表 14-2）。

居住建筑围护结构传热系数限值对比［单位：W/(m^2·K)］　　**表 14-2**

围护结构部位	我国严寒/寒冷地区	英国	德国	丹麦
外墙	0.25/0.35	0.30	0.28	0.15
屋面	0.15/0.25	0.20	0.20	0.10
外窗	1.40/1.50	2.00	1.40	1.40

14.1.3　建筑节能的意义

1）建筑节能是中国可持续发展的需要

我国能源生产的增长速度长期滞后于国内生产总值的增长速度，能源短缺是制约国民经济发展的根本性因素。因此，节约能源是我国的一项基本国策，是中国可持续发展的必然选择。

2）建筑节能是改善环境的重要途径

建筑节能可改善大气环境。我国建筑供暖能源以煤炭为主，约占供暖能源总量的75％。目前，我国供暖燃煤排放二氧化碳每年约1.9亿t，排放二氧化硫近300万t，烟尘约300万t，供暖期城市大气污染极易超标，造成严重大气环境污染。二氧化碳造成的地球大气外层的“温室效应”，严重危害人类生存环境；烟尘、二氧化硫和氮氧化物也是呼吸道疾病、肺癌等许多疾病的根源，酸雨也是破坏森林、损坏建筑物的罪魁祸首。显然，降低建筑能耗，提高建筑节能效果是改善大气环境的重要途径。

建筑节能可改善室内热环境，做到冬暖夏凉，也可避免其围护结构结露、发霉。

14.2 能效测评与标识体系

14.2.1 基本概念

能效标识是附在产品或产品包装物上的一种信息标签，用来表示用能产品的能源性能，通常以能耗量、能源效率和能源成本的形式给出，以便在消费者购买产品时，向消费者提供必要的信息，属于产品符合性标志的范畴。

建筑能效标识是指将反映建筑物用能系统效率或能源消耗量等的性能指标以信息标识的形式进行明示，而建筑能效测评是对建筑物及其用能系统效率或能源消耗量等性能指标进行检测、计算，并给出其所处水平。为建设资源节约型和环境友好型社会，大力发展节能省地型居住和公共建筑，缓解我国能源短缺与社会经济发展的矛盾，促进适用于新建居住和公共建筑以及实施节能改造后的既有建筑的能效测评与标识体系的建立，制定相应的规范规则已成为当务之急。

建筑的能效测评与标识体系的建立目的是向房屋消费者提供有关建筑物能源利用效率和能耗量指标的信息，既可解决目前政府管理部门、购房者甚至是建设单位本身对于建筑能效实际情况的了解信息不对称的问题，又可为各级政府和建设行政主管部门加强对新建建筑的市场准入管理提供有效手段。

14.2.2 国内外发展状况

建筑能效标识作为一种新的管理机制和技术手段，目前广泛被国外采用，它是保证建筑节能闭合管理的重要步骤，也是建筑节能的助推剂和政策激励。

美国于1998年开始实施“能源之星”（Energy Star）建筑标识，对于新建的住宅建筑，必须比1993年的国家能源标准节能30％或者比各州的能源标准节能15％才能获得此标识。至今，已经有30万栋建筑每年采用“能源之星”建筑标识。

2006年起，欧盟提出关于“建筑物总能源效率”的规定，要求每幢建筑在出售或出租前必须要提供建筑能源护照。欧盟的能源证书——“建筑物能源合格证明”在部分国家房屋出售或出租时强制执行。

俄罗斯1994年开始实施建筑物“能源护照”计划。“能源护照”是任何新建建筑都需要呈递的设计、施工和销售文件的一部分。“护照”会记录建筑项目执行节能标准的情况，它是从节能角度控制设计、施工的重要手段。建筑物竣工后，“能源护照”成为公共文件，向可能购买住房的客户提供建筑物的具体节能信息。它既是跟踪和强制贯彻建筑节能标准的手段，也是供买方参考的政府认证的“节能标识”。

我国于 1998 年开始实施节能产品认证。2003 年 11 月，《中华人民共和国认证认可条例》正式颁布实施；2004 年 8 月 13 日，由国家质量监督检验检疫总局与国家发展和改革委员会正式颁布《能源效率标识管理办法》，标志着我国能效标识制度的启动。

《国务院关于加强节能工作的决定》（国发〔2006〕28 号）中也明确规定要完善能效标识和节能产品认证制度。加快实施强制性能效标识制度，扩大能效标识在家用电器、电动机、汽车和建筑上的应用，不断提高能效标识的社会认知度，引导社会消费行为，促进企业加快高效节能产品的研发。推动自愿性节能产品认证，规范认证行为，扩展认证范围，推动建立国际协调互认。

2006 年初，建设部成立了建筑能效标识课题组，对建筑能效标识技术体系进行研究。课题组通过研究确定不同气候区域居住建筑及公共建筑能效标识的测评程序和技术途径，确定测评内容和方法，编制了《建筑能效测评与标识技术导则》。

2008 年 5 月，住房和城乡建设部决定在部分有工作基础的省市以及部分项目试行民用建筑能效测评标识制度。民用建筑能效测评标识制度的试行省市包括北京市、天津市、上海市、重庆市、江苏省、浙江省、河南省、四川省、黑龙江省、甘肃省、广东省、南京市、杭州市、郑州市、成都市、哈尔滨市、兰州市、深圳市等。

2008 年 6 月，《民用建筑能效测评标识技术导则（试行）》发布并开始实施。该“导则”总结和吸收了发达国家建筑能效标识的成果和经验，以我国现行建筑节能设计标准为依据，结合我国建筑节能工作的现状和特点，适用于新建居住和公共建筑及实施节能改造后的既有建筑能效测评标识。

2008 年 9 月，住房和城乡建设部发布公告，公布第一批国家级民用建筑能效测评机构，包括华北区：中国建筑科学研究院；东北区：辽宁省建设科学研究院；西南区：四川省建筑科学研究院；华东区：上海市建筑科学研究院；华南区：深圳市建筑科学研究院；中南区：河南省建筑科学研究院。2010 年 4 月，陕西省建筑科学研究院被确定为西北区国家级民用建筑能效测评机构。

2009 年 3 月，在第五届国际智能、绿色建筑与建筑节能大会暨新技术与产品博览会上，住房和城乡建设部公布了我国第一批民用建筑能效测评标识项目。第一批民用建筑能效测评标识项目总共 20 项，覆盖我国不同气候区，其中三星级项目 3 个，二星级 5 个，一星级 12 个。就建筑类型而言，居住建筑和公共建筑各占 50%。

2012 年 2 月 15 日，住房和城乡建设部发布了重新认定的国家级民用建筑能效测评机构名单。

2012年11月1日，住房和城乡建设部批准了《建筑能效标识技术标准》JGJ/T 288—2012，自2013年3月1日起实施。11月5日，国家质量监督检验检疫总局和中国国家标准化管理委员会联合发布了《节能量测量和验证技术通则》GB/T 28750—2012，对节能量测量和验证的相关定义、计算原则、方法、内容、技术要求以及测量和验证方案等做了规定。

2014年9月29日，住房和城乡建设部发布了《既有采暖居住建筑节能改造能效测评方法》JG/T 448—2014，自2015年4月1日起实施。

2023年2月13日，住房和城乡建设部科技与产业化发展中心发布全国建筑能效测评标识管理信息系统（试点版），以加强对建筑碳排放测评和标识活动的管理，确保测评标识过程和结果的公开透明、可查询、可追溯。

总之，近年来，我国建筑能效测评和能效标识工作发展较快，已经基本建立了建筑能效测评技术标准体系和建筑能效测评的专业技术队伍，建筑能效测评体系正在不断健全。

14.2.3 建筑能效测评

1）建筑能效测评的原则

（1）定性与定量相结合。对一般性居住和公共建筑，建筑能效标识测评机构主要根据设计、施工、竣工验收等资料，作定性评估，经软件计算，给出相关结论。对大型公共建筑，在进行上述工作的基础上，建筑能效测评机构要对影响建筑能效的主要方面进行检测后，方可给出相关结论。

（2）强制标识与自愿标识相结合。所有新建建筑都必须进行能效标识，以督促建设单位接受社会监督，对低能耗建筑采用自愿标识原则。开发商可按照相关规定，依据建筑能效测评机构提供的数据报告，获得更高等级的建筑能效标识。对政府办公建筑、超大型或特异外形公共建筑（写字楼、酒店除外）由国务院建设行政主管部门指定的专门测评机构进行评定。

（3）第三方原则。建筑能效标识是一项技术很强的工作，必须由专门的中介机构来完成，以体现公正和独立的精神。建筑能效标识证书由国家授权的建筑能效标识测评机构依据规定的格式和内容制发。

2）建筑能效测评的对象

测评机构对新建居住和公共建筑以及实施节能改造后的既有建筑进行能效测评标识。测评对象为所有新建、改建、扩建的民用建筑，包括居住建筑和公共建筑。

测评机构由建设行政主管部门认定，测评应在建筑物竣工验收备案之前进行。民用建筑能效的测评标识应以单栋建筑为对象，且包括与该建筑相联的管网和冷热源设备。在对相关文件资料、部品和构件性能检测报告审查以及现场抽查检验的基础上，结合建筑能耗计算分析及实测结果，综合进行测评。

3）建筑能效测评的内容

我国建筑能效测评分为两阶段：建筑能效理论值测评和建筑能效实测值测评。建筑工程竣工验收合格以后进行建筑能效理论值测评。测评机构接受建筑所有权人委托并根据提交的申请材料，对建筑能耗量和节能率等性能参数进行检测和计算，出具测评报告并对其真实性负责；当建筑工程投入使用一段时间后，测评机构接受建筑所有权人委托，根据运行记录的相关资料进行建筑能效实测值的测评，对建筑供暖空调、照明、电气等能耗情况进行统计、监测，获得建筑能效的实测值并出具测评报告。

鉴于我国公共建筑和居住建筑的能效特点不同，建筑能效测评技术文件将区分不同建筑类型对建筑能效的影响，依托现有的建筑节能标准和工程监管体系，基于当地的用能特点和技术基础，对热源的热效率、冷水机组的性能系数、水泵的输送能效比、风机的单位风量耗功率等参数都提出明确要求，并将随着标准和技术的发展逐步完善能效标识方法。

建筑能效评价指标分为基础项、规定项和选择项。其中，基础项和规定项与现行节能标准相结合，基础项为按照节能标准的要求和方法计算得到的建筑物单位面积采暖空调耗能量。

规定项为除基础项外，按照国家现行建筑节能标准要求围护结构及采暖空调系统必须满足的项目，包括外窗气密性、热桥保温措施、门窗洞口的密封方法和材料、冷热源形式、锅炉的设计效率、户式燃气炉的要求、冷水（热泵）机组制冷性能系数、溴化锂吸收式机组性能参数、单元式机组能效比、风机的单位风量耗功率、循环水泵的耗电输热比、空气调节冷热水系统的最大输送能效比、室温控制设施、分户热量分摊装置、热量计量装置、水力平衡措施、监测和控制系统、照明功率密度等内容。

选择项为对高于国家现行建筑节能标准的用能系统和工艺技术加分的项目，包括可再生能源的利用、能量回收技术、蓄冷蓄热技术、余热或废热利用技术、全新风或可变新风比技术、变水量或变风量节能控制调节、楼宇自控系统、用能管理制度、分项和分区域计量与统计以及其他新型节能措施的应用。

测评还包括各阶段各项目中现场检测内容，组织相关专业专家组对现场检测内容逐项严格进行检测。

4）建筑能效测评的方法

建筑能效测评方法包括软件评估、文件审查、现场检查和性能测试。

能效标识理论标识主要应用软件模拟计算，通过标准模型与实际建筑模型的能耗模拟计算得出目前建筑用能系统的节能率。软件评估中用于评估的建筑能耗计算分析软件应由建筑能效标识管理部门指定，软件的功能和算法须符合建筑节能设计标准。我国住房和城乡建设部推荐 TRNSYS、PKPM 和 DEST 三种软件作为实施民用建筑能效测评标识制度中的民用建筑能耗计算分析软件。在能效评估中，也使用美国劳伦斯伯克力国家实验室开发的 DOE-2 软件做计算，该软件可以动态地模拟建筑物采暖、空调的热过程，输出建筑物的能耗、冷热负荷等计算结果。能耗模拟所需的计算条件包括：建筑所在地的气候条件、冬夏季室内计算温度、建筑布局、房间用途以及空调运行状况等。在标识过程中的用到的计算参数如围护结构传热系数等以实测为主，设备性能参数以检验报告为准并依据《民用建筑能效标识测评导则》理论标识评定星级。

文件审查主要针对文件的合法性、完整性以及时效性进行审查。审查内容包括项目立项、审批、施工设计、建筑节能和可再生能源验收文件，项目关键设备检测报告，以及施工过程必要记录、运行调试记录等其他文档；系统部分主要针对设备的形式、组件类型、系统外观及安全性，项目实施量，项目运行情况等进行检查。

现场检查为设计符合性检查，对文件、检测报告等进行核对。性能测试方法和抽样数量按节能建筑相关检测标准和验收标准进行。

14.2.4　建筑能效标识

1）建筑能效标识的对象

建筑能效标识的适用对象是新建居住和公共建筑以及实施节能改造后的既有建筑，以单栋建筑为测评对象。建设单位是建筑能效标识的责任主体，应依据建筑能效测评机构提供的数据报告在相关文件中写明建筑能耗状况，并将建筑能效证书在建筑显著位置张贴。国务院建设行政主管部门负责管理全国建筑能效标识工作。省级建设行政主管部门按照相关规定负责本行政区域内的建筑能效标识管理工作。建筑能效标识的具体管理工作可委托建筑节能管理机构承担。

2）建筑能效标识的类型

建筑能效标识大致可分为保证标识、等级标识、连续性比较标识和单一信息标识。

保证标识又称认证标识或认可标识，是根据特定标准所做出的“认可标志”，主要是对数量一定且符合指定标准要求的产品提供一种统一的、完全相同的标签，标签上没有具体信息。保证标识只表示产品已达到标准要求，而不表示达到程度的高低。保证标识一般是自愿的，仅仅应用于某些类型的用能产品。

等级标识使用分级体系，为产品建立明确的能效等级，使消费者只需查看标识就能很容易地知道这种型号产品与市场上同类产品的相对能效水平，并了解它们之间的差别。

连续性比较标识在使用度量（如年度能耗量、运行费用、能源效率等）的同时，通常使用带有一个连续标度的比较标尺。标尺上标出可以购买到的此类型产品的最高和最低效率值，同时在标尺的某一位置有一个箭头，以指示出该种型号产品的具体能效数值及在市场中所处的能效水平。

单一信息标识只提供与产品性能有关的数据，如产品的年度能耗量、运行费用或其他重要特性等具体数值，而没有反映出该类型产品所具有的能效水平，没有可比较的基础，不便于消费者进行同类别产品的比较和选择。

3）建筑能效标识等级划分

我国《建筑能效标识技术标准》JGJ/T 288—2012 将建筑能效标识划分为三个等级。基础项为计算得到的相对节能率 η，相对节能率是指标识建筑相对于满足国家现行节能设计标准的建筑的节能率，是一个相对值。只要在建筑能效理论值标识阶段，当基础项 $0\leqslant\eta<15\%$ 且规定项均满足要求时，标识为一

星；当基础项 15%≤η<30%且规定项均满足要求时，标识为二星；当基础项 η≥30%且规定项均满足要求时，标识为三星；若选择项所加分数超过 60 分（居住建筑满分 130 分，公共建筑满分 150 分）则再加一星，能效标识等级划分详见表 14-3。

能效标识评定等级　　表 14-3

基础项（η）	规定项	标识等级	选择项
0≤η<15%	均满足国家现行相关建筑节能设计标准的要求	☆	若分数超过 60 分（居住建筑满分 130 分，公关建筑满分 150 分），则可再加一星
15%≤η<30%		☆☆	
η≥30%		☆☆☆	

在建筑能效实测值标识阶段，将基础项（实测能耗值及能效值）写入标识证书，但不改变建筑能效理论值标识等级；规定项必须满足，否则取消建筑能效理论值标识结果；根据选择项结果对建筑能效理论值标识等级进行调整。若建筑能效理论值标识结果被取消，委托方须重新申请民用建筑能效测评标识。

4）建筑能效标识管理

建筑能效标识管理是近年来在发达国家发展起来的一种节能管理方式，它是基于市场化的运行机制，是对强制性的能效标准及行政监管的有效补充。

建筑能效标识使节能信息公开化，明确了建筑节能相关责任主体的责任与义务，改变了现有以行政监管为主的政府节能管理方式，是建筑节能领域的一种创新管理机制。建筑能效标识向建筑用户、政府部门、建设单位提供了衡量建筑物能源利用效率、建筑部品能效指标的信息，建立建筑能效标识制度对于建立建筑节能的市场运行机制、优化政府节能管理方式、维护建筑节能市场主体权益等方面具有不可替代的作用。

14.3　建筑节能设计

总体来说，建筑节能设计包括两个方面：建筑物节能设计和采暖空调设备系统节能设计。其中，建筑物节能设计包含三个方面：综合设计方法（包括总体规划、单体体形设计等），建筑围护结构的构造设计（外墙、门窗、屋顶构造设计等），特殊部位设计方法（如冷桥设计）。本节主要介绍建筑物节能设计方法。

14.3.1　建筑节能的规划设计原则

建筑节能的规划设计是建筑节能设计的重要内容之一，它是从分析地区的气候条件出发，将建筑设计与建筑微气候，建筑技术和能源的有效利用结合的一种设计方法。就是说在冬季应最大限度地利用自然来取暖，多获得热量和减少热损失；在夏季应最大限度地减少得热和利用自然来降温冷却。

规划设计中的节能设计主要是对建筑的总平面布置、建筑单体构造形式、太阳辐射、自然通风等气候参数、热岛效应以及建筑室内外环境绿化进行优化设计。特别是夏热冬冷和夏热冬暖地区更需要从建筑的规划布局、建筑单体节能形式的处理、太阳辐射的控制，自然通风等建筑气候环境和建筑绿化环境进行优化设计。

（1）建筑选址设计

节能建筑设计首先要从规划阶段开始，建筑选址首先应该根据气候分区进行选择。严寒或寒冷地区建筑选址宜将建筑物布置在向阳和避风地带，不宜布置在山谷、洼地等低洼地带以及背阴地带，避免由于冬季冷气流在低洼和背阴地带形成“霜洞”效应。然而对于夏季炎热地区而言，布置在上述地区却是相对有利的，因为在这些地方往往容易实现自然通风，尤其是晚上高出凉爽的气流会流向凹地，在提高了室内热环境质量的基础上节约了能耗。同时夏季空调建筑的选址不宜布置在周围硬化面积大、气流不畅的地带。上述地带易形成“热岛”效应，使得建筑物的能耗量增加。

其次，建筑选址还需要注意向阳的问题。日照与人们的日常生活关系紧密，因此在规划设计中要注意合理利用太阳辐射。此外，建筑选址还要注意冬季防风和夏季有效的利用自然通风的问题。

（2）建筑布局

影响建筑规划设计组团布局的主要气候要素有：日照、风向、气温、雨雪等。具体来说，要在冬季控制建筑遮挡以加强日照得热，可通过建筑群空间布局分析，营造适宜的风环境，降低冬季冷风渗透；夏季增强自然通风，可通过景观设计，减少热岛效应，降低夏季新风负荷，提高空调设备效率。

14.3.2 建筑节能的设计方法

1）争取日照

充分的日照条件对建筑尤其是居住建筑是不可缺少的。争取日照设计方法包括合理的朝向，合理的间距，合理的排列。

（1）合理的朝向

朝向是指建筑物主立面（正立面）的方位角，一般由建筑与周围道路之间的关系来确定。朝向选择的原则是冬季能获得足够的日照，主要房间避开冬季主导风向，但同时必须考虑夏季防止太阳辐射的袭击。

（2）合理的间距

城市用地日趋紧张，建筑布局的高密度十分普遍，造成严重的日照遮挡。应根据日照规律及有关建筑设计规范所规定的日照要求来计算。

（3）合理的排列

建筑群体的排列有行列式、竖向错排式和横向错排式等。如果是南北向的行列式排列，要求后排建筑不被遮挡，就得增加建筑的间距。竖向和横向错排式可以部分克服此缺点，有利于建筑间距的减小。

2）绿化环境设计

绿化对于居住区气候条件起着十分重要的作用，它能调节改善气温、调节碳氧平衡、降弱温室效应、减轻城市大气污染、降低噪声、遮阳隔热，是改善居住区微小气候、改善建筑室内热环境、节约建筑能耗的有效措施。

3）室外风环境优化设计

小区室外空气流动情况对小区内的微气候有着重要的影响，局部地区风速太大可能对人们的生活、行动造成不便。在冬季冷风渗透变强，导致采暖负荷增加。还可能在区域内形成空气漩涡或者死角，不利于小区污染物的消散和室内自然通风的进行。

4）建筑体形设计

合理的建筑体形设计应尽量争取阳光，这样同时也有利于节约用地。建筑的体形变化直接影响建筑采暖空调的能耗大小。建筑体形系数是指建筑的外表面积和外表面积所包围的体积之比。体形系数越小，单位建筑面积对应的外表面积越小，外围护结构的传热损失越少，从降低能耗角度出发，应根据建筑特点将体形系数控制在合适的水平上。严寒和寒冷地区建筑体形对建筑采暖能耗影响很大。建筑体形系数越大，单位建筑面积对应的外表面面积就越大，建筑物各部分围护结构传热系数和窗墙比不变的条件下，传热损失就大。但在夏热冬冷地区和夏热冬暖地区，无论是冬季采暖还是夏季空调，建筑室内外温差要小于严寒和寒冷地区，这一地区的体形系数大小引起的外围护结构传热损失影响相对较小。同时由于大型公建内部较大的产热量，在进行体形设计的时候也要考虑散热问题。

建筑进深选择应考虑天然采光效果。建筑进深对建筑照明能耗影响较大，对于进深较大的房间，应通过采光中庭和采光竖井的设计，引入自然光。此外，可考虑利用光导管、导光光纤等导光设施引入自然光，减少照明光源的使用，降低照明能耗。另外，地下空间设计时也宜采用设置采光天窗、采光侧窗、下沉式广场（庭院）、光导管等措施，充分利用自然光。

5）窗墙比

窗墙面积比既是影响建筑能耗的重要因素，也受到建筑日照、采光、自然通风等满足室内环境要求的制约。外窗和屋顶透光部分的传热系数远大于外墙，窗墙面积比越大，外窗在外墙面上的面积比例越高，越不利于建筑节能。不同朝向的开窗面积，对于不同因素的影响不同，因此在节能建筑设计时，应考虑外窗朝向的不同对窗墙比的要求。一般来说，各朝向窗墙面积比不宜超过节能设计标准规定的限值要求。

14.3.3　建筑热工节能设计要求

不同的气候条件对建筑节能设计提出的要求不同，寒冷地区需要采暖、防寒和保温。炎热地区需要通风、遮阳和隔热。我国幅员辽阔，各地气候差异较大，为了使建筑设计能够较好适应气候，《建筑环境通用规范》GB 55016—2021 给出了建筑热工设计区划。具体分区和设计要求见表 14-4。

建筑热工设计分区及设计要求　　表 14-4

分区名称		热工设计要求	代表城市
严寒地区	严寒A区（1A）	冬季保温要求极高，必须满足保温设计要求，不考虑防热设计	海拉尔，黑河，漠河，那曲
	严寒B区（1B）	冬季保温要求非常高，必须满足保温设计要求，不考虑防热设计	哈尔滨，齐齐哈尔，玉树，牡丹江
	严寒C区（1C）	必须满足冬季保温要求，可不考虑防热设计	长春，呼和浩特，西宁，乌鲁木齐
寒冷地区	寒冷A区（2A）	应满足冬季保温要求，可不考虑防热设计	兰州，银川，拉萨，喀什
	寒冷B区（2B）	应满足保温设计要求，宜满足隔热设计要求，兼顾自然通风、遮阳设计	北京，天津，西安，吐鲁番
夏热冬冷地区	夏热冬冷A区（3A）	应满足保温、隔热设计要求，重视自然通风、遮阳设计	成都，武汉，上海，南京
	夏热冬冷B区（3B）	应满足保温、隔热设计要求，强调自然通风、遮阳设计	重庆，桂林，武夷山，丽水
夏热冬暖地区	夏热冬暖A区（4A）	应满足隔热设计要求，宜满足保温设计要求，强调自然通风、遮阳设计	福州，柳州，梧州，平潭
	夏热冬暖B区（4B）	应满足隔热设计要求，可不考虑保温设计，强调自然通风、遮阳设计	广州，厦门，南宁，海口
温和地区	温和A区（5A）	应满足冬季保温设计要求，可不考虑防热设计	昆明，贵阳，西昌，丽江
	温和B区（5B）	宜满足冬季保温设计要求，可不考虑防热设计	瑞丽，澜沧，江城，蒙自

1）严寒地区、寒冷地区

在寒冷地区和严寒地区，冬天的最低气温可降到零下－10℃至－30℃，采暖就成为生存的基本需要。根据该地区的气候特征，在设计中围护结构的热工性能首先要保证冬季保温的要求，并兼顾夏季隔热。如何降低冬季采暖能耗是本区节能设计的核心问题。降低建筑的体形系数、采取合理的窗墙比、提高外墙和屋顶、外窗的保温性能以及尽可能利用太阳得热等是节能设计的有效手段。此外，设计时还应保证在夏季可通过适当的通风换气来改善室内热环境、减少空调使用时间。

2）夏热冬冷地区

根据夏热冬冷地区的气候特征，建筑围护结构的热工性能首先要保证夏季的隔热，并兼顾冬季的防寒。与北方采暖地区相比，体形系数对夏热冬冷地区的建筑全年影响较小，由此引起的外围护结构传热损失影响小于严寒和寒冷地区，尤其是对于部分内部散热量很大的商场类建筑还要考虑散热影响；同时它还与建筑造型、平面布局、功能划分、采光通风等方面有关，因此在节能设计时不应追求较小的体形系数。

夏热冬冷地区室外风小，阴天多，更需要综合考虑窗墙比。在夏热冬冷地区，无论是过渡季节还是冬夏两季普遍都有开窗加强通风的习惯。一是自然通风改善了室内空气品质；二是夏季在两个连晴高温期间的阴雨降温过程或降雨后连晴高温开始升温过程的夜间，室外气候凉爽宜人，加强房间通风能带走室内余热和积蓄冷量，可以减少空调运行时的能耗，这都需要较大的开窗面积。不能同北方地区一样，一味强调减少窗墙比。

夏热冬冷地区由于夏季太阳辐射强，持续时间久，因此要特别强调外窗的遮阳、外墙和屋顶的隔热设计，如采取遮阳、墙面垂直绿化、浅色饰面等措施。

3）夏热冬暖地区

夏热冬暖地区冬季暖和，夏季太阳辐射强烈，平均气温偏高，因此设计要以改善夏季室内热环境为主，减少空调用电，隔热、遮阳、通风设计在夏热冬暖地区非常重要。

外围护结构的隔热，主要在于控制内表面温度，防止对人体和室内过量的辐射传热，因此要合理选择结构材料和构造形式以达到隔热要求。同时，在结构的外表面要采用浅色粉刷或者光滑的饰面材料，以减少结构表面对太阳辐射热的吸收。为了屋顶隔热和美化的双重需要，应考虑通风屋顶、蓄水屋顶、植被屋顶和带阁楼的坡屋顶等多种样式的结构形式。窗口遮阳的作用在夏热冬暖地区非常重要，遮阳设施的形式和构造的选择，要充分考虑建筑不同朝向的对遮挡阳光的实际需要。

组织房间的自然通风也很重要。夏热冬暖地区中的湿热地区的昼夜温差小，相对湿度高，可设计连续通风以改善室内热环境。对于干热地区，则考虑白天关窗、夜间通风的方法来降温。同时，建筑设计要注意利用夜间长波辐射来冷却，这对于干热地区尤其有效。在相对湿度较低的地区可以利用蒸发冷却来增加室内的舒适度，如设置水池、喷水池。

4）温和地区

温和地区建筑设计在材料选择上一般可以考虑中等蓄热性能的材料，并采用贴地构造或架空构造的形式。

在围护结构设计上，建议采用浅色屋顶材料，屋顶设置铝箔绝热层及通风层。可采用中等蓄热材料构造墙体，其中外墙表面应采用浅色粉刷或光滑饰面。南向窗户应设置遮阳，东西朝向窗户设置活动遮阳，以实现夏季遮阳和冬季加强日照。

14.3.4　建筑围护结构的节能设计方法

1）外墙

建筑外墙应采用高性能的建筑保温隔热系统。北方地区薄抹灰外保温系统为例，保温层厚度增加，会带来粘贴的可靠性、耐久性及外饰面选择受限等问题；

同时会占据较多的有效室内使用面积。因此，应优先选用高性能保温隔热材料，并在同类产品中选用质量和性能指标优秀的产品，降低保温隔热层厚度。

2）屋面

对屋面保温隔热材料，除满足更高性能外，保温材料应具有较低的吸水率和吸湿率，上人屋面应根据设计荷载选择满足抗压强度或压缩强度的保温材料。

3）外窗

节能建筑应选择保温隔热性能较好的外窗系统。外窗是影响近零能耗建筑节能效果的关键部件，其影响能耗的性能参数主要包括传热系数（*K* 值）、太阳得热系数（*SHGC* 值）以及气密性能。影响外窗节能性能的主要因素有玻璃层数、Low-E 膜层、填充气体、边部密封、型材材质、截面设计及开启方式等。应结合建筑功能和使用特点，通过性能化设计方法进行外窗系统的优化设计和选择。

4）采暖建筑地面

严寒地区采暖建筑的底层地面，当建筑物周边无采暖管沟时，在外墙内侧0.5～1.0m 范围内应铺设保温层，其热阻不应小于外墙的热阻。

5）遮阳

遮阳设计应根据房间的使用要求、窗口朝向及建筑安全性综合考虑。夏季过多的太阳得热会导致冷负荷上升，因此外窗应考虑采取遮阳措施。可采用可调或固定等遮阳措施，也可采用可调节太阳得热系数（*SHGC*）的调光玻璃进行遮阳。南向宜采用可调节外遮阳、可调节中置遮阳或水平固定外遮阳的方式。东向和西向外窗宜采用可调节外遮阳设施，或采用垂直方向起降遮阳百叶帘，不宜设置水平遮阳板。设置中置遮阳时，应尽量增加遮阳百叶以及相关附件与外窗玻璃之间的距离。

固定遮阳是将建筑的天然采光、遮阳与建筑融为一体的外遮阳系统。设计固定遮阳时应综合考虑建筑所处地理纬度、朝向，太阳高度角和太阳方向角及遮阳时间。水平固定外遮阳挑出长度应满足夏季太阳不直接照射到室内，且不影响冬季日照。在设置固定遮阳板时，可考虑同时利用遮阳板反射自然光到大进深的室内，改善室内采光效果。除固定遮阳外，也可结合建筑立面设计，采用自然遮阳措施。非高层建筑宜结合景观设计，利用树木形成自然遮阳，降低夏季辐射热负荷。

选用外遮阳系统时，宜根据房间的功能采用可调节光线或全部封闭的遮阳产品。公共建筑推荐采用可调节光线的遮阳产品，居住建筑宜采用卷闸窗、可调节百叶等遮阳产品。

14.3.5　建筑特殊部位节能设计方法

1）热桥处理

外墙热桥处理时可采用以下方式：结构性悬挑、延伸等宜采用与主体结构部分断开的方式；外墙保温为单层保温时，应采用锁扣方式连接；为双层保温时，应采用错缝粘结方式。墙角处宜采用成型保温构件。保温层采用锚栓时，应采用断热桥锚栓固定。应避免在外墙上固定导轨、龙骨、支架等可能导致热桥的部件。确需固定时，应在外墙上预埋断热桥的锚固件，并宜采用减少接触面积、增加隔热间层及使用非金属材料等措施来降低传热损失。穿墙管预留孔洞直径宜大于管径 100mm 以上。墙体结构或套管与管道之间应填充保温材料。

外门窗安装方式应根据墙体的构造方式进行优化设计。当墙体采用外保温系统时，外门窗可采用整体外挂式安装，门窗框内表面宜与基层墙体外表面齐平，门窗位于外墙外保温层内。装配式夹心保温外墙，外门窗宜采用内嵌式安装方式。外门窗与基层墙体的连接件应采用阻断热桥的处理措施。外门窗外表面与基层墙体的连接处宜采用防水透汽材料密封，门窗内表面与基层墙体的连接处应采用气密性材料密封。窗户外遮阳设计应与主体建筑结构可靠连接，连接件与基层墙体之间应采取阻断热桥的处理措施。

屋面保温层应与外墙的保温层连续，不得出现结构性热桥；当采用分层保温材料时，应分层错缝铺贴，各层之间应有粘结。屋面保温层靠近室外一侧应设置防水层；屋面结构层上，保温层下应设置隔汽层。女儿墙等突出屋面的结构体，其保温层应与屋面、墙面保温层连续，不得出现结构性热桥。女儿墙、土建风道出风口等薄弱环节，宜设置金属盖板，以提高其耐久性，金属盖板与结构连接部位，应采取避免热桥的措施。穿屋面管道的预留洞口宜大于管道外径 100mm 以上。伸出屋面外的管道应设置套管进行保护，套管与管道间应填充保温材料。落水管的预留洞口宜大于管道外径 100mm 以上，落水管与女儿墙之间的空隙宜使用发泡聚氨酯进行填充。

地下室外墙外侧保温层应与地上部分保温层连续，并应采用吸水率低的保温材料；地下室外墙外侧保温层应延伸到地下冻土层以下，或完全包裹住地下结构部分；地下室外墙外侧保温层内部和外部宜分别设置一道防水层，防水层应延伸至室外地面以上适当距离。无地下室时，地面保温与外墙保温应连续、无热桥。

2）建筑气密性

建筑气密性是影响建筑供暖能耗和供冷能耗的重要因素，对实现建筑节能目标来说，建筑气密性能也很重要。良好的气密性可以减少冬季冷风渗透，降低夏季非受控通风导致的供冷需求增加，避免湿气侵入造成的建筑发霉、结露等损坏，也可以减少室外噪声和室外空气污染等不良因素对室内环境的影响，提高居住者的生活品质。建筑围护结构气密层应连续并包围整个外围护结构。

建筑设计应选用气密性等级高的外门窗，外门窗与门窗洞口之间的缝隙应做气密性处理。气密层设计应依托密闭的围护结构层，并应选择适用的气密性材料。围护结构洞口、电线盒、管线贯穿处等易发生气密性问题的部位应进行节点设计；穿透气密层的电力管线等宜采用预埋穿线管等方式，不应采用桥架敷设方式。不同围护结构的交界处以及排风等设备与围护结构交界处应进行密封节点设计。

14.4 设备节能和照明节能

14.4.1 设备节能技术

1）余热回收利用

余热属二次能源，是一次能源（煤炭、石油、天然气）和可燃化石原料转换后的产物，也是燃料燃烧过程中所发出的热量在完成某一工艺过程后所剩余的热量。这种热量若直接排放到大气或河流中去，不但会造成大量的热损失，而且还会对环境产生污染。

余热资源包括高温烟气余热，可燃废气、废液、废料的余热，高温产品和炉渣的余热，冷却介质的余热，化学反应余热和废汽、废水的余热等。

余热按温度水平可以分为三档：高温余热，温度大于650℃；中温余热，温度为230～650℃；低温余热，温度低于230℃。

余热利用的途径有以下几种：

（1）余热的直接利用

余热的直接利用最为简单，通常用于预热空气、生产热水和蒸汽、干燥以及制冷等。

（2）余热发电

余热发电通常有以下几种方式：利用余热锅炉产生蒸汽，推动汽轮发电机组发电；以高温余热作为燃气轮机的热源，利用燃气轮发电机组发电；如余热温度较低，可利用低沸点工质（如正丁烷），来达到发电的目的。

（3）余热的综合利用

余热的综合利用是根据工业余热温度的高低，采用不同的利用方法，以达到“热尽其用”的目的，如高温余热发电，汽轮机排汽供热；利用高温高压废气组成燃气—蒸汽联合循环等。

余热回收虽然可以节约热能，但又需付出一定的代价、如设备投资、折旧和维护费等，因此在进行余热利用时一定要考虑经济效益，进行余热利用效果的经济评价。

2）热泵技术

此内容已在空调冷源部分介绍，见本书第8章。

3）建筑式热电冷三联供系统

当天然气为城市中主要的一次能源时，与简单的直接燃烧方式相比，如采用动力装置先由燃气发电，再由发电后的余热向建筑供热或作为空调制冷的动力，可获得更高的燃料利用率。这就是所谓热电冷三联供（BCHP）。这种方式通过让大型建筑自行发电，解决了大部分用电负荷，提高了用电的可靠性，同时还降低了输配电网的输配电负荷，并减少了长途输电的输电损失（在我国此损失约为输电量的8%～10%）。

我国实现“西气东输”后，这种方式可以作为东部地区城市的天然气应用的一种形式。对于用电可靠性要求高、全年存在稳定的热负荷或冷负荷的建筑，可通过这种方式获得较高的节能效果和经济性。

4）燃煤燃气联合供热与末端调峰

如何在保证采暖地区冬季供热质量的基础上提高能效、减少环境污染并尽可能降低运行成本，是我国北方城市冬季采暖和实现节能急需解决的问题。尤其是当引入天然气作为部分一次能源之后，协调经济、环境、能源三者的关系成为重要问题。

以燃煤为燃料的大型热电联产热源和大型燃煤锅炉房通过采用清洁煤燃烧技术，可以“高效低污染”地烧煤，但希望稳定在某个最佳工况，不要随负荷变化而经常调整。输送热量的大型集中供热网也很难有效地根据末端用热量的变化进行及时调节。调节不当和调节不及时导致部分建筑过热，造成很大的热量浪费。反之，以天然气为燃料的小型锅炉可以快速、方便地调节，且清洁、高效。但目前单独作为大型锅炉的燃料，也不能充分发挥其特点。因此，可以利用大型集中供热网，以燃煤作为燃料，提供采暖的基础负荷，整个供热季节稳定运行。在末端采用天然气为燃料的小型调峰锅炉，根据负荷需求补充不足的热量。天然气调峰锅炉可根据各自的末端状况及时准确地调节，避免调节不当造成的浪费，燃煤热源又可稳定运行，保证清洁与高效。

5）温湿度独立控制的空调系统

目前空调都使用 5～7℃冷水或更低的低温水作为冷媒，对空气进行处理。这是因为空气除湿的需要。而如果仅为了降温，采用 18～20℃的冷源就可满足要求。尽管一般除湿负荷仅占空调负荷的 30%～50%，但是目前大量的显热负荷也用这样的低温冷媒处理，就导致冷源效率低下。近年来该领域的一个重要方向就是采用温、湿度独立控制的空调方式。将室外新风除湿后送入室内，可用于消除室内潮湿，并满足新鲜空气要求；而用独立的水系统使 18～20℃温度的冷水循环，通过辐射或对流型末端来消除室内显热。这样一方面可避免采用冷凝式除湿时为了调节相对湿度进行再热而导致的冷热抵消，还可用高温冷源吸收显热，使冷源效率大幅度提高。同时这种方式还可有效改善室内空气质量。

这种新的空调方式的实现还包括对现有末端方式的革新。采用高温冷水(18～20℃)吸收显热，应使用不同于目前方式的末端装置。目前国外已研发出多种辐射型末端和干式风机盘管以及自然对流型冷却器等。

6）降低输配系统能源消耗的技术

在大型公共建筑采暖空调能耗中，60%～70%的能耗被输送和分配冷量热量的风机水泵所消耗。这是导致此类建筑能源消耗过高的主要原因之一。对大规模集中供热系统，负责输配热量的各级水泵的能源消耗也在供热系统运行成本中占很大比例。因此降低输配系统能源消耗应是建筑节能中尤其是大型公共建筑节能中潜力最大的部分。

采用变频风机、变频水泵对流量进行调节已很普及。但大多数采暖空调输配系统的结构设计，还是基本上沿用传统的基于阀门调节的输配系统，没能真正发挥变频调速的作用。水泵的能耗一半和风机的能耗 25%～40%都消耗在各种阀门上。改变输配系统结构，去掉调节阀，用分布的风机、水泵充当调节装置，即不是用阀门消耗多余能量，而是用风机水泵补充不足能量，这可以使输配系统能耗比目前降低 50%～70%。目前国内外都在这方面进行尝试，并有一些成功的工程实例。

管道输送水所需要的能耗还可进一步通过在水中添加减阻剂来降低。采用某些减阻剂可使管道阻力降低到 20%，这将极大地降低输配系统能耗。

与减阻剂方法相对应的是采用功能热流体方法。将相变温度在系统工作范围内的相变材料微粒掺混于水中，制成“功能型热流体”，可以通过相变吸收和释放热量，从而可在小温差下输送大量热量。这就可以大大减少循环水量，从而使输送能耗降低到原来的 15%～30%。

7）通风装置与排风热回收技术

对于住宅建筑和普通公共建筑，当建筑围护结构保温隔热做到一定水平后，室内外通风形成的热量或冷量损失，将成为住宅建筑能耗的重要组成部分。此时，通过专门装置有组织地进行通风换气，同时在需要的时候有效的回收排风中的能源，对降低住宅建筑的能耗具有重要意义。欧洲在这些方面已有成功经验，通过有组织地控制通风量和排风的热回收，大大降低了空调的使用时间，还使采暖空调期耗热量、耗冷量降低 30%以上。

就排风热回收而言，国内目前已研制成功蜂窝状铝膜式、热管式等显热回收器，这只对降低冬季采暖能耗有效。由于夏季除湿是新风处理的主要负荷，因而更需要全热回收器。目前国内已开始有纸质和高分子膜式透湿型全热回收器，也已经研制成功转轮蓄能型全热回收器。

8）电气设备能效标识

根据《能源效率标识管理办法》规定，国家发展改革委和国家质检总局先后组织制定了十五批《中华人民共和国实行能源效率标识的产品目录》。2016 年，新的《能源效率标识管理办法》由国家发展改革委、国家质检总局修订发布并实施，同时公布了《中华人民共和国实行能源效率标识的产品目录（2016 年版）》。2020 年，《中华人民共和国实行能源效率标识的产品目录（第十五批）及相关实施规则》已经由国家发展改革委、市场监管总局发布并实施。我国对电气设备的能效性能要求不断提高（表 14-5）。

实行能源效率标识的部分产品对比（第一批至第十五批）　表 14-5

类型	批次	产品名称及序号	适用范围	依据的能效标准	实施时间
一	第一批	房间空气调节器	采用空气冷却冷凝器、全封闭型电动机-压缩机，制冷量在 14000W 及以下，气候类型为 T1 的空气调节器，不适用于移动式、变频式、多联式空调机组	GB 12021.3—2004 房间空气调节器能效限定值及能源效率等级	2005 年 3 月 1 日

续表

类型	批次	产品名称及序号	适用范围	依据的能效标准	实施时间
一	第二批	单元式空气调节机	名义制冷量大于 7100W、采用电机驱动压缩机的单元式空气调节机、风管送风式和屋顶式空调机组。不适用于多联式空调（热泵）机组和变频空调机	GB 19576—2004 单元式空气调节机能效限定值及能源效率等级	2007 年 3 月 1 日
	第四批	转速可控型房间空气调节器	采用空气冷却冷凝器、全封闭转速可控型电动压缩机，制冷量在 14000W 及以下，气候类型为 T1 的转速可控型房间空气调节器。转速可控型包括采用交流变频、直流调速或其他改变压缩机转速的方式。不适用于移动式空调器、定速式空调器、多联式空调机组和带风管式的转速可控型房间空气调节器	GB 21455—2008 转速可控型房间空气调节器能效限定值及能源效率等级	2009 年 3 月 1 日
	2016 版	房间空气调节器 CEL 002—2016	适用于采用空气冷却冷凝器、全封闭型电动机-压缩机，制冷量在 14000W 及以下，气候类型为 T1 的空气调节器。不适用于移动式、转速可控型、多联式空调机组	GB 12021.3—2010 房间空气调节器能效限定值及能源效率等级	2016 年 10 月 1 日
		单元式空气调节机 CEL 004—2016	适用于名义制冷量大于 7100W、采用电机驱动压缩机的单元式空气调节机、风管送风式和屋顶式空调机组。不适用于多联式空调（热泵）机组和变频空调机	GB 19576—2004 单元式空气调节机能源效率限定值及能效等级	2016 年 10 月 1 日
		转速可控型房间空气调节器CEL 010—2016	适用于采用空气冷却冷凝器、全封闭转速可控型电动压缩机，额定制冷量在 14000W 及以下，气候类型为 T1 的转速可控型房间空气调节器。不适用于移动式空调器、多联式空调机组、风管式空调器	GB 21455—2013 转速可控型房间空气调节器能效限定值及能效等级	2016 年 10 月 1 日
	第十五批	单元式空气调节机 CEL 004—2019	适用于采用电机驱动压缩机、室内机静压为 0Pa（表压力）的单元式空气调节机、计算机和数据处理机房用单元式空气调节机、通信基站用单元式空气调节机和恒温恒湿型单元式空气调节机。不适用于多联式空调（热泵）机组、屋顶式空气调节机组和风管送风式空调（热泵）机组	GB 19576—2019 单元式空气调节机能效限定值及能效等级	2020 年 5 月 1 日

续表

类型	批次	产品名称及序号	适用范围	依据的能效标准	实施时间
一	第十五批	房间空气调节器CEL 010—2019	适用于采用空气冷却冷凝器、全封闭电动压缩机，额定制冷量不大于14000W、气候类型为T1的房间空气调节器和名义制热量不大于14000W的低环境温度空气源热泵热风机。不适用于移动式空调器、多联式空调机组、风管送风式空调器	GB 21455—2019房间空气调节器能效限定值及能效等级	2020年7月1日
二	第三批	自镇流荧光灯	额定电压220V、频率50Hz交流电源，标称功率为5～60W，采用螺口灯头或卡口灯头，在家庭和类似场合普通照明用的，把控制启动和稳定燃点部件集成一体的自镇流荧光灯。不适用于带罩的自镇流荧光灯	GB 19044—2003普通照明用自镇流荧光灯能效限定值及能效等级	2008年6月1日
		高压钠灯	作为室内外照明用的，且带有透明玻壳，额定功率为50W、70W、100W、150W、250W、400W、1000W的普通型高压钠灯	GB 19573—2004高压钠灯能效限定值及能效等级	2008年6月1日
	2016版	普通照明用自镇流荧光灯CEL 005—2016	适用于额定电压220V、频率50Hz交流电源，额定功率为3～60W，采用螺口灯头或卡口灯头，在家庭和类似场合普通照明用的，把控制启动和稳定燃点部件集成一体且不可拆卸的自镇流荧光灯。本规则不适用于带罩的自镇流荧光灯	GB 19044—2013普通照明用自镇流荧光灯能效限定值及能效等级	2016年10月1日
		高压钠灯CEL 006—2016	适用于作为室内外照明用的，且带有透明玻壳，额定功率为50W、70W、100W、150W、250W、400W、1000W的普通型高压钠灯	GB 19573—2004高压钠灯能效限定值及能效等级	2016年10月1日
		普通照明用非定向自镇流LED灯CEL 034—2016	适用于额定功率为2～60W，额定电压为220V、频率为50Hz不具有外加光学透镜、非调光调色的普通照明用非定向自镇流LED灯。注：上文所述普通照明用非定向自镇流LED灯灯头型号应符合GB 24908现行有效版本的要求	GB 30255—2013普通照明用非定向自镇流LED灯能效限定值及能效等级	2016年10月1日

续表

类型	批次	产品名称及序号	适用范围	依据的能效标准	实施时间
二	第十五批	室内照明用LED 产品 CEL 034—2019	适用于普通室内照明用LED筒灯、定向集成式LED灯和非定向自镇流LED灯的能源效率标识（以下简称标识）的使用、备案和公告，具体包括：（1）以LED为光源、电源电压不超过 AC 250V、频率50Hz，额定功率为2W及以上、光束角＞60°的LED筒灯，不包括使用集成式LED灯的LED筒灯；（2）额定电源电压为 AC 220V、频率50Hz，灯头符合 GU10、B22、E14 或 E27 的要求，PAR16、PAR20、PAR30、PAR38 系列的定向集成式LED灯；（3）额定电源电压为 AC 220V、频率 50Hz，额定功率大于等于 2W、小于等于 60W的非定向自镇流 LED灯，不包括具有外加光学透镜设计的非定向自镇流 LED灯。非定向自镇流LED灯灯头型号应符合 GB/T 24908—2014《普通照明用非定向自镇流 LED灯性能要求》现行有效版本的要求。不适用于具有耗能的非照明附加功能或具备调光、调色和感应功能的室内照明 LED产品	GB 30255—2019 室内照明用LED产品能效限定值及能效等级	2020年5月1日
三	第四批	多联式空调（热泵）机组	气候类型为 T1 的多联式空调（热泵）机组。不适用于双制冷循环系统和多制冷循环系统的机组	GB 21454—2008 多联式空调（热泵）机组能效限定值及能源效率等级	2009年3月1日
	第十二批	水（地）源热泵机组	适用于以电动机械压缩式系统并以水为冷（热）源的户用、工商业用和类似用途的水（地）源热泵机组。不适用于单冷型和单热型水（地）源热泵机组	GB 30721—2014 水（地）源热泵机组能效限定值及能效等级	2015年12月1日
		溴化锂吸收式冷水机组	适用于以蒸汽为热源或以燃油、燃气直接燃烧为热源的空气调节或工艺用双效溴化锂吸收式冷（温）水机组。不适用于两种或两种以上热源组合型的机组	GB 29540—2013 溴化锂吸收式冷水机组能效限定值及能效等级	2015年12月1日

续表

类型	批次	产品名称及序号	适用范围	依据的能效标准	实施时间
三	2016版	多联式空调（热泵）机组 CEL 011—2016	适用于气候类型为T1的多联式空调（热泵）机组。不适用于双制冷循环系统和多制冷循环系统的机组	GB 21454—2008 多联式空调（热泵）机组能效限定值及能源效率等级	2016年10月1日
		水（地）源热泵机组 CEL 032—2016	适用于以电动机械压缩式系统并以水为冷（热）源的户用、工商业用和类似用途的水（地）源热泵机组。不适用于单冷型和单热型水（地）源热泵机组	GB 30721—2014 水（地）源热泵机组能效限定值及能效等级	2016年10月1日
		溴化锂吸收式冷水机组 CEL 033—2016	适用于以蒸汽为热源或以燃油、燃气直接燃烧为热源的空气调节或工艺用双效溴化锂吸收式冷（温）水机组。不适用于两种或两种以上热源组合型的机组	GB 29540—2013 溴化锂吸收式冷水机组能效限定值及能效等级	2016年10月1日

14.4.2 照明节能技术

1）选用高效节能光源

要达到照明节能的目的，首先要尽量减少光效低的白炽灯的使用量；其次应推广使用细管径荧光灯和紧凑型荧光灯并逐步减少高压汞灯的使用量；同时应积极推广高光效、长寿命的光源，比如高压钠灯和金属卤化物灯等。

2）采用高效率节能灯具

（1）在满足眩光限制要求下，应选择直接型灯具，使室内灯具效率不宜低于75%，室外灯具不宜低于55%。尽量少采用格栅式灯具和带保护罩的灯具。

（2）根据使用场所的不同采用配光合理的灯具。

（3）选用光通量维持率好的灯具，如反射面涂一氧化硅保护膜、灯具采用防尘密封，光学多层膜反射材料等措施维持灯具较高的光通量。

（4）采用灯具利用系数高的灯具，所采用的灯具应使光通尽量射到工作面上。

（5）采用照明与空调一体化的灯具，夏季时灯具所产生的热量由空调系统带到室外；而在冬季时使灯具产生的热量进入室内以减少制热量，从而减少用电量。

3）推广使用电子镇流器

常用的气体放电光源都采用电感式镇流器，不但消耗大量有色金属和硅钢片，而且由于线路中串入电感，使灯的功率因数降低。而电子镇流器是一个将工频交流电源转换成高频交流电源的变换器。采用电子镇流器，其损耗可比电感式镇流器低30%，而且全灯的功率因数也提高到0.8～0.9，从而大大降低配电损耗。由于电子镇流器在高频范围内工作，不仅消除了频闪效应，也使灯管发光效率提高，并延长其使用寿命。因此采用电子镇流器是节约照明用电的有效措施。

4）照明控制节能

住宅楼梯间照明以及公共建筑的厕所、走廊常出现彻夜长明的现象；办公室和教室常有忘记关灯的情况；路灯和警戒照明也存在延迟熄灯的问题。选用适宜的控制方法和设备可解决上述问题，达到节能的目的。

（1）采用各种类型的节电开关和管理措施，如定时开关、调光开关、光电自动控制器、节电控制器、限电器、电子控制锁电子器以及照明智能控制管理系统等。根据预定的程序来启闭照明器具，例如办公室的照明在工作前、休息时间、下班后自动熄灯或熄灭部分照明；楼道灯光延迟片刻自动熄灭等。

（2）合理选择照明控制方式，充分利用天然光的照度变化来确定照明的点亮范围。

（3）根据照明使用特点，可采取分区控制灯光的适当增加照明灯的开关点。

（4）公共场所照明和室外照明可采用集中控制的遥控管理方式或采用自动控光装置等。

5）照明设计节能

（1）根据房间的功能要求和视觉特性，选取合理的照度标准值，并且应按不同的工作区域确定不同的照度。

（2）选用合理的照明方式，照度要求较高的场所尽量采用混合照明方式；适当采用分区一般照明方式。在一些场所也可采用一般照明与重点照明相结合的方式。

14.5　建筑太阳能利用

本节可根据课时安排，列入选学内容，详见教材电子版附件。

本章思考题：

1. 建筑节能的设计方法包括哪些方面？
2. 暖通空调系统中的节能措施有哪些？
3. 照明节能措施有哪些？

第 15 章　微电网与分布式负荷

15.1　微电网

15.1.1　微电网的概念

微电网（microgrid）指由分布式电源、储能装置、能量转换装置、相关负荷和监控保护装置等汇集而成的小型发电、配电、用电系统，它能够实现自我控制、保护和管理，既可以与外部大电网并网运行，也可以孤立运行，如图 15-1 所示。

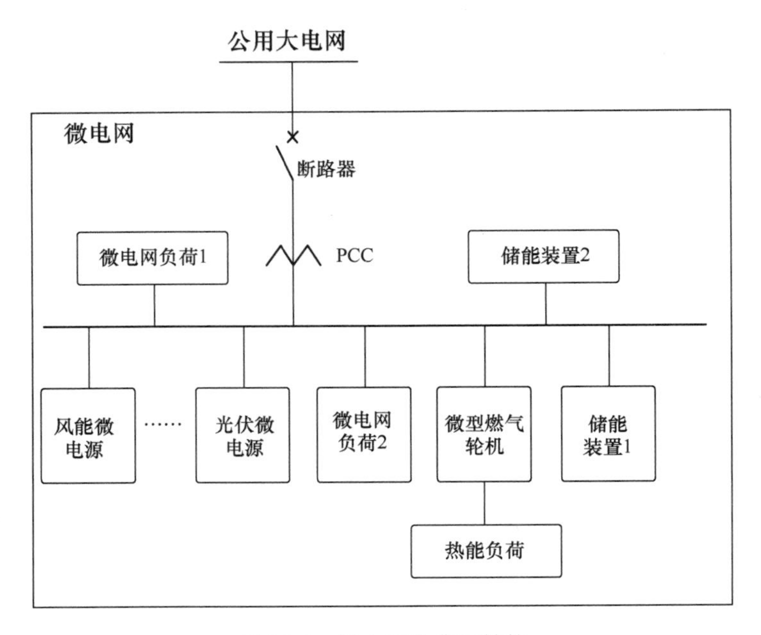

图 15-1　微电网的典型结构

（1）城市片区微电网。一般按照居民小区、宾馆、医院、商场及办公楼等建设，正常情况下主要通过大电网供电。大电网故障时，将城市片区微电网断开，进入孤岛运行模式，用以保证所接重要负荷的供电可靠性和电能质量。一般连接在 10kV 中压配网，容量为数百千瓦至 10MW 等级。

（2）偏远地区微电网。主要指农村微电网。目前，在偏远地区的农村和草原牧区等，供电困难。其解决方案不是延伸国家电网，而是建立微电网，以较低成本利用当地可再生能源供电。

（3）企业微电网。一般连接在 10kV 及以上中压配网，容量在数百千瓦至

10MW。企业微电网一般分布在城市郊区，如石化、钢铁等大型企业，利用传统电源满足企业内部的用电需求。

微电网的典型结构包括集控中心、分布式发电、智能化用户、储能设备和具有自愈能力的电力网络等，通过隔离变压器、隔离装置和大电网连接，如图 15-1所示。微电网中绝大部分的微电源都采用电力电子变换器与大电网和负荷相连。

15.1.2　网络结构

1）电压等级

微电网的构造理念是将分布式电源靠近用户侧进行配置供电，输电距离相对较短。根据微电网容量规模和电压等级可将微电网划分为以下几类。

小于 2MW 的单设施级微电网一般采用低压系统（0.4kV），适用于小型工业或商业建筑、大的居民楼或单幢建筑物等。2～5MW 范围的多设施级微电网一般包含多种建筑物、多样负荷类型的网络，如小型工商区和居民区等。

5～10MW 范围的馈线级微电网多采用中低压（10～35kV），一般由多个小型微电网组合而成，主要适用于公共设施、政府机构等；变电站级微电网一般包含变电站和一些馈线级及用户级的微电网，适用于变电站供电的区域。

2）结构模式

微电网系统中负荷特性、分布式电源的布局以及电能质量要求等各种因素决定了微电网的结构模式，也在一定程度上影响了微电网采用何种供电方式（交流、直流或交直流混合）。微电网按供电制式可以划分为交流微电网、直流微电网和交直流混合微电网 3 种不同类型的微电网结构模式，如图 15-2 所示。

交流微电网中，各分布式电源、储能装置和负荷等，均连接至交流母线，不改变原有电网结构。直流微电网的各分布式电源、储能装置和负荷等，连接至直流母线，减少电力变换环节，提高电能利用率，无损耗，无频率控制；但需改造原有电网及各种交流设施。混合微电网包含交流和直流两种母线，实现分布式电源、储能装置和负荷、分别接入各自供电制式的母线，具有结构灵活、负荷密度大、优势互补等特点。

3）接入要求

微电网应具备一定电力电量自平衡能力，分布式发电年发电量不宜低于微电网总用电量的 30%，发电网模式切换过程中不应中断负荷供电，独立运行模式下向负荷持续供电时间不宜低于 2h。

微电网的接入电压等级应根据其与外部公用电网之间的最大交换功率数值，经过技术经济比较后确定，一般来说，宜采用较外部电网低一等级电压接入，但不应低于微电网内最高电压等级。

微电网的并网运行模式，可根据微电网与外部大电网之间的能量交互关系又可以分为两种：微电网可从大电网吸收功率，但不能向大电网输出功率；微电网与大电网之间可以自由双向交换功率。

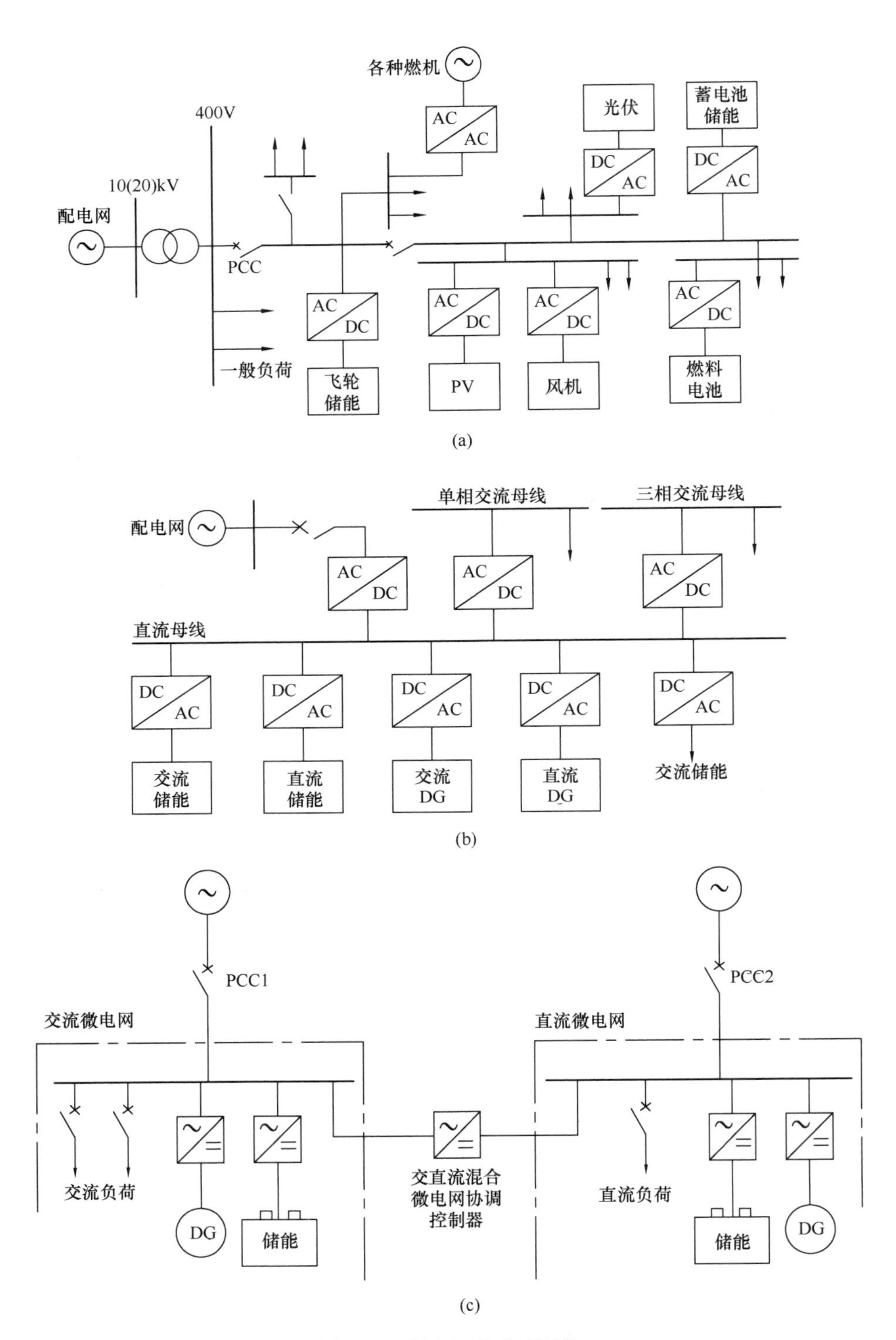

图 15-2 微电网的典型结构

(a) 交流微电网；(b) 直流微电网；(c) 交直流混合微电网

15.1.3 运行方式

微电网具有孤岛运行（或独立运行）和并网运行两种不同的运行模式。孤岛运行是指微电网与大电网断开连接，只依靠自身内部的分布式电源来提供稳定可靠的电力供应来满足负荷需求。并网运行是指微电网通过公共连接点（PCC）的静态开关接入大电网并列运行。

1）独立运行

微电网独立运行时，应能满足其内部负荷的有功功率和无功功率需求，必要时可采取投入备用分布式电源、切负荷等措施，以保证内部重要负荷的供电可靠性。

内部分布式电源应能对电压和频率进行主动控制，维持内部电压和频率的稳定。

微电网独立运行时应具备黑启动能力，即微电网在全部停电后，只依靠内部分布式电源完成启动的过程。

（1）独立转并网运行模式切换。当并网点电网的频率和电压分别满足电能质量要求时，微电网才能启动并网模式切换。

微电网由独立转入并网模式前，应进行同期控制，在微电网与并网点的电压、频率和相角满足同期条件后才可进行并网模式切换。

通过 10～35kV 电压等级并网的微电网并网时，应按照电网调度机构的指令进行并网模式切换。

微电网由独立运行转并网运行时，不应引起公共连接点电能质量超出规定范围。由独立转入并网模式时，宜采用不停电切换方式，且切换过渡过程时间不宜超过 20ms。

（2）并网转独立运行模式切换。微电网由并网运行切换到独立运行分为计划性切换和外部扰动导致的非计划性切换。通过 10～35kV 电压等级接入的微电网，计划性切换应按照电网调度机构的指令进行。

当微电网并网点电压、频率或电能质量超过标准规定的范围时，微电网可切换至独立运行模式。微电网由并网转独立模式时，宜采用不停电切换方式，且切换过渡过程时间不宜超过 20ms。

2）并网运行

当并网点电压偏差满足《电能质量供电电压偏差》GB/T 12325—2008 的要求时，微电网应能正常并网运行。

通过 380V 电压等级并网的微电网，并网点频率在 49.5～50.2Hz 范围之内时，应能正常并网运行。

超过 10～35kV 电压等级并网的微电网，应具备一定的耐受系统频率异常的能力。当微电网内负荷对频率质量有特殊要求时，经与电网企业协商后，微电网可设置为检测到电网频率超过微电网内负荷允许值后，快速切换至独立运行模式。

15.2 分布式发电和储能

15.2.1 分布式电源

1）概念

分布式电源是指接入35kV及以下电压等级，位于用户附近，以就地消纳为主的电源。包括同步发电机，异步发电机和变流器等类型。分布式发电可利用的能源包括太阳能、天然气、生物质能、风能、水能、氢能、地热能和储能等类型。

分布式电源发电，一般将相对小型的发电装置（50MW以下）分散布置在用户（负荷）现场或用户附近。根据所使用的一次能源不同，分布式发电技术可分为基于化石能源的分布式发电技术、基于可再生能源的分布式发电技术以及混合的分布式发电技术。

2）技术类型

化石能源分布式发电技术包括往复式发动机、微型燃气轮机、燃料电池等；可再生能源分布式发电技术包括太阳能、风力、生物质能、水力、海洋能、地热能等发电技术。混合分布式发电技术最典型的是冷热电三联产的多目标分布式功能系统，在生产的同时也能提供热能或同时满足供热、制冷等方面的需求。与简单的供电系统相比，分布式功能系统可以大幅度提高能源利用率，降低环境污染，改善系统热经济性。

15.2.2 分布式储能

1）作用

储能在整个微电网中起到至关重要的作用，涉及发电、输电、配电乃至终端用户。它可以提高分布式能源的稳定性，改善用户用电的电能质量，还起到负荷调峰作用。

在发电侧，储能系统可以参与快速响应调频，提高电网备用容量，并且可将风能，太阳能等可再生能源向终端用户提供持续供电，扬长避短地利用了可再生能源清洁发电的优点，也有效克服了其波动性、间歇性的缺点。在输电中，储能系统可以有效地提高输电系统的可靠性。在配电侧，储能系统可以提高电能的质量。在终端用户侧，分布式储能系统在智能微电网能源管理系统的调控下，优化用电，降低费用，并且保持电能的高质量。

因此，储能是解决新能源消纳、增强电网稳定性、提高配电系统利用效率的最合理的解决方案。系统中引入储能环节后，可以有效地实现需求侧管理、消除昼夜间峰谷差、平抑负荷，不仅可以更有效地利用电力设备、降低用电成本，还可以促进可再生能源的应用，也可作为提高系统运行稳定性、参与调频调压、补偿负荷波动的一种有效手段。

2）应用场景

储能技术主要应用方向如下：

（1）风力发电与光伏发电互补系统组成的局域网，用于偏远地区建筑及工厂的供电；

（2）通信系统中作为不间断电源和应急电源；

（3）风力发电和光伏发电系统的并网电能质量调整；

（4）作为大规模电力储存和负荷调峰手段；

（5）电动汽车储能装置；

（6）作为国家重要部门的大型后备电源。

储能技术在电力系统的应用主要集中在可再生能源发电移峰、分布式能源及微电网、电力辅助服务、电动汽车充换电等方面，是解决新能源电力储存的关键技术。

3）分类

按照能量储存方式，储能可分为机械储能、化学储能和电磁储能三类。

（1）机械储能

机械储能主要包括抽水储能、压缩空气储能和飞轮储能等。

（2）化学储能

主要包括铅酸电池、钠硫电池、液流电池、锂离子电池等。

（3）电磁储能

电磁储能主要包括超级电容器储能和超导储能。此外还包括冰蓄冷、蓄热储能等相变储能方式。各种储能技术的特点和应用场合如表 15-1 所示。

各种储能技术的特点和应用场合 **表 15-1**

种类		典型额定功率	放电时间	特点	应用场合
机械储能	抽水蓄能	100～3000MW	4～10h	适于大规模储能，技术成熟。响应慢，受地理条件限制	调峰、日负荷调节，频率控制，系统备用
	压缩空气储能	10～300MW	1～20h	适于大规模储能，技术成熟。响应慢，受地理条件限制	调峰、调频，系统备用，平滑可再生能源功率波动
	飞轮储能	0.002～3MW	1～1800s	寿命长，比功率高，无污染	调峰、频率控制、不间断电源、电能质量控制
电磁储能	超导磁储能	0.1～100MW	1～300s	响应快，比功率高，低温条件，成本高	输配电稳定、抑制振荡
	超级电容器储能	0.01～5MW	1～30s	响应快，比功率高，成本高，比能量低	电能质量控制
电化学储能	铅酸电池	几千瓦至几万千瓦	几分钟至几小时	技术成熟，成本低，寿命短，存在环保问题	备用电源，黑启动
	液流电池	0.05～100MW	1～20h	寿命长，可深度放电，便于组合，环保性能好，储能密度稍低	备用电源，能量管理，平滑可再生能源功率波动
	钠硫电池	0.1～100MW	数小时	比能量与比功率高，高温条件，运行安全问题有待改进	电能质量控制，备用电源，平滑可再生能源功率波动
	锂离子电池	几千瓦至几万千瓦	几分钟至几小时	比能量高，循环特性好，成组寿命有待提高，安全问题有待改进	电能质量控制，备用电源，平滑可再生能源功率波动

15.2.3　太阳能光伏发电

光伏发电系统分为独立（离网）光伏发电系统和并网光伏发电系统。

独立型光触发电系统由太阳能电池组件、控制器和蓄电池组成。如要为交流负载供电，还需配置交流逆变器。系统不与电网连接，需要蓄电池来存储夜晚用电的能量，如图 15-3 所示。独立光伏发电系统一般应用于远离公共电网覆盖的区域。如山区、岛屿等边远地区独立光伏发电系统的安装容量（包括储能设备）应满足用户最大电力负荷的需求。

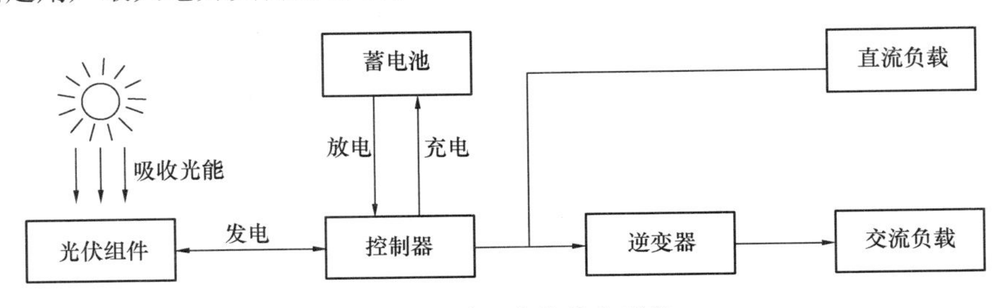

图 15-3　独立光伏发电系统

并网光伏发电系统主要由太阳能电池方阵、控制器、逆变器、计量装置和高低压电气系统等单元组成。小型系统一般在用户侧并网，电压等级 0.4kV，容量 1MW 以下，以自发自用为主，也可自发自用、余电上网或全部并网。大型系统一般为光伏电站，采用 35kV 以上电压等级，容量超过 30MW，光伏方阵可以采用串联、并联和串并联混合等方式。

光伏建筑一体化是光伏组件以建筑构件的形式出现，使光伏方阵成为建筑不可分割的一部分。在建筑设计中，光伏发电系统与屋顶、天窗、幕墙等融为一体，是太阳能光伏系统与现代建筑结合起来应用光伏发电的一种形式。屋顶光伏电站依托于平屋顶或坡屋顶安装的光伏发电系统，建筑屋顶仅作为光伏阵列的载体起支撑作用。

15.2.4　分布式电源的接入

分布式电源是指在用户所在地或附近建设安装，运行方式以用户侧自发自用为主，余量上网，在用户配电系统内实现平衡调节为特征的发电设施或有电力输出的能量综合梯级利用多联供设施。

分布式电源指接入 35kV 及以下电压等级的小型电源，包括同步电机、感应电机和变流器等类型。

变流器是用于将电能变换成适合于电网使用的一种或多种形式电能的电气设备，具备控制、保护和滤波功能，用于电源和电网之间接口的静态功率变流器。有时被称为功率调节子系统、功率变换系统、静态变换器，或者功率调节单元。由于其整体化的属性，在维修或维护时才要求变流器与电网完全断开。在其他所有的时间里，无论变流器是否在向电网输送电力，控制电路应保持与电网的连接，以监测电网状态。

太阳能光伏发电和风力发电接入电网的设备一般为逆变器。工业余热、垃圾和农林废弃物焚烧、地热以及天然气综合利用等发电形式，采用各式汽轮机或燃气轮机接入电网。

分布式电源接入电压等级要求如表 15-2 所示。

分布式电源接入电压等级　　表 15-2

功率（kW）	<8	8～400	400～5000	5000～30000
电压（kV）	0.22	0.38	10	35

对于有升压变电站的分布式电源，并网点为分布式电源升压站，高压侧母线或节点对于无升压站的分布式电源，并网点为分布式电源的输出汇总点。接入点指分布式电源接入电网的连接处，该电网既可能是公共电网，也可能是用户电网。公共连接点使用户系统（发电或用电）接入公用电网。分布式电源接入公共电网方式如图 15-4 所示。分布式电源接入系统工程中，A1—A2、B1—B2 输变电工程由用户投资，C1—C2 输变电工程由电网企业投资。

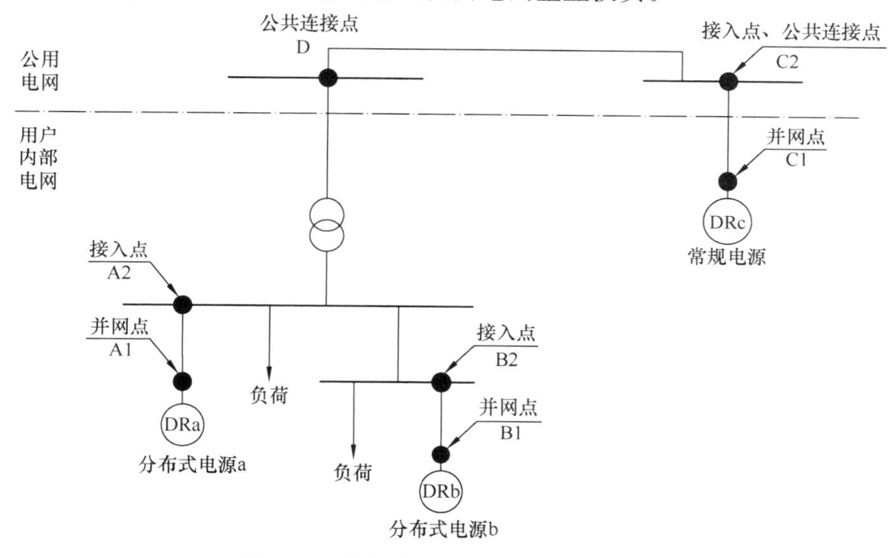

图 15-4　分布式电源接入公共电网方式

15.2.5　电动车充换电设施

充换电设施是为电动汽车提供电能的相关设施的总称，一般包括充电站、电池更换站、电池配送中心、集中或分散布置的交流充电桩等。

充电站是采用整车充电模式为电动汽车提供电能的场所。一般装有三台以上电动汽车充电设备（其中至少有一台非车载充电器），以及相关的供电设备和监控设备等。换电站（电池更换站）采用电池更换模式，为电动汽车提供电池。对动力电池集中充电，并为电池更换站提供电池配送服务的场所称为电池配送中心，也称为电池集中充电站。

充换电系统采用不同的供电方式。配电容量≥500kVA 的充电站，宜采用双回路 10kV 供电方式；配电容量在 100～500kVA 的充电站，宜采用双路电源供电，电压可根据实际情况选择 10kV 或 0.4kV；配电容量小于 100kVA 的充电站，宜采用

0.4kV 供电方式。

充电设施分类如表 15-3 所示。

充电设施的分类及特点　　表 15-3

充电设施		特点
安装方式	落地式充电桩	安装在不靠近墙体的停车位
	挂壁式充电桩	安装在靠近墙体的停车位
安装地点	公共充电桩	建设在公共停车场（库）结合停车泊位，为社会车辆提供公共充电服务的充电桩
	专用充电桩	建设单位（企业）自有停车场（库），为单位（企业）内部人员使用的充电桩
	自用充电桩	建设在个人自有车位（库），为私人用户提供充电的充电桩
充电接口数	一桩一充	一个充电桩一个充电接口
	一桩多充	一个充电桩多个充电接口
充电方式	直流充电桩（栓）	采用传导方式为具有车载充电装置的电动汽车提供交流电源的专用供电装置
	交流充电桩（栓）	采用传导方式为非车载电动汽车提供直流电源的专用供电装置
	交直流一体充电桩（栓）	可实现直流快速充电，也可以交流慢速充电

电动车具有双重属性，既是可控负荷，又是储能单元。具有双向能量流动的电动车与电网的交互模式，可分为：车—电网模式（V2G 模式），电池—电网模式（B2G 模式）和分布式发电模式（DG 模式）。V2G 模式使电动汽车充电受电网控制，电动车与电网进行实时通信，可在电网允许时刻进行充电。将电动汽车作为移动储能单元，可以与配电系统电能量的交互，不仅在谷负荷时段充电，还可在峰负荷时段，反向输送电能回电网。B2G 模式指的是电动汽车通过充放电装置与楼宇电网相连，作为储能单元参与楼宇电网供电的运行方式。DG 模式是指配电系统中接入一定量的分布式发电，构建直流系统，可实现间歇性分布电源与电动汽车直接对接。

交流和直流充电供电接口和车辆接口，分别如图 15-5、图 15-6 所示，触头

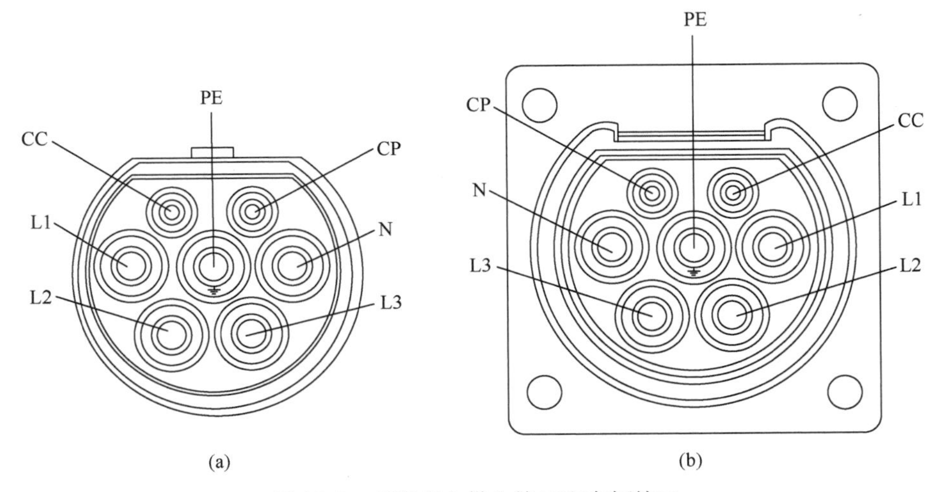

图 15-5　交流充电供电接口和车辆接口

（a）插头；（b）插座

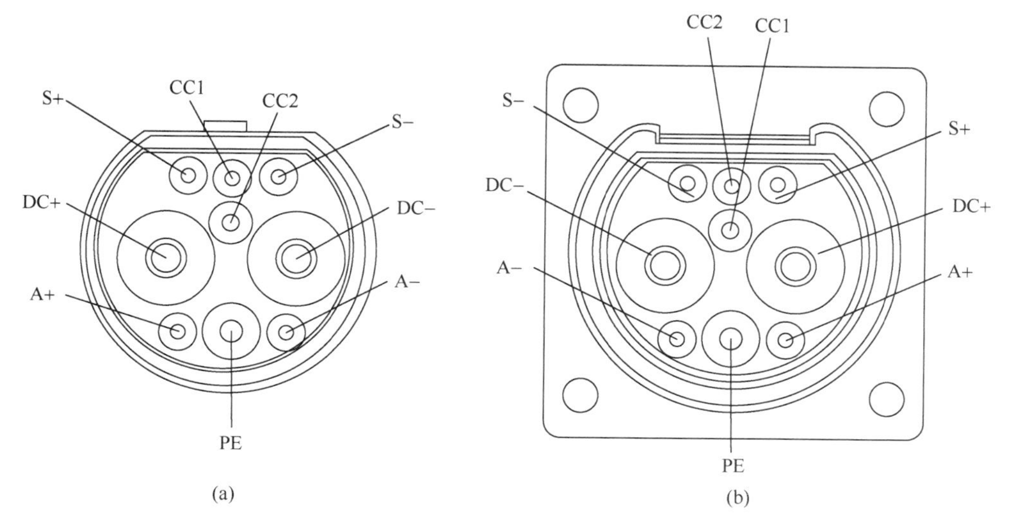

图 15-6　直流充电供电接口和车辆接口
（a）插头；（b）插座

编号及功能分别见表 15-4、表 15-5。

交流充电供电接口触头编号及功能　　　　表 15-4

触头编号/标识	额定电压与额定电流	功能定义
1(L1)	250V　10/16/32A	交流电源（单相）
	440V　16/32/63A	交流电源（三相）
2(L2)	440V　16/32/63A	交流电源（三相）
3(L3)	440V　16/32/63A	交流电源（三相）
4(N)	250V　10/16/32A	中性线（单相）
	440V　16/32/63A	中性线（三相）
5(PE)	—	保护接地，连接供电设备地线和车辆电平台
6(CC)	0～30V 2A	充电连接确认
7(CP)	0～30V 2A	控制引导

直流充电供电接口触头编号及功能　　　　表 15-5

触头编号/标识	额定电压与额定电流	功能定义
1(DC+)	750V/1000V　80/125/200/250A	直流电源正，连接直流电源正与电池正极
2(DC−)	750V/1000V　80/125/200/250A	直流电源负，连接直流电源负与电池负极
3(PE)	—	保护接地，连接供电设备地线和车辆电平台
4(S+)	0～30V 2A	充电通信 CAN-H，连接非车载充电机与电动汽车的通信线
5(S−)	0～30V 2A	充电通信 CAN-L，连接非车载充电机与电动汽车的通信线
6(CC1)	0～30V 2A	充电连接确认

续表

触头编号/标识	额定电压与额定电流	功能定义
7(CC2)	0～30V 2A	充电连接确认
8(A＋)	0～30V 20A	低压辅助电源正，连接非车载充电机为电动汽车提供的低压辅助电源
9(A－)	0～30V 20A	低压辅助电源负，连接非车载充电机为电动汽车提供的低压辅助电源

15.2.6　直流建筑与“光储直柔”

近年来，随着国家“双碳”目标的提出，建筑领域的新概念和新热点不断涌现，从节能建筑、可持续性建筑、绿色建筑、生态建筑、近零能耗建筑、净零能耗建筑 、零能源建筑，发展到最新提出的直流建筑，虽各有侧重，但共同目标都是为了降低能耗和温室气体排放，实现碳减排。

直流电相比交流电，具有形式简单、易于控制、传输效率高等特点。直流供电系统在航空、通信、舰船等专用系统中都已广泛采用。以前，囿于技术局限，直流电变压困难、传输距离有限，在建筑低压配电系统中一直采用交流电。近年来随着电力电子技术发展，直流电变压问题已逐步解决，建筑直流供电系统已成为行业关注焦点。

建筑中采用直流供电系统，可充分利用直流电简单、易于控制的特点，便于光伏、储能等分布式电源灵活高效接入和调控，实现建筑层面可再生能源的大规模应用；同时利用低压直流安全性好的特点，创造良好的用电环境。

“光储直柔”（PEDF），是在建筑领域应用太阳能光伏（Photovoltaic）、储能（Energy storage）、直流配电（Direct current）和柔性交互（Flexibility）四项技术的简称。具有如下特点：

（1）建筑场地内充分安装光伏发电

充分利用建筑场地和建筑的屋顶、立面空间，兼顾发电效率和美观的要求，安装分布式太阳能光伏发电组件，优先自发自用。

（2）配置低压直流配电系统＋直流用电负荷

低压直流配电系统是由低压直流配电线路（电压1500V以下）以及相应的控制保护设备组成的电力系统。建筑内终端用电设备有许多直流装置，如LED光源的照明装置、电脑、显示器等IT设备；以及部分电梯、风机、水泵等大功率动力装置，都需要直流驱动 ；充电桩和蓄电池等也要求直流接入。因此采用低压直流配电＋直流设备具有明显的优势，可以省略交直流转换的环节。

（3）接入高比例柔性直流用电设备

直流电系统的电压可以在很大范围内变化（±30％以上），对电压敏感的用电设备通过DC/DC接入直流母线，可以根据用电设备的特点自行调节用电电压，而带有智能调节功能的用电设备还可以根据母线电压的变化自行对其用电功率进行调节。直流用电设备的柔性是指利用终端用能需求的柔性，用电设备自身根据电力供应侧变化进行调整响应的能力。

（4）安装储能装置和智能充电桩

建筑内安装的储能装置是直流建筑的重要组成部分，可通过终端蓄电方式协调光伏发电与建筑用电负荷的不同步，缓解建筑用电峰谷变化对电网的冲击，实现削峰填谷、平衡供需矛盾，并进一步提高建筑用电可靠性和安全性。同时，随着电动车的普及，智能充电桩可解决充电过程对电网的冲击，进行错峰有序充电（甚至放电），能有效缓解公共电网容量不足的问题。

（5）能与城市公共电网双向互动

传统配电用电模式，是供电部门向用户的单向流动，制约了城市电网效率进一步提升。通过采用低压直流配电系统，利用电力电子装置的高可控性，可实现削峰填谷、需求侧响应等与公共电网友好交互的功能。

本章思考题：

1. 微电网的优势是什么？其应用场景有哪些？
2. 直流建筑的优势是什么？为什么要实现“光储直柔”复合？
3. 分布式电源有哪些技术类型？
4. 储能的作用是什么？储能方式有哪些？

第 16 章　乡村建筑设备

乡村居住环境和人口密度与城镇差异巨大，因此乡村基础设施和建筑设备也应因地制宜，在设计思路和设备选用上与城市建筑有所区别。

16.1　乡村给水排水

16.1.1　概况

1）农村供水

（1）水源

截至 2022 年，我国农村集中供水率（农村集中供水工程指设计日供水人口大于等于 20 人的供水系统）和自来水普及率分别达到了 89%和 84%，基本解决了农村地区人畜饮水和生活用水问题。农村集中式供水水源有地下水和地表水两类。

（2）用水量

农村人均用水量（加上畜禽饲养用水量）低于城市，一般为 10～120L/(人・日)，但用水时间比较集中，因此供水设备和调节设备的容量通常要大于城市。供水工艺应采用成熟技术，优先选用地下水。因停水影响较小，可不考虑供水备用设备。

（3）水质

取用地表水，要通过混凝、沉淀、过滤等措施去除悬浮杂质。取用地下水时，如水质符合饮用水卫生标准，可以不作处理。当水中含氟、铁、锰、砷超标时，应进行对应处理。若水源为苦咸水，则需进行淡化除盐才能供作饮用水。无论取地下水还是取地表水，在送入管网前必须进行消毒，有条件的农村可用液氯消毒，无条件的可用漂白粉消毒。

（4）水量调节与加压

为了将清洁的水不间断地送到用户，需设置加压和调节装置。这类装置与地形有关，若取水点或用户附近有较高地形，可选用高地水池方式，将水净化后引入（或用泵提升）高地水池中，再经过配水管网送到用户；若取水点在平原地区，可设置水塔或高位水箱作为调节设备。平原地区的农村也可使用气压罐代替水塔。气压罐式供水系统设备投资少、建设快、易于管理。

（5）管网

农村集中供水的管网一般布置成树枝状；村镇较大且居住集中时，供水管道可连成环状。供水管材有球墨铸铁管、钢管、塑料管、铝塑复合管、预应力钢筋混凝土管等。

(6) 简易供水的特点和类型

简易供水的特点是系统设施简单、工程规模较小、工程造价和运行成本较低，小型集中式供水系统按水源类型分为：

a. 泉水自流系统。利用地形条件使泉室中的水自流入高地水池，经消毒后用管道送到用户。其适用于泉水位于地势较高的情况。

b. 地下水提升系统。管井（大口井、渗渠）中的水经消毒后，经水泵提升至调节构筑物，再经管道送到用户。适用于以水质较好的浅层或深层地下水为水源的情况。

c. 地表水自流系统。适用于有高位地表水源如水库、湖泊、山溪等，且原水浑浊度不高，有高差可利用的村镇。由于原水浑浊度低，加入凝聚剂后无需沉淀或澄清，可直接用接触滤池净化处理，净化后的水流入高地水池，经消毒后供用户使用。接触滤池的反冲洗水由原水供应。也可将接触滤池改为慢滤池，但需定期刮泥、洗砂。

d. 地表水提升系统。水泵自水源地吸水，经慢滤池净化后集水到清水池消毒，再经水泵将清水提升至调节构筑物，再送出供用户使用。这种类型适用于以地表水为水源、原水水质较好的供水系统。当原水水质较差时，可利用天然池塘自然沉淀或增加粗滤池，经慢滤池净化后集水到清水池消毒，再经水泵提升供用户使用。

分散式供水系统按水源类型与取水方式不同，主要有深井手动泵供水系统、雨水集蓄供水系统等。地表水水质较好时，可直接在河边、塘边或堤边修建慢滤池，使原水自流入池，经过滤后净水送入清水池消毒，用户于池边取水，这也是分散式供水的一种形式。

2）农村排水

我国幅员辽阔，各地农村生活污水处理的情况比较复杂，与居民生活习惯、厕所形式等密切相关。目前全国农村污水处理率不到40%。

农村污水包括生活污水、乡镇企业废水、畜栏废水、农牧副渔业加工废水和受污染的降水径流等。农村污水处理系统应运行维护简单、费用低廉和不产生二次污染。处理工艺大致有以下几种类型。

(1) 土壤处理系统

以土壤层作为处理介质所构成的土地处理系统，分为地下渗滤和快速渗滤两种类型。

地下渗滤：经化粪池或其他预处理后的污水，通过地下穿孔管道（一般为陶土管）进入土壤层，并可在地表种植作物或发展草坪，绿化环境。经土壤净化的污水，一部分渗入地下，另一部分在土壤毛细管作用下蒸发，所以没有污水排出。在地下含水层地区，为防止污染地下水，需设置不透水沟槽，称作毛管浸润系统。

快速渗滤：经适当预处理的污水，进入透水性较好的砂性土壤表面的渗滤槽或渗滤池，通过土壤层缓慢地渗入地下而得到净化。该系统采用干湿周期交替运行。晒干期间，把土壤表层翻松，以恢复正常的渗水速度。在寒冷地区保持一定的水深，当表层水结冰后，污水可在冰下继续进行厌氧处理净化。渗入地下的净化污水可回收利用。

（2）湿地处理系统

由基质与水生植物构成的土地处理系统。选用的植物有芦苇属、香蒲属和灯芯草等。经对耐污和耐碱能力、经济价值和管理简便以及气候条件的适应性比较后，芦苇多作为首选植物。根据基质和运行特点，分为表流系统和潜流系统两大类型。

表流湿地基质为当地土壤，预处理污水进入种有植物的湿地系统，在基质表面流动，通过稠密的植物，在物理化学吸附、沉淀和生物的作用下得以净化。表流湿地造价较低，管理简便。为保证冬季的运行效果，可采取加大表流湿地水深的措施，并利用一定高度的芦苇茬，支撑冬季形成的冰层，实现冰下继续进行厌氧处理净化。

潜流构造湿地所用基质包括碎石、砾石及各种土壤或炉灰渣构成的湿地床层。污水在砾石层中流动，主要是通过床层介质和植物的根系使污水净化，因此，也称其为根系处理技术。与表流湿地比较，潜流湿地的水力负荷大，处理效果较好，受气温的影响较小，不产生臭气。其缺点是工程造价相对较高。潜流湿地按水流分布可分为垂直流和水平流两种类型。

（3）稳定塘系统

稳定塘是利用天然生物净化作用处理污水的池塘，又称氧化塘，可进行污水的二级处理和深度处理。由于占地较大，多用于土地资源丰富的农村地区。氧化塘法是利用水塘中的微生物和藻类对污水和有机废水进行需氧生物处理的方法。在氧化塘中，废水中有机物主要是通过菌藻共生作用去除。异养微生物（即需氧细菌和真菌）将有机物氧化降解而产生能量，合成新的细胞；藻类通过光合作用固定二氧化碳并摄取氮、磷等营养物质和有机物，以合成新的细胞并释放出氧。

稳定塘一般由多塘串联，分为厌氧塘、兼性塘、好氧塘，必要时设曝气塘。好氧塘水浅，阳光可透入塘底，使藻类生长旺盛，其光合作用的产物为氧，故氧源丰富；风力作用于水面也可促进大气氧的溶解，因此好氧塘的水处于有氧的状态。兼性塘上部池水有氧，溶解氧随水深逐渐下降，塘底部则为厌氧状态。曝气塘设有曝气装置，如表面曝气器、固定螺旋曝气器等，以提供主要氧源，并提供部分搅拌或全部搅拌的动力源，所以曝气塘实际上是活性污泥法的衍生类型。

稳定塘的出水 BOD_5 总平均表面有机负荷可采用 1.5～10g/(m^2·d)，总停留时间可采用 20～120d。在温度适宜的地区，稳定塘内可培植水风信子等水生生物，以利用污水中氮、磷等营养料生产绿肥，同时也可降低污水的氮磷含量。

（4）组合处理系统

根据污水的特点、处理程度和利用目标，除预处理系统外，可由稳定塘和湿地构成各种组合处理系统。例如，湿地—塘、塘—湿地、湿地—塘—湿地等。一般生活污水可考虑经济效益较好的湿地—鱼塘系统和污水灌溉系统。

16.1.2　乡村供水设施

1）净水塔

将压力式无阀滤池或单阀滤池与泵房、加药间、水塔合并建造的一种小型净水构筑物。小型净水塔无絮凝与沉淀装置，由接触滤池起净化作用。它构造简单，结构紧凑，占地面积小，造价低，操作方便。其缺点是清砂不便，冲洗操作不当易发生滤料流失现象。小型净水塔适用于原水水质较好的小型供水工程。

小型净水塔系由水泵、滤池、水塔（清水柜）、加药设备、电器自动控制设备和管道及其附件组成，如图 16-1 所示。塔身用砖砌筑，水箱和滤池用钢丝网水泥制作。滤池采用双层接触滤池，上层为无烟煤，下层为石英砂；承托层采用细砾石；集水系统采用尼龙网孔板。

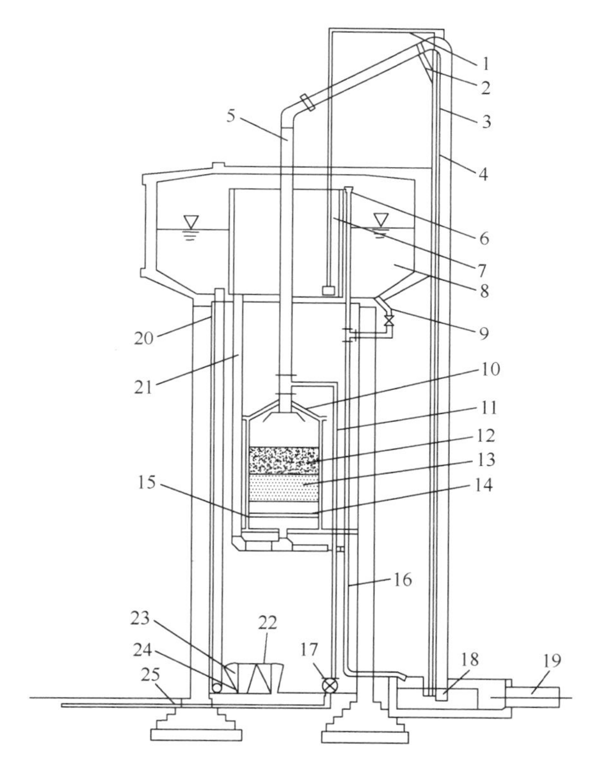

图 16-1　小型净水塔示意图

1—虹吸破坏管；2—抽气管；3—辅助虹吸管；4—虹吸下降管；5—虹吸上升管；6—溢水管；7—冲洗水箱；8—清水柜；9—排污放空管；10—挡板；11—进水管；12—无烟煤滤料；13—石英砂滤料；14—承托层；15—过滤板；16—溢水排污放空管；17—水泵；18—排水井；19—排水管；20—出水管；21—出水兼反冲洗管；22—混凝剂溶液槽；23—消毒剂溶液槽；24—药剂投加管；25—吸水管

将凝聚剂和消毒剂在泵前加入原水，经水泵混合后，从顶部进入滤池，进行接触过滤。滤后清水通过滤板和集水室经管路升至顶部的水塔（清水柜）内，供用户和滤池冲洗用。水在滤池运行中，滤层杂质逐渐增多，阻力逐渐增大，水泵扬程逐步提高，促使虹吸上升管内的水位不断升高。当水位升高到辅助虹吸管的管口时，水从辅助管急速流下，借助抽气管不断带走虹吸下降管中的空气，使虹吸管内形成真空，发生虹吸作用，于是水塔中的水经反冲洗管自下而上通过滤层，对滤料进行反冲洗。当水塔内水位下降到虹吸破坏管管口时，空气进入虹吸管，虹吸被破坏，反冲洗结束，滤池又进入过滤状态。反冲洗过程靠简易电器自动控制装置进行冲洗排污。

2）高位蓄水池

高位水池一般建筑在地势较高的地面或山坡上，又称高地水池，其作用与水塔相似，但容积较大，兼有集中供水系统的加压和储水功能。水池一般用钢筋混凝土建造，呈圆形或方形，构造与清水池相似，池顶应装避雷设施。高位水池可大大提高乡村供水安全程度，如图 16-2 所示。

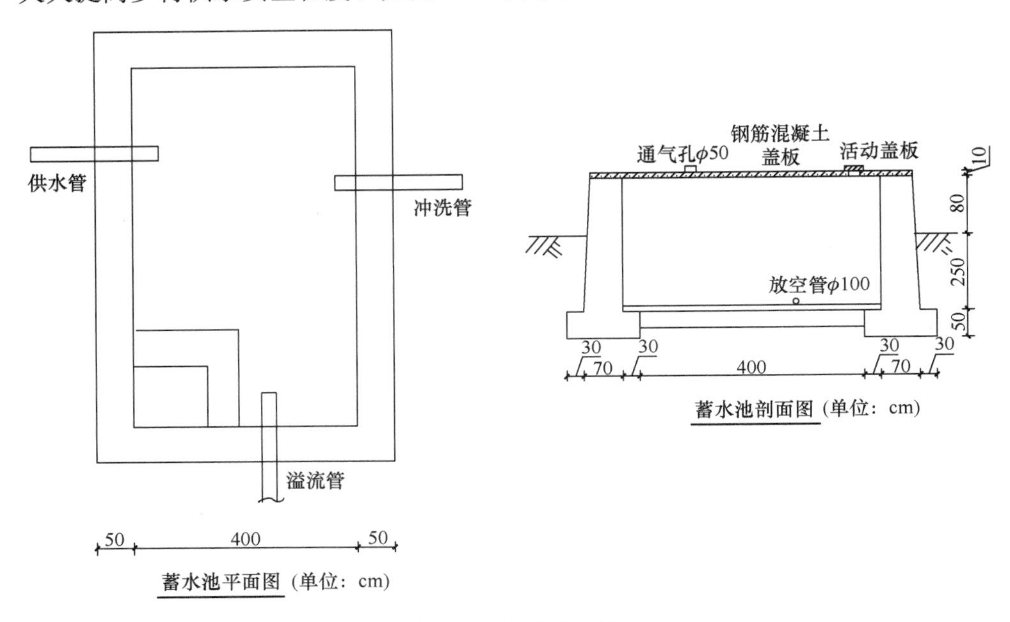

图 16-2 高位蓄水池

3）大口井

大口井耗费管材较少，可因地制宜就地取材，在中国北方多用于农田灌溉和镇村居民生活供水，如图 16-3 所示。结构形式有圆筒形、阶梯圆筒形和缩径形，可根据水文地质和工程地质条件、施工条件、施工方法和建筑材料等不同条件选用。大口井的井径通常为 2～8m，井深一般不超过 20m。井底进水结构，多用反滤层，具有进水面积大、渗透流速小、不易涌沙和堵塞、易建造、寿命长等特点。井壁进水结构，在保证井筒强度条件下，应尽量争取较大的出水量、小的水头损失和进水渗透流速，以便既能取得最大的出水量，又能防止涌沙和淤井。井壁进水孔的形式，可根据出水量、水文地质条件和施工条件选定。

大口井适用于地下水埋藏较浅（10～20m），补给充沛，含水层透水性良好（＞$20m^3/d$）的山前冲积扇、河漫滩及一级阶地、干枯河床地区。

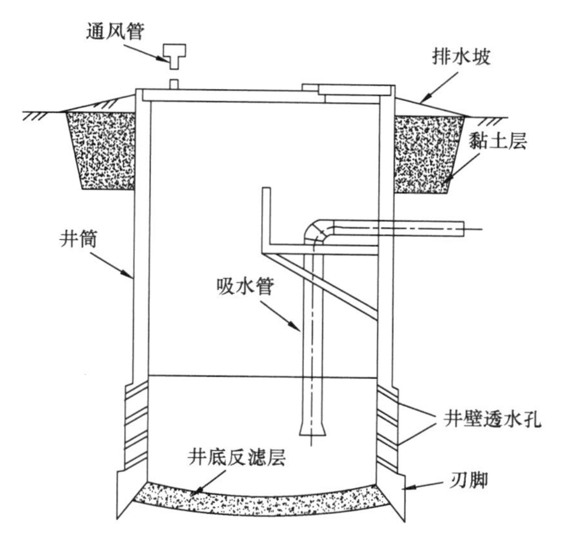

图 16-3 大口井断面图

4）压水井

压水井在 20 世纪 90 年代曾大量采用，用于将农户院内的地下水引到地面上。压水井一般采用铸铁材质，井头是出水口，尾部是和井心连在一起的压手柄，长约 30～40cm。上面的活塞和下面的阀门都是单向阀，使空气只能往上走而不往下走，活塞向上运行时，阀门开启，可以将下面管子里的空气抽到上面空腔中来；活塞往下时，阀门关闭，空气从活塞边上冒出来。如此往复循环，将下面管子里抽成真空，水就在大气压的作用下被抽上来，如图 16-4 所示。

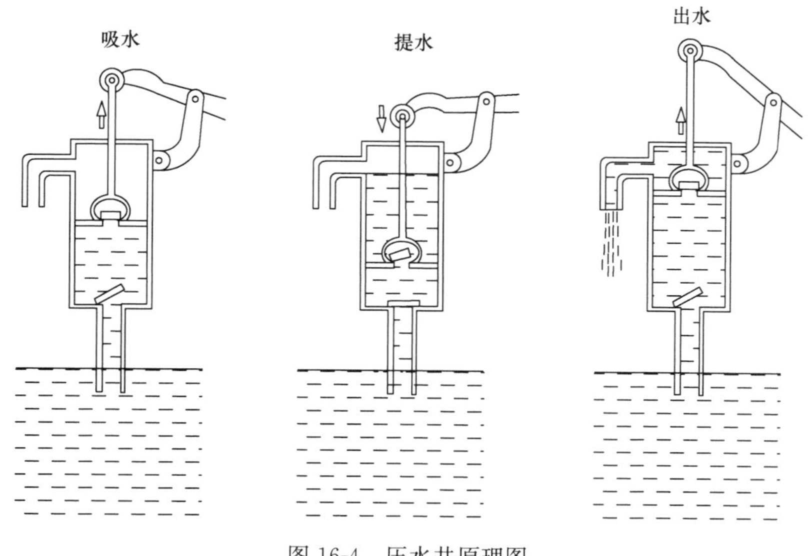

图 16-4 压水井原理图

5）水窖

水窖也叫旱井，是我国缺水地区（如黄土高原）存蓄雨水、雪水的一种水利设施，在某些苦咸水地区也被广泛使用。水窖是十分普遍的蓄水工程形式之一，在土质地区和岩石地区都有应用。水窖形状主要根据当地土质、建筑材料、用途等条件确定。在土质地区的水窖多为圆形断面，可分为圆柱形、瓶形、烧杯形、坛形等，其防渗材料可采用水泥砂浆抹面、黏土或现浇混凝土；岩石地区的水窖一般为矩形宽浅式，多采用浆砌石砌筑。主要根据当地土质、建筑材料、用途等条件选择。

水窖选址要考虑适宜的径流汇集坡面，满足水窖蓄水。提供生活用水的水窖可建在村庄附近，灌溉用的水窖建在田头路旁。应避免靠近悬崖、沟头、沟边、陷穴、砂砾石层、有裂隙或滑坡地带修建，应选择土体完整结实、粘结性好、透水性小的土层，以防渗漏。应远离粪坑、厕所、猪圈等，保证窖水卫生。

水窖由进水道、沉沙池、窖筒、窖台和窖身组成。进水道为暗管，连接沉沙池和窖体；沉沙池可沉淀泥沙，缓冲径流；窖台可防止污流入窖，保护水质；窖筒连接地面窑口与窖身。进水道采用管道成砖砌，一般直径或边长为0.3～0.4m；窖口直径为0.4～0.6m；窖筒深0.6～0.7m；窖台高0.3m；窖壁坡比为1∶0.2～1∶0.3，如图16-5所示。

水窖的平时维护应注意避免杂草等杂物流入窖内，坛式水窖蓄水不能高出最大直径处；收水后封闭进水道和窖口，窖水净化半年后方能饮用；饮用水水窖要加明矾和漂白粉消毒；用水后及时加盖；水窖水深应至少保持在0.3m，防止干裂；应及时清除淤泥。

16.1.3　乡村排水设施

1）化粪池

化粪池是一种利用沉淀和厌氧发酵的原理，去除生活污水中悬浮性有机物的处理设施，属于初级的过渡性生活处理构筑物。目前农村最常用的是三格式化粪池。这种化粪池由三个相连的池子组成，中间由过粪管联通，利用厌氧发酵、中层过粪和寄生虫卵比重大于一般混合液比重而易于沉淀的原理对污水进行初步处理，如图16-6所示。

污水先由进水口排到第一格，比重较大的固体物及寄生虫卵等物沉淀下来，利用池水中的厌氧细菌开始初步的发酵分解，经第一格处理过的污水可分为三层：糊状粪皮、比较澄清的粪液和固体状的粪渣。经过初步分解的粪液流入第二格，而漂浮在上面的粪皮和沉积在下面的粪渣则留在第一格继续发酵。在第二格中，粪液继续发酵分解，虫卵继续下沉，病原体逐渐死亡，粪液得到进一步无害化，产生的粪皮和粪渣厚度比第一格显著减少。流入第三格的粪液一般已经腐熟，其中病菌和寄生虫卵已基本杀灭。第三格的作用主要是暂时储存沉淀已基本无害的粪液。

污水进入化粪池经过12～24h的沉淀，可去除50%～60%的悬浮物。沉淀下来的污泥经过3个月以上的厌氧发酵分解，使污泥中的有机物分解成稳定的无机物，易腐败的生污泥转化为稳定的熟污泥，改变了污泥结构，降低了含水率。定期将污泥清掏外运，填埋或用作肥料。

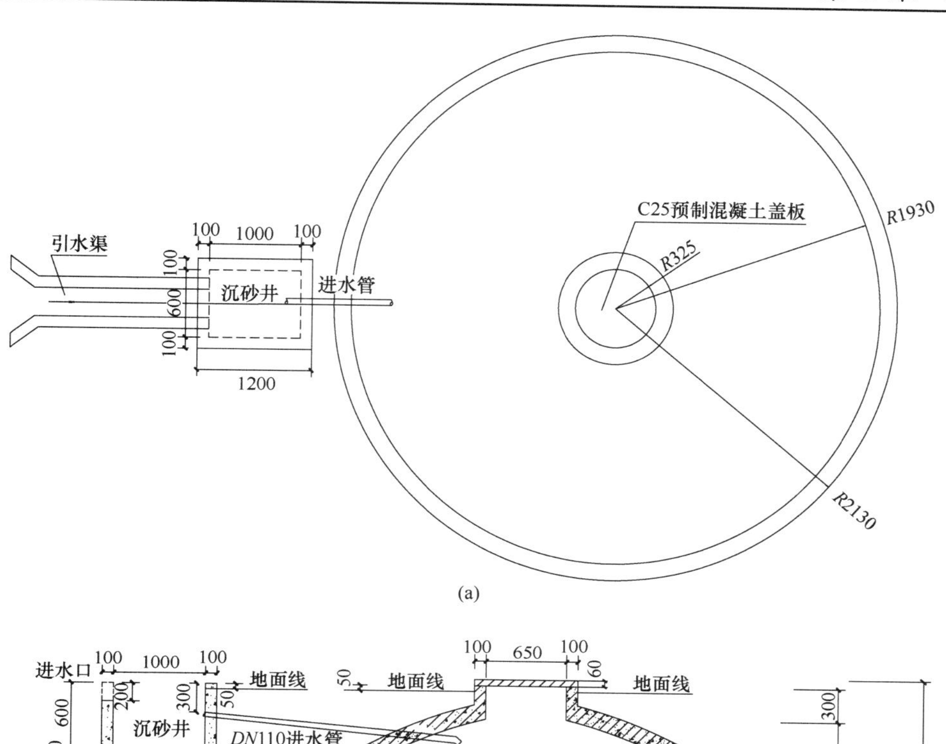

(a)

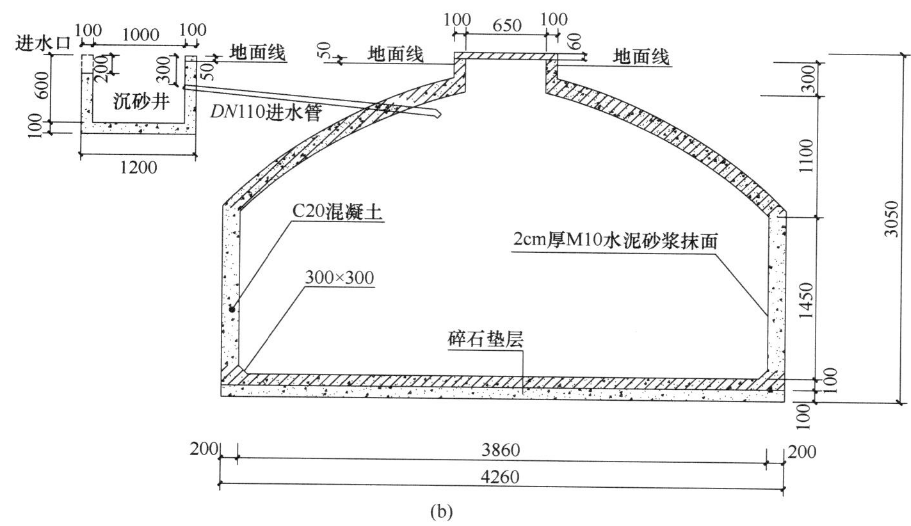

(b)

图 16-5 水窖（24m³）示意图

（a）平面图；（b）剖面图

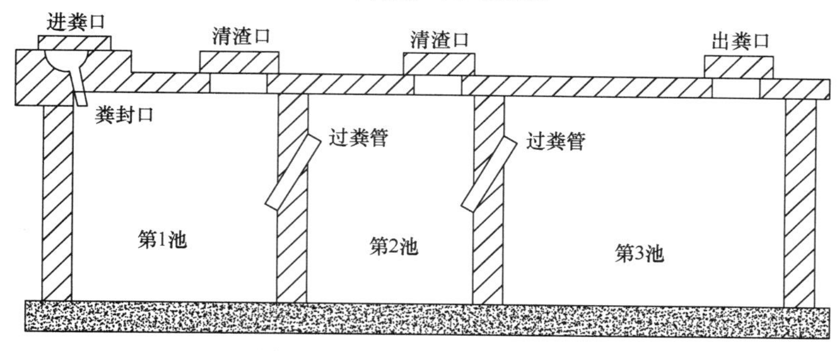

图 16-6 三格式化粪池剖面图

2）渗井

在地下水位较低的地区，对于生活污水量不大的农户，可以在庭院里挖一口渗井，用于排放生活污水和废水。污废水进入井内，靠土层渗入地下。井内应设置过滤桶，井底设置过滤层，深度不宜小于0.5m。井底应高于地下水最高水位至少1.5m，如图16-7所示。如果处理不当，不仅会对地下水源有影响，而且在生活当中也是滋生蚊蝇的主要场所，并且还会因下雨导致污水溢出，产生很大的异味，因此现在较少采用。

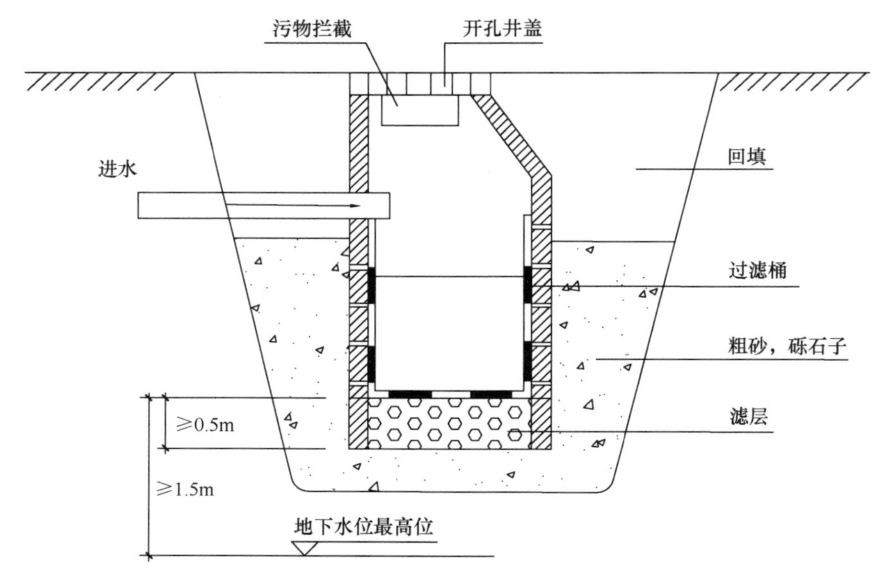

图16-7　渗井剖面图

3）地埋式一体化处理设备

一体化污水处理设备工艺流程采用"机械格栅＋调节池＋厌氧池＋好氧池＋MBR膜池＋消毒池"工艺流程，出水可达到一级标准；一体化污水处理设备内置MBR膜组件，是一种将高效膜分离技术与传统活性污泥法相结合的新型高效污水处理工艺。MBR一体化污水处理设备具有结构紧凑、外型美观、占地面积小、运行费用低、稳定可靠、自动化程度高、维护操作方便等优点，具有很好的应用前景，如图16-8所示。

4）稳定塘

稳定塘最常见的一种形式是兼性塘（同时兼有好氧和厌氧两种净化处理功能）。兼性塘的有效水深一般为1.0～2.0m，从上到下分为三层：上层好氧区、中层兼性区（也叫过渡区）和塘底厌氧区。好氧区的净化原理与好氧塘基本相同。藻类进行光合作用，产生氧气，溶解氧充足，有机物在好氧性异养菌的作用下进行氧化分解。兼性区的溶解氧供应比较紧张，含量较低，且时有时无。其中存在着异养型兼性细菌，它们既能利用水中的少量溶解氧对有机物进行氧化分解，又能在缺氧的条件下以NO_3^-、CO_3^{2-}作为电子受体进行无氧代谢。厌氧区内不存在溶解氧，进水中的悬浮固体物质以及藻类、细菌、植物等死亡后所产生的

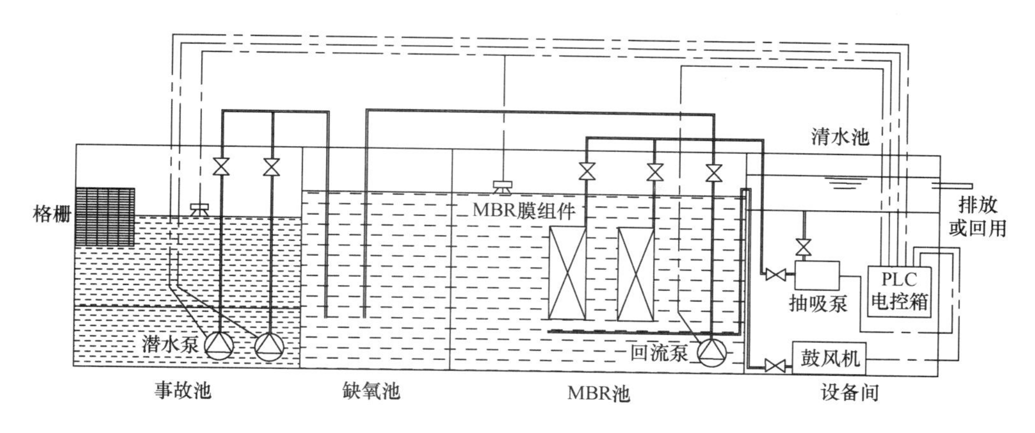

图 16-8　地埋式一体化出水处理设备原理图

有机固体下沉到塘底，形成 10～15cm 厚的污泥层，厌氧微生物在此进行厌氧发酵和产甲烷过程，对有机物进行分解。在厌氧区一般可以去除 30%的 BOD。

5）人工湿地

人工湿地污水处理是一种基于自然生态原理处理生活污水的新技术。湿地底面铺设防渗隔水层，填充一定深度的土壤或填料层，种植芦苇、香蒲等水生植物。污水由湿地的一端通过布水管渠进入，以推流方式与布满生物膜的介质表面和溶解氧进行充分接触而获得净化。人工湿地根据水流特性可分为表面径流湿地和潜流湿地，如图 16-9 所示。

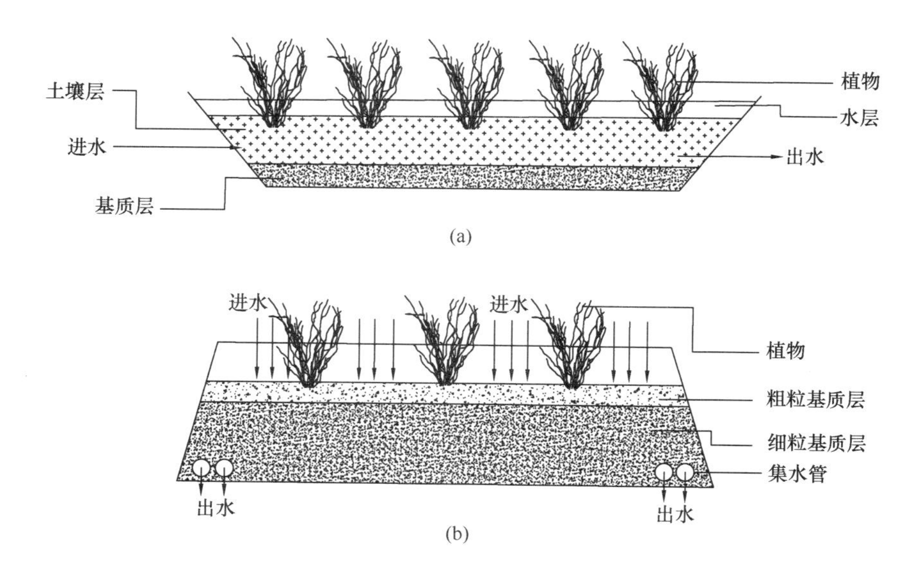

图 16-9　人工湿地

（a）水平潜流人工湿地；（b）垂直潜流人工湿地

人工湿地投资少，污水在处理过程中，采用重力自流的方式，基本无能耗，运行费用低。因此在人口密度较低、污染排放较少的农村地区，人工湿地生活污水处理方式具有明显优势。可充分利用农户住房周边地形特点，因地制宜、实施简单。人工湿地规模可大可小，单户可建造在住宅旁的空地上，村组可利用水塘或景观池改造，配合种植水生植物，还可达到景观美化的效果。

16.2　乡村能源供应

16.2.1　乡村能源概况

乡村能源消费主要包括炊事、取暖、照明等生活用能，以及农林牧渔业等生产用能。近年来国家对农村基础设施投入巨大，电网已经全部覆盖乡村地区，实现了电力供应“村村通”。但是农村地区居住分散，负荷密度低，用电负荷不大，使得供电的质量和可靠性受到影响，且用电成本较高。因此，农村居民使用煤炭和薪柴等高碳燃料的比重仍然较大，存在诸如空气污染物排放量大、能源利用率低、能源结构转型成本高等问题。

同时，农村地区建筑分散、土地资源相对丰富的这一特点，为太阳能、风能、地热能等低能流密度的可再生能源使用提供了便利条件，具有得天独厚的优势。以太阳能光伏发电为例，除了在村庄建设用地内的屋顶、庭院布置光伏组件外，也可以充分利用农田、鱼塘、牧场、荒地等，实现“农光互补”“渔光互补”“牧光互补”等多种形式的太阳能乡村利用方式。

本节主要介绍农村常用的供暖、热水、炊事等供能设备和绿色可再生能源利用方式。

16.2.2　火炕和火墙

火墙、火炕等是我国北方乡村地区广泛使用的取暖设备，历史悠久。东北、西北和华北部分地区的农村大多使用火炕或火炉供暖，尤其是东北地区，还有相当比例的农户采用火墙与火炕配合使用的方式实现冬季取暖。

农村居住建筑应首先考虑充分利用炊事产生的烟气余热供暖。火炕具有蓄热量大、放热缓慢等特点，有利于在间歇运行的情况下维持整个房间的温度。将火炕和灶或炉具结合形成灶连炕是一种有效的充分利用能源的方式。对于没有灶或炉具等产生高温余热的设施，可考虑只设火炕，利用炕腔作为燃烧室，但注意避免局部过热。

炕体按与地面相对位置关系分为三种形式，即落地炕、架空炕（俗称吊炕）和地炕，如图 16-10 所示。

架空炕上下两个表面可以同时散热，散热强度大，但蓄热量低，供热持续能力较弱，热得快，凉得也快，比较适合热负荷较低，能够配合供暖炉等运行间歇较短、运行时间比较灵活的热源。当选用架空炕时，其下部空间应保持良好的空气流通，使下表面散热能有效地进入人员活动区，因此，架空炕的布置不宜三面靠墙。炕面板采用整体型钢筋混凝土板，可减少炕内支座数量。

对于运行间歇较长的柴灶等热源形式，适合使用具有更强蓄热能力的落地炕或地炕。落地炕应在炕洞底部和靠外墙侧设置隔热层，炕洞底部宜铺设 200～300mm

厚的干土，提高蓄热保温性能。地炕（俗称地火龙）是室内地面以下为燃烧空间，地面之上设置火炕炕体的一种将燃烧空间与火炕结合起来的采暖设施。

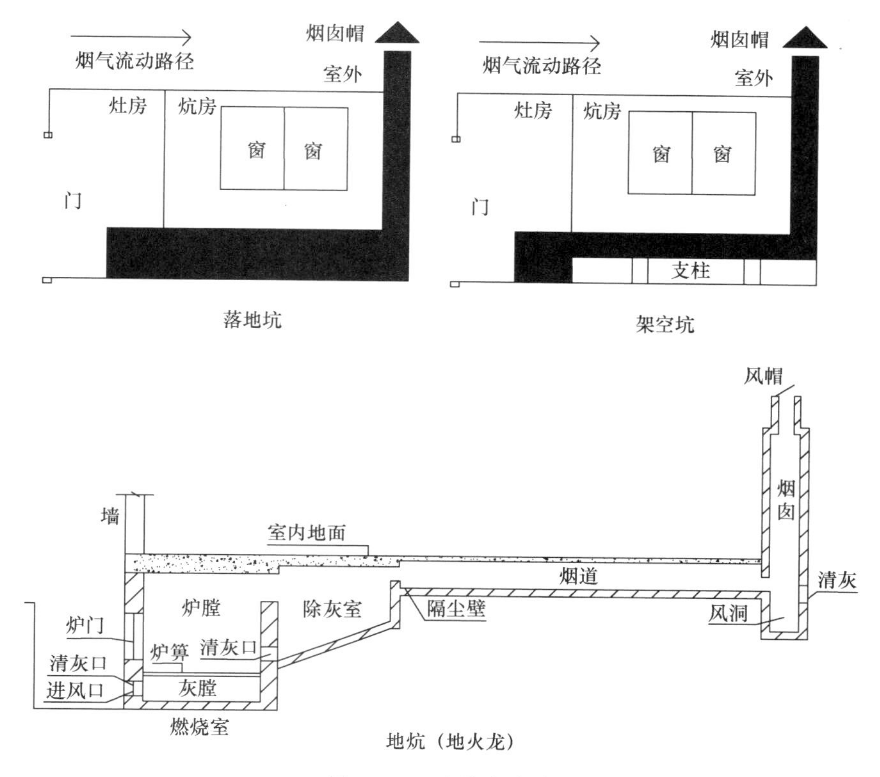

图 16-10　火炕和火墙

火炉、火炕、火墙主要燃料以传统的生物质能源如秸秆、薪柴等为主，也有的以煤炭作为燃料。北方地区农村取暖用散烧煤约合 2 亿 t 标准煤，清洁取暖率较低。目前，替代燃料有农林废弃物压制的生物质颗粒等。

火炉、火炕、火墙等传统采暖方式主要存在空气污染物排放量大、能源利用率低及一氧化碳中毒风险的安全隐患。随着国家环保政策的逐步完善，火炉、火炕、火墙这种传统供暖方式将通过“煤改电”“煤改气”“煤改生物质”等手段，逐步被清洁供暖方式取代。

16.2.3　太阳能热水器

太阳能热水器的构造简单，利用真空太阳能板将太阳能转化为热能，直接加热冷水，经过水管的传输，将热水储存在水箱中，继而为用户提供热水。太阳能热水器节能环保，使用方便，可以为农户家庭提供廉价、便捷、安全、绿色的取暖和热水服务。农户住宅屋顶面积充足，有良好的安装条件，太阳能热水器以单户真空管式为主，见图 16-11。

太阳能热水器工作原理详见本书 15.4 节。

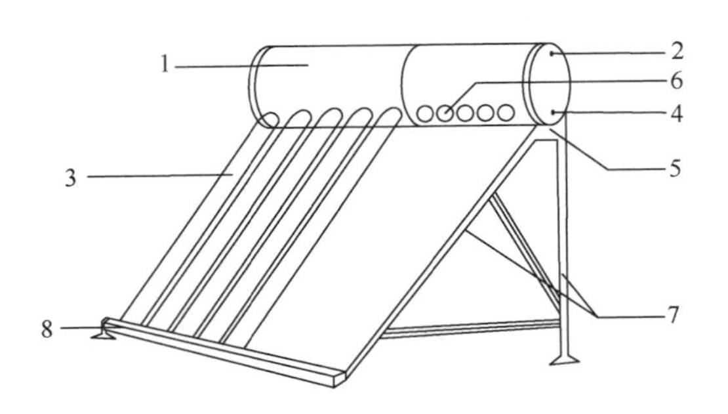

图16-11　单户式太阳能热水器

1—储水箱；2—排气孔；3—真空管；4—上下水孔；5—桶托；6—真空管插孔；
7—支架；8—尾托架

16.2.4　被动式太阳能暖房

被动式太阳能暖房，指不需要专门的太阳能采暖系统部件，通过建筑朝向和周围环境的合理布置、内部空间和外部形体的巧妙处理以及建筑材料和结构构造的恰当选择，使其在冬季能够集取、保持、蓄存和分配太阳热能，从而使建筑物具有一定的采暖功能，维持一定室内温度的建筑。被动式太阳暖房建造容易，不需要安装特殊的动力设备，广泛适合我国寒冷地区乡村。太阳房应用领域主要为住宅、学校、办公楼等。目前，全国已经建成近千万平方米的太阳房，主要分布在山东、河北、辽宁、内蒙古、甘肃、青海和西藏的农村地区。据测算，被动式太阳房平均每平方米建筑面积每年可节约标准煤20～40kg。

被动式太阳能暖房主要有以下几种：

1）直接得热式

冬天阳光通过较大面积的南向玻璃窗（直接受益窗），直接照射至室内的地面、墙壁和家具上，使其吸收大部分热量，温度升高。所吸收的太阳能，一部分以辐射、对流方式在室内空间传递，一部分导入蓄热体内，然后逐渐释放出热量，使房间在晚上和阴天也能保持一定温度。采用这种方式的太阳房，由于南窗面积较大，应配置保温窗帘，并要求窗扇的密封性能良好，以减少通过窗的热损失。窗应设置遮阳板，以遮挡夏季阳光进入室内，如图16-12所示。

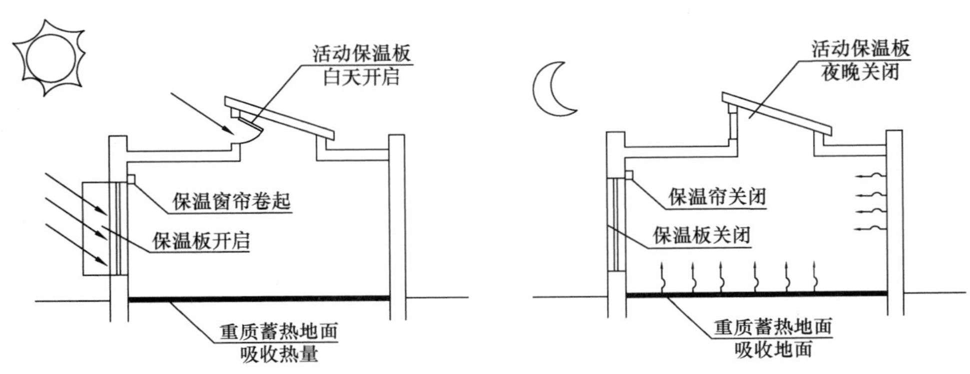

图16-12　直接得热式太阳房原理图

2）集热蓄热墙式

冬季阳光穿过玻璃采光面，投射到南向垂直集热蓄热墙上，加热夹层中的空气，然后通过热传递、辐射以及对流，将热量送入室内。集热蓄热墙通常由蓄热性能好的重质材料构成，外表面一般涂成黑色或某种暗颜色，以便有效吸收阳光，如图 16-13 所示。集热蓄热墙的形式有：实体式集热蓄热墙、花格式集热蓄热墙、水墙式集热蓄热墙、相变材料集热蓄热墙、快速集热墙等。

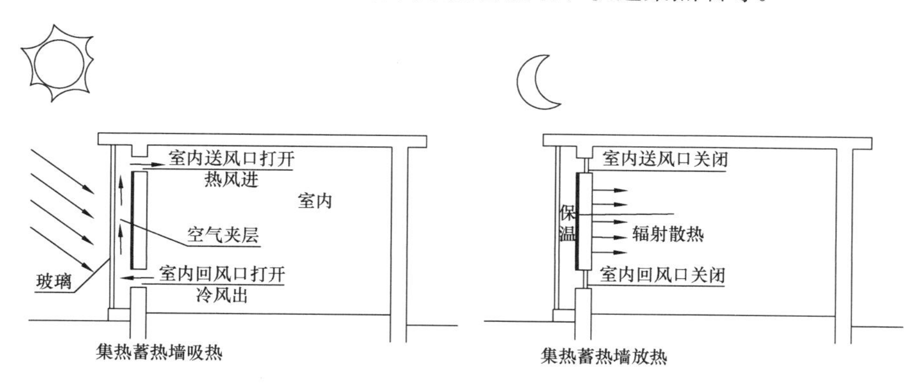

图 16-13　集热蓄热墙式太阳房原理图

3）附加阳光间式

附加阳光间式是在建筑物南向墙面附加玻璃温室的采暖方式，可看作直接受益式与集热蓄热墙式的混合方式。阳光间附建在房屋南侧，其围护结构全部或部分由玻璃等透光材料构成。阳光间得到阳光照射被加热，其内部温度始终高于外环境温度。所以既可以在白天通过对流经由门、窗供给房间以太阳热能，又可在夜间作为缓冲区，减少房间热损失，如图 16-14 所示。

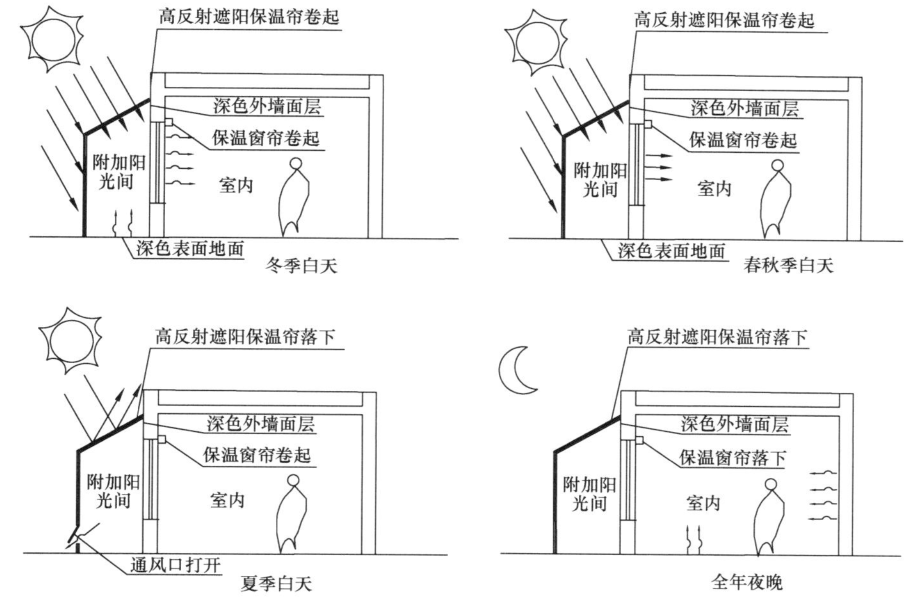

图 16-14　附加阳光间式太阳房原理图

4）对流环路式

在被动式太阳能建筑南墙设置太阳能空气集热蓄热墙或空气集热器，利用在墙体上设置的上下通风口进行对流循环的采暖方式，如图 16-15 所示。

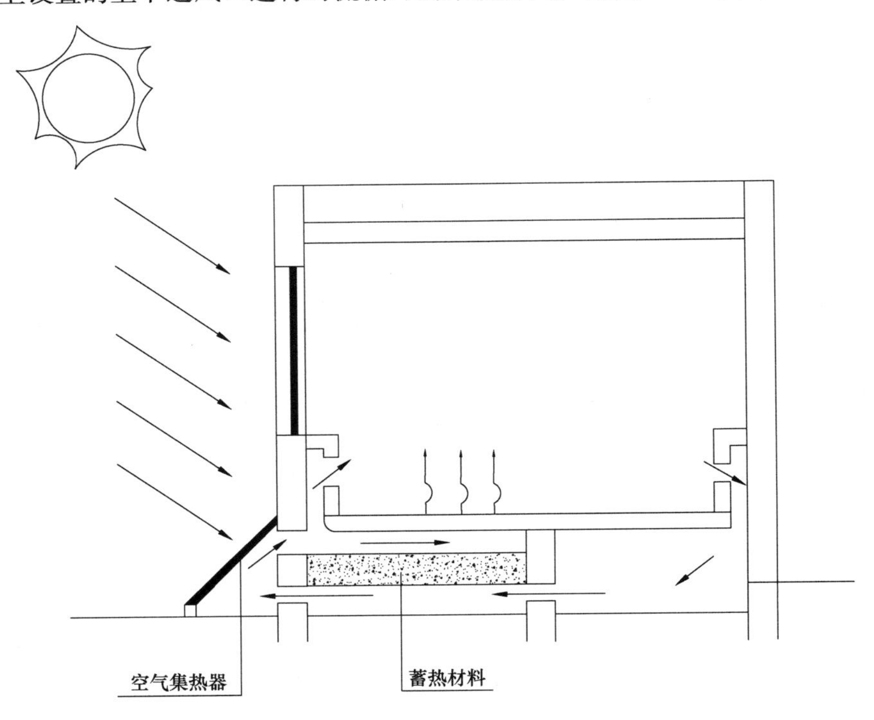

图 16-15　对流环路式太阳房原理图

16.2.5　太阳能灶

太阳能灶是过去北方农村常用的太阳能利用方式。聚光式太阳灶最常见，它将较大面积的阳光聚焦到锅底，使温度升到较高的程度，以满足炊事要求。它的关键部件是聚光镜，要选择镜面材料并设计几何形状。最普通的反光镜为镀银或镀铝玻璃镜，也有铝抛光镜面和涤纶薄膜镀铝材料等，如图 16-16 所示。

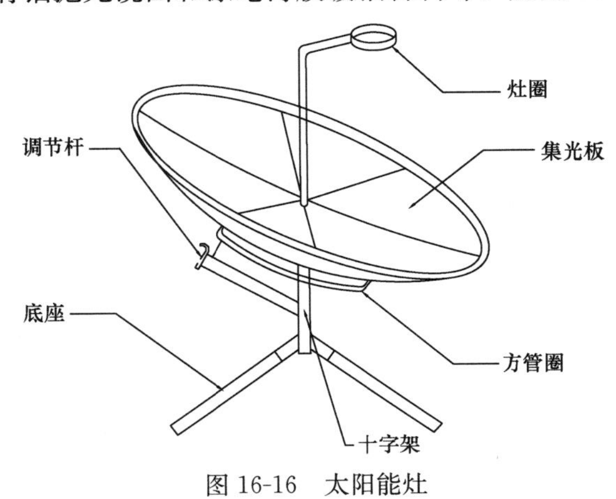

图 16-16　太阳能灶

聚光式太阳灶的镜面设计，大多采用旋转抛物面的聚光原理。若有一束平行光沿主轴射向这个抛物面，遇到抛物面的反光，则光线都会集中反射到定点的位置，于是形成聚光，或叫“聚焦”作用。作为太阳灶使用，要求在锅底形成一个聚焦面，才能达到加热的目的。根据我国推广太阳灶的经验，一个 700～1200W 功率的聚光式太阳灶，通常需要采光面积约为 1.5～2.0m^2。

聚光式太阳灶除采用旋转抛物面反射镜外，还有将抛物面分割成若干段的反射镜，光学上称之为菲涅尔镜，也有把菲涅尔镜做成连续的螺旋式反光带片，俗称“蚊香式太阳灶”，可制成易折叠的便携式灶型。

我国太阳灶发展势头最好的是西藏自治区。由于西藏地区地广人稀，远离能源基地，外购煤炭十分困难，普遍存在着能源短缺的问题。太阳能的开发利用，在很大程度上避开了这些不利因素，它的资源丰富性和广泛性正好适合西藏农牧民居住分散的特点。目前，太阳灶功能比较单一，在电能逐步普及的背景下使用场景较少。

16.2.6 空气源热泵

空气源热泵是一种利用高位能使热量从低位热源空气流向高位热源的节能装置。它是热泵的一种形式，如图 16-17 所示。

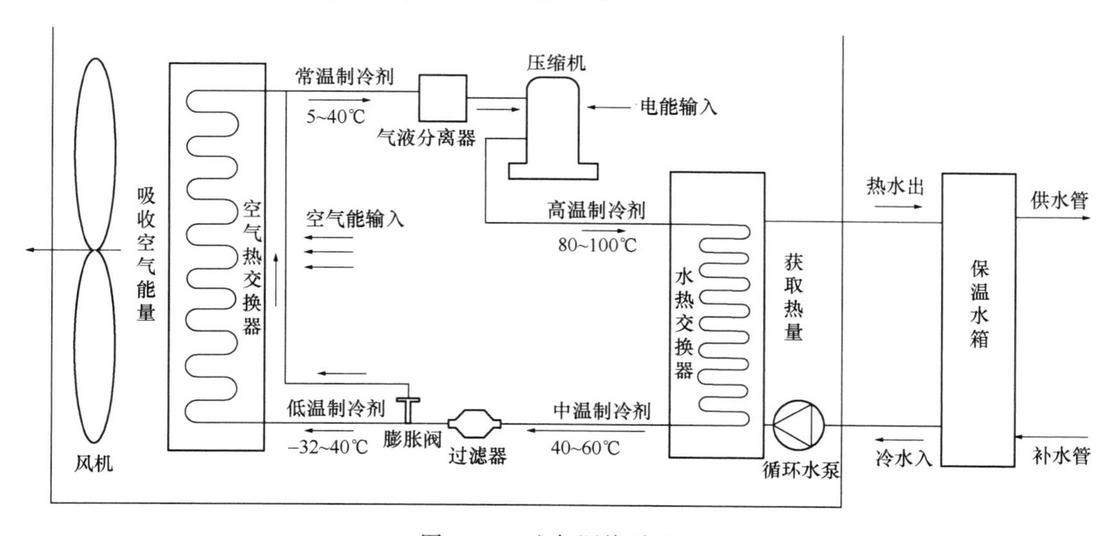

图 16-17　空气源热泵原理

空气能热泵是一种热水供应设备，与其他散热终端配合实现供暖，如散热器、风机盘管、空气能地暖机、地暖盘管等，可根据建筑选择不同的供热方式。

家用双制式空调机组只能采用热风方式来供暖，低温加热条件为室外 2℃/1℃，超低温加热条件为－7℃/－8℃。因此主要应用在南方地区，很难满足北方地区的供热需求。与空调机组相比，空气源热泵更省电，压缩机使用寿命更长，且集热水、采暖、制冷于一体，冬季运行时间长。因此空气源热泵可作为北方地区农村清洁供暖的重要方式。

空气源热泵系统具有以下特点：

（1）系统冷热源合一，不需要专门的冷冻机房、锅炉房，机组可任意放置屋顶或地面，不占建筑的有效使用面积，施工安装较为简便。

（2）系统无冷却水系统，也无冷却水系统动力消耗。同时，避免了冷却水污染形成的军团菌感染，从安全卫生的角度，考虑空气源热泵也具有明显的优势。

（3）系统无需锅炉及其燃料供应系统、除尘系统和烟气排放系统，因此安全可靠，对环境无污染。

（4）空气源热泵冷（热）水机组采用模块化设计，不必设置备用机组，运行过程中电脑自动控制，调节机组的运行状态，使输出功率与工作环境相适应。

（5）在我国北方室外空气温度低的地方，热泵冬季供热量不足，需设辅助加热设备。

（6）空气源热泵在寒冷地区应用的可靠性差，在低温环境下，空气源热泵的能效比（EER）会急速下降。为了弥补这一缺点，北方许多农村地区采用太阳能辅助空气源热泵的采暖形式，如图 16-18 所示。

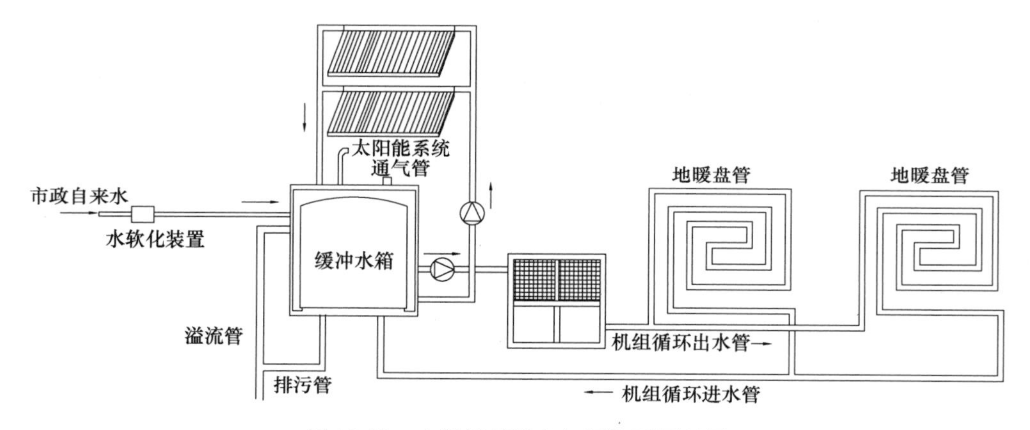

图 16-18　太阳能辅助空气源热泵原理图

16.2.7　沼气池和秸秆制气

沼气是以人畜粪污、生活垃圾、污水污泥等废弃物为原料，在厌氧条件下发酵，被微生物分解，产生沼气，其主要可燃成分是甲烷。沼气工程可获取能源和治理环境污染，是实现生态良性循环的农村能源工程技术。根据工程规模（池容）大小和利用方式，可将其划为三类：一是农村户用秸秆沼气，池容 8～12m^3，以农户为建设单元，沼气自产自用；二是秸秆生物气化集中供气，属于中小型沼气工程，池容一般为 100～200m^3，以自然村为单元建设沼气发酵装置和储气设备等，通过管网把沼气输送到农户家中，如图 16-19 所示；三是大中型秸秆生物气化工程，池容一般在 300m^3 以上，主要适用于规模化种植园或农场秸秆集中处理，所产沼气主要用于发电。

秸秆燃气是利用作物秸秆等生物质，在密闭环境中采用干溜热解法及热化学氧化法后产生的一种混合燃气，含有一氧化碳、氢气、甲烷等。秸秆气化集中供

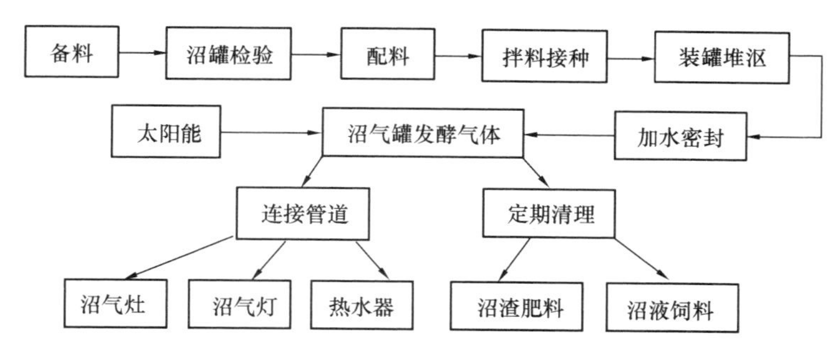

图 16-19　沼气工艺流程图

气是我国农村能源建设的一种方案，它是以农村丰富的秸秆为原料产生燃气，通过管网送到农户家中，供炊事和采暖。目前我国大约有近千个村级秸秆气化工程。农户自产自用的秸秆燃气，主要靠家用制气炉进行气化，虽然投资不大，但由于秸秆气中含有剧毒成分一氧化碳，户用气化炉维护管理复杂，一般很少采用。

16.3　乡村垃圾治理

16.3.1　农村垃圾概况

垃圾治理是农村环境整治的重点和难点。我国农村生活垃圾区域差异较为明显，南方地区农村生活垃圾主要以厨余为主（约占一半），其次是渣土（约占 1/4）；而北方地区许多农村以燃煤为主要燃料，生活垃圾无机成分含量较大，以渣土为主（占一半以上），其次是厨余垃圾（约占 1/4）；其他组分差异较小。农村垃圾一般由村内自行收集。目前尚有部分地区农村，垃圾处理主要采取单纯填埋、随意焚烧、随意倾倒等处理方式，垃圾资源化利用率较低，且对环境有一定污染。

乡村生活垃圾按照“户投放—村（组）收集—镇（乡）转运—县（区）处理”的模式进行生活垃圾的分类收运处置，农村村组主要涉及垃圾收集设施。《农村生活污染防治技术政策》中指出：“对无法纳入城镇垃圾处理系统的农村生活垃圾，应选择经济、适用、安全的处理处置技术，在分类收集基础上，采用无机垃圾填埋处理、有机垃圾堆肥处理等技术”。2022 年 11 月发布的《国家发展改革委等部门关于加强县级地区生活垃圾焚烧处理设施建设的指导意见》中指出，县域面积较大地区结合实际布局乡镇小型生活垃圾焚烧处理设施，鼓励按照村收集、镇转运、县处理或就近处理等模式，推动县级地区生活垃圾焚烧处理设施覆盖范围向建制镇和乡村延伸。因此，农村也应考虑需要就地就近处置的垃圾处理设施。

16.3.2　垃圾收集点

乡村生活垃圾收集点应根据村庄地形、道路、建筑物分布、垃圾分类情况合理选址。一般应在村庄主要街巷两侧、村委会周边、公共活动场所、公交车站等人口密集或人流较大区域应设置生活垃圾公共收集点。垃圾收集点的服务半径一般不超过 70m，占地面积不宜超过 $2m^2$。农乡村生活垃圾收集点应配置垃圾桶、垃圾箱等收集容器，垃圾收集容器应符合下列规定：

(1) 收集容器应美观适用、整洁卫生，防雨、防腐、耐用、阻燃、抗老化，与周围环境协调，类型、规格应符合有关标准的规定；

(2) 乡村生活垃圾收集容器应与后续收运车辆相匹配，有利于自动化或半自动化装载作业；

(3) 乡村生活垃圾收集点应由专人负责环境卫生，定期进行清洁；

(4) 应按垃圾分类方式设置垃圾收集容器，并应设置明显标识。

16.3.3 垃圾焚烧炉

小型垃圾焚烧炉是焚烧处理垃圾的设备，垃圾在炉膛内燃烧，变为废气进入二次燃烧室，在燃烧器的强制燃烧下燃烧完全，再进入喷淋式除尘器，除尘后经烟囱排入大气。垃圾焚烧炉由垃圾前处理系统、焚烧系统、烟雾生化除尘系统及煤气发生炉（辅助点火焚烧）四大系统组成，集自动送料、分筛、烘干、焚烧、清灰、除尘、自动化控制于一体。

废弃物由人工投入炉本体一次燃烧室，自动温控开启一次燃烧，在炉本体燃烧室内充分氧化、热解、燃烧。焚烧产生的烟气进入二燃室，烟气中未燃尽的有害物质在二燃室中进一步分解。二燃室中设置燃烧器和独特的二次供风装置，以保证烟气在高温下同氧气充分接触，同时保证烟气在二燃室的滞留时间并根据二燃室出口烟气的含氧量进行调整供风量。二燃室内温度控制在 800℃以上，将有害物质彻底分解，并通过装置控制烟气中的粉尘等污染物浓度，通过集尘器除去颗粒较大的粉尘，使其焚烧效率与破坏去除率达 99%以上，达到国家排放标准后，再进入烟囱排放至大气中，燃烧后产生的灰烬由人工取出、筛分、转移并掩埋。

小型垃圾焚烧处理设备具有占地面积小、操作简单、节约能源、安全可靠和运行寿命长等优点。但因其对烟气排放要求高，技术难度较大，管理较复杂，在农村应谨慎采用。

16.3.4 阳光堆肥房

阳光堆肥房是利用太阳能辅助降解技术进行可腐烂垃圾无害化处理并制成有机肥物料的过程。其原理是将可腐烂垃圾收集在密封的采光房中，利用温室效应，结合先进的微生物技术，快速降低垃圾的水分和体积，同时杀死其中的病原菌和蛔虫卵，实现垃圾快速减量化、无害化和资源化。

每吨易腐垃圾经过堆肥房处理后，可产生 0.3t 有机肥，适合做蔬菜瓜果的肥料。阳光堆肥房一般采用动态堆肥方式，即物料经破碎预处理后投放至处理单元，借助强制通风、供氧和机械搅拌系统，完成生物耗氧降解与腐熟化过程。堆肥房选址应远离居民区与饮用水源，地势稍高、利于排水、交通便捷，如图 16-20所示。

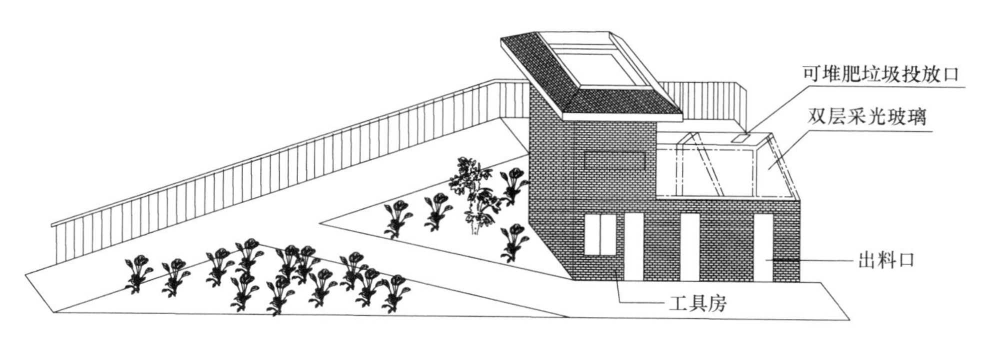

图 16-20　阳光堆肥房

通过堆肥房处理易腐垃圾，减少了垃圾清运量，降低垃圾处理成本，同时可实现垃圾的资源化利用。

本章思考题：

1. 乡村的建筑设备在设计思路上与城市建筑设备有何区别?
2. 乡村污水处理设施有哪些? 其适用条件分别是什么?
3. 乡村生活垃圾的收运处置原则是什么?

参 考 文 献

[1] 戴天兴. 城市环境生态学[M]. 北京：中国建材工业出版社，2002.

[2] 金招芬，朱颖心. 建筑环境学[M]. 北京：中国建筑工业出版社，2001.

[3] 徐科峰，等. 建筑环境学[M]. 北京：机械工业出版社，2003.

[4] 周中平，等. 室内污染检测与控制[M]. 北京：化学工业出版社，2003.

[5] 刘君卓. 居住环境和公共场所有害因素及其防治[M]. 北京：化学工业出版社，2000.

[6] 杨柳. 建筑物理[M]. 北京：中国建筑工业出版社，2021.

[7] 刘加平. 建筑物理[M]. 北京：中国建筑工业出版社，2006.

[8] 柳孝图. 建筑物理[M]. 北京：中国建筑工业出版社，2010.

[9] 西安建筑科技大学绿色建筑研究中心. 绿色建筑[M]. 北京：中国计划出版社，1999.

[10] 布赖恩·爱德华兹. 可持续性建筑[M]. 北京：中国建筑工业出版社，2003.

[11] 陈衍庆，王玉容. 建筑新技术[M]. 北京：中国建筑工业出版社，2001.

[12] 夏云，等. 生态与可持续建筑[M]. 北京：中国建筑工业出版社，2001.

[13] 中国建筑科学研究所建筑物理研究所. 建筑声学设计手册[M]. 北京：中国建筑工业出版社，1987.

[14] 项端祈. 近代音乐厅建筑[M]. 北京：科学出版社，2000.

[15] 詹庆旋. 建筑光环境[M]. 北京：清华大学出版社，1988.

[16] 中国绿色照明工程项目办公室. 绿色照明工程实施手册[M]. 北京：中国建筑工业出版社，2003.

[17] 肖辉乾. 城市夜景照明规划设计与实录[M]. 北京：中国建筑工业出版社，2000.

[18] Robbins，Claude L. Daylighting：design and analysis[M]. New York：Van Nostrand Reinhold Co.，1986.

[19] David Egan. Concepts in Architectural Lighting[M]. New York：McGraw—Hill Book Company，1983.

[20] William M. C. Lam. Sunlighting as Formgiver for Architecture[M]. New York：Van Norstrand Reinhold Co.，1986.

[21] D·Philips. Lighting in Architecture Design[M]. New York：McGraw—Hill Book Co.，1964.

[22] 中岛龙兴. 照明灯光设计[M]. 马卫星，编译. 北京：北京理工大学出版社，2003.

[23] 《电世界》杂志社. 电照明技术[M]. 上海：上海科学技术出版社，1996.

[24] 何方文，朱斌. 建筑装饰照明设计[M]. 广州：广东科技出版社，2001.

[25] 叶歆. 建筑热环境[M]. 北京：清华大学出版社，1996.

[26] 中国建筑工业出版社，中国建筑学会. 建筑设计资料集[M]. 北京：中国建筑工业出版社，2017.

[27] 王荣光，沈天行. 可再生能源利用与建筑节能[M]. 北京：机械工业出版社，2004.

[28] Norbert Lechner. Heating，cooling，lighting：Design Methods for Architects[M]. New York：John Wiley &Sons，Inc.，2001.

[29] Hugo Hens. Heat，Air and Moisture Transfer in Insulated Envelope Parts Final Report (Volume 1，Task 1：Modelling)[R]. Paris：International Energy Agency，1996.

[30] 闫增峰. 生土建筑室内热湿环境研究[D]. 西安：西安建筑科技大学，2003.

[31] 卡尔·塞弗特. 建筑防潮[M]. 周景德，杨善勤，译. 北京：中国建筑工业出版社，1982.

[32] A·B雷柯夫. 建筑热物理理论基础[M]. 任兴季，张志青，译. 北京：中国建筑工业出版社，1965.

[33] Steven Winter. The passive solar design and construction handbook[M]. New York：John Wiley &Sons Inc.，1998.

[34] 岑幻霞. 太阳能热利用[M]. 北京：清华大学出版社，1997.

[35] 项立成，赵玉文，罗运俊. 太阳能热利用[M]. 北京：宇航出版社，1990.

[36] 渠箴亮. 被动式太阳房建筑设计[M]. 北京：中国建筑工业出版社，1987.

[37] 李元哲. 被动式太阳房热工设计手册[M]. 北京：清华大学出版社，1993.

[38] A·A·M·赛义夫. 太阳能工程[M]. 徐任学等，译. 北京：科学出版社，1984.

[39] 马丁·格琳. 太阳电池[M]. 李秀文，谢鸿礼，赵海滨，译. 北京：电子工业出版社，1987.

[40] M. Santamouris. Energy and climate in the urban built environment[M]. London：CRC Press；Taylor and Francis Group，2013.

[41] 卜毅. 建筑日照设计[M]. 北京：中国建筑工业出版社，1988.

[42] 高明远，杜一民. 建筑设备工程[M]. 北京：中国建筑工业出版社，1989.

[43] 王继明，卜城，屠峥嵘，等. 建筑设备[M]. 北京：中国建筑工业出版社，1997.

[44] 陈妙芳. 建筑设备[M]. 上海：同济大学出版社，2002.

[45] 中国建筑设计研究院有限公司. 建筑给水排水设计手册[M]. 北京：中国建筑工业出版社，2018.

[46] 核工业第二研究设计院. 给水排水设计手册[M]. 北京：中国建筑工业出版社，2001.

[47] 王增长. 建筑给水排水工程[M]. 北京：中国建筑工业出版社，2010.

[48] 武六元. 全国一级注册建筑师执业资格考试应试指导[M]. 北京：中国建材工业出版社，2003.

[49] 陆耀庆. 实用供热空调设计手册[M]. 北京：中国建筑工业出版社，2007.

[50] 建设部建筑设计院，顾兴蓥，等. 民用建筑暖通空调设计技术措施[M]. 北京：中国建筑工业出版社，1996.

[51] 袁国汀. 建筑燃气设计手册[M]. 北京：中国建筑工业出版社，1999.

[52] 范玉芬，王贵廉. 房屋卫生设备[M]. 北京：中国建筑工业出版社，1988.

[53] 陈众励，等. 现代建筑电气工程师手册[M]. 北京：中国电力出版社，2020.

[54] 建筑电气设计手册编写组. 建筑电气设计手册[M]. 北京：中国建筑工业出版社，1991.

[55] 戴瑜兴，黄铁兵. 民用建筑电气设计数据手册[M]. 北京：中国建筑工业出版社，2003.

[56] 陆文华. 建筑电气识图教材[M]. 上海：上海科学技术出版社，1997.

[57] 刘介才. 工厂供电[M]. 北京：机械工业出版社，2015.

[58] 梁华. 建筑弱电工程设计手册[M]. 北京：中国建筑工业出版社，1998.

[59] 陈家盛. 电梯结构原理及安装维修[M]. 北京：机械工业出版社，1990.

[60] 龙惟定，程大章. 智能化大楼的建筑设备[M]. 北京：中国建筑工业出版社，1997.

[61] 杨绍胤. 智能建筑原理、规划和设计[M]. 杭州：浙江科学技术出版社，1998.

[62] 北京土木建筑学会. 建筑节能工程设计手册[M]. 北京：中国建筑工业出版社，2005.

[63] 龙惟定. 建筑节能与建筑能效管理[M]. 北京：中国建筑工业出版社，2005.
[64] 胡吉士，方子晋. 建筑节能与设计方法[M]. 北京：中国计划出版社，2005.
[65] 薛志峰. 超低能耗建筑技术及应用[M]. 北京：中国建筑工业出版社，2005.
[66] 北京市城市节约用水办公室. 节水新技术与示范工程实例[M]. 北京：中国建筑工业出版社，2004.
[67] 水利部水资源司，全国节约用水办公室. 全国节水型社会建设试点经验资料汇编[M]. 北京：中国水利水电出版社，2004.